大学数学

（线性代数与概率统计）

陈特清　廖晓花　曾健民　主编

清华大学出版社
北京

内 容 简 介

本书共分10章，内容包括行列式、矩阵、线性代数应用、概率论基本概念、随机变量及其数字特征、数理统计。书后还附有 t 分布表、χ^2 分布表、标准正态分布表和习题答案。

本书适用于应用型高等院校理工类和经济类专业的公共数学课。本书还配有学习辅导书，便于学生学习使用。

图书在版编目(CIP)数据

大学数学．线性代数与概率统计/陈特清，廖晓花，曾健民主编．—北京：清华大学出版社，2019(2024.7 重印)

ISBN 978-7-302-53223-1

Ⅰ．①大… Ⅱ．①陈… ②廖… ③曾… Ⅲ．①线性代数－高等学校－教材 ②概率论－高等学校－教材 ③数理统计－高等学校－教材 Ⅳ．①O13 ②O151.2 ③O21

中国版本图书馆 CIP 数据核字(2019)第130991号

责任编辑：孟毅新
封面设计：傅瑞学
责任校对：刘 静
责任印制：曹婉颖

出版发行：清华大学出版社
网 址：https://www.tup.com.cn，https://www.wqxuetang.com
地 址：北京清华大学学研大厦A座 **邮 编**：100084
社 总 机：010-83470000 **邮 购**：010-62786544
投稿与读者服务：010-62776969，c-service@tup.tsinghua.edu.cn
质量反馈：010-62772015，zhiliang@tup.tsinghua.edu.cn
课件下载：https://www.tup.com.cn，010-83470410
印 装 者：三河市东方印刷有限公司
经 销：全国新华书店
开 本：185mm×260mm **印 张**：15.25 **字 数**：349千字
版 次：2019年8月第1版 **印 次**：2024年7月第10次印刷
定 价：49.00元

产品编号：082775-03

前言

FOREWORD

随着我国经济、社会的发展，为了适应应用型高等数学教育的教学改革和教材建设的需求，我们组织了一批有丰富教学经验的教师编写了本书。本书以应用、实用和适用为基本原则，淡化理论并突出实践。在本书的编写过程中，我们结合应用型本科和高职高专的特点，对比较烦琐的定理、公式的推导和证明尽可能只给出结果或简单直观地给出几何说明；对例题的选择则由浅入深，讲述尽可能深入浅出，力求具有一定的启发性和应用性。

数学是研究客观世界数量关系和空间形式的一门科学，大学数学是应用型本科和高职高专学生的一门必修课，不仅对发展学生逻辑思维能力和空间想象能力有不可替代的作用，而且在其他领域与学科中也发挥着十分重要的作用。大学数学是一门非常重要的基础课，不但内容丰富、理论严谨，而且应用广泛、影响深远，为学习后继课程和进一步扩大知识面奠定必要的基础，帮助学生培养综合利用所学知识分析问题和解决问题的能力，增强学生的自主学习能力和创新能力。所以编写一本适合的应用型大学数学教材是一项十分有意义的工作。

在本书的编写过程中，我们参考了大量的同类图书，特别是参考了一些典型例题和习题，它们是各位老师教学经验的积累，对本书中例题和习题的编写起到了很大的帮助作用，特此说明并致谢。本书中有的章节有加“*”的内容，属于附加内容，供有此需求的专业选用。

本书 2019 年 8 月出版以来，得到了众多兄弟院校的好评。本次修订，我们认真贯彻党的二十大精神，落实立德树人根本任务，弘扬优秀传统文化，结合具体内容有机融入课程思政元素，引导学生树立正确的认知观念，建立积极向上的世界观、人生观、价值观，增强社会责任感，提高核心素养。

本书由闽南理工学院陈特清、廖晓花、曾健民任主编，孙德红、韩建玲、石莲英任副主编。在编写过程中，编者得到了闽南理工学院领导的具体指导，以及很多教师的支持和具体协助，在此一并表示衷心的感谢！

由于编者水平有限，书中难免有不足之处，敬请有关专家、学者及使用本书的师生批评指正，以帮助我们不断改进。

编　者

2023 年 4 月

目录

CONTENTS

第1章

行　列　式

行列式是研究线性代数的一个重要工具,在线性方程组、矩阵中都需要用到行列式。本章从二阶、三阶行列式出发,引出 n 阶行列式的概念,进而讨论 n 阶行列式的基本性质及其计算方法,最后介绍用 n 阶行列式解 n 元线性方程组的克莱姆法则。

1.1　全排列及其逆序数

引例　用1,2,3,4四个数字可以组成多少个没有重复数字的四位数?

解　用1,2,3,4四个数字可以组成的四位数有

1234, 1342, 1423, 1432, 1324, 1243; 2134, 2341, 2413, 2431, 2314, 2143

3124, 3241, 3412, 3421, 3214, 3142; 4123, 4231, 4312, 4321, 4213, 4132

由此可知,自然数1,2,3,4构成的不同排列有 $4!=4\times3\times2\times1=24$ 种。自然数1,2,3,4叫作元素。

定义 1-1-1　由 n 个自然数 $1,2,\cdots,n$ 组成的一个有序数组,称为一个 ***n* 级排列**(或称全排列,简称排列)。

例如,排列1234和3124都是四级排列。排列12345和53124都是五级排列。

由 $1,2,\cdots,n$ 组成的 n 级排列共有 $n!$ 个。可以给这些 n 级排列规定一个次序,并称此规定的次序为标准次序。例如,对于 $1,2,\cdots,n$ 这 n 个自然数,可规定由小到大的次序为标准次序(通常也称为自然序排列);其他排列的元素之间的次序未必是标准次序。

定义 1-1-2　在一个 n 级排列 $i_1i_2\cdots i_t\cdots i_s\cdots i_n$ 中,如果有一个较大的数排在一个较小的数之前,即若 $i_t>i_s$,则称 i_t,i_s 这两个数构成一个**逆序**。一个 n 级排列中逆序的总数,称为这个 n 级排列的**逆序数**,记作 $\tau(i_1i_2\cdots i_n)$ 或 τ。

例如,排列2431中,21,43,41,31是逆序,共有4个逆序,故排列2431的逆序数 $\tau(2431)=4$。

根据定义1-1-2,可按如下方法计算排列的逆序数:

设在一个 n 级排列 $i_1i_2\cdots i_n$ 中,比 $i_t(t=1,2,\cdots,n)$ 大的且排在 i_t 前面的数共有 t_i 个,则 i_t 的逆序的个数为 t_i,而该排列中所有数的逆序的个数之和就是这个排列的逆序数,即

$$\tau(i_1 i_2 \cdots i_n) = t_1 + t_2 + \cdots + t_n = \sum_{i=1}^{n} t_i$$

例 1-1-1 计算排列 45321 的逆序数。

解 因为 4 排在首位,故其逆序数为 0;

比 5 大且排在 5 前面的数有 0 个,故其逆序数为 0;

比 3 大且排在 3 前面的数有 2 个,故其逆序数为 2;

比 2 大且排在 2 前面的数有 3 个,故其逆序数为 3;

比 1 大且排在 1 前面的数有 4 个,故其逆序数为 4。

可见,所求排列的逆序数为

$$\tau(45321) = 0 + 0 + 2 + 3 + 4 = 9$$

定义 1-1-3 逆序数是奇数的排列称为**奇排列**,逆序数是偶数的排列称为**偶排列**。

例如,已求得 2431 的逆序数为 4,故排列 2431 是偶排列;排列 45321 的逆序数为 9,故排列 45321 为奇排列;标准排列 $12\cdots n$ 的逆序数是 0,因此标准排列 $12\cdots n$ 是偶排列。

例 1-1-2 求 n 级排列 $n(n-1)\cdots 21$ 的逆序数。

解 $\tau[n(n-1)\cdots 21] = 0 + 1 + 2 + \cdots + (n-2) + (n-1) = \frac{1}{2}n(n-1)$

习题 1-1

1. 按自然数从小到大为标准次序,求下列各排列的逆序数。

(1) 1234　　(2) 4123

(3) $13\cdots(2n-1)24\cdots 2n$　　(4) $13\cdots(2n-1)(2n)(2n-2)\cdots 2$

2. 确定以下 9 级排列的逆序数,从而确定它们的奇偶性。

(1) 134782695　　(2) 217986354

(3) 987654321

1.2 二阶与三阶行列式

1.2.1 用二阶行列式解二元一次方程组

二阶、三阶行列式是在研究二元、三元线性方程组的解时引出的一种数学符号。

对二元线性方程组

$$\begin{cases} a_{11}x_1 + a_{12}x_2 = b_1 \\ a_{21}x_1 + a_{22}x_2 = b_2 \end{cases} \tag{1-2-1}$$

采用加减消元法,消去 x_2,得

$$(a_{11}a_{22} - a_{12}a_{21})x_1 = b_1 a_{22} - b_2 a_{12}$$

消去 x_1,得

$$(a_{11}a_{22} - a_{12}a_{21})x_2 = b_2 a_{11} - b_1 a_{21}$$

因此，当 $a_{11}a_{22}-a_{12}a_{21}\neq 0$ 时，方程组(1-2-1)有唯一解：

$$x_1=\frac{b_1a_{22}-b_2a_{12}}{a_{11}a_{22}-a_{12}a_{21}},\quad x_2=\frac{b_2a_{11}-b_1a_{21}}{a_{11}a_{22}-a_{12}a_{21}} \tag{1-2-2}$$

式(1-2-2)中的分子、分母都是 4 个数分两对相乘再相减而得。其中，分母 $a_{11}a_{22}-a_{12}a_{21}$ 是由方程组(1-2-1)的 4 个系数确定的。

为了便于记忆这个表达式，引入下面的记号。

定义 1-2-1 记号 $\begin{vmatrix} a_{11} & a_{12} \\ a_{21} & a_{22} \end{vmatrix}$ 称为**二阶行列式**，它表示代数和 $a_{11}a_{22}-a_{12}a_{21}$，即

$$\begin{vmatrix} a_{11} & a_{12} \\ a_{21} & a_{22} \end{vmatrix}=a_{11}a_{22}-a_{12}a_{21} \tag{1-2-3}$$

其中，横的称为行，竖的称为列。数 a_{ij} $(i=1,2;\ j=1,2)$ 称为二阶行列式的**元素**或**元**。元素 a_{ij} 的第一个下标 i 称为**行标**，表明该元素位于第 i 行；第二个下标 j 称为**列标**，表明该元素位于第 j 列。位于第 i 行第 j 列的元素称为二阶行列式的 (i,j) 元。

从左上角到右下角的连线称为**主对角线**，从右上角到左下角的连线称为**副对角线**，因此，对二阶行列式的定义，可用对角线法则来记忆。

二阶行列式等于主对角线上的两个元素之积减去副对角线上的两个元素之积。

利用二阶行列式的概念，式(1-2-2)中 x_1，x_2 的分子也可以写成二阶行列式，即

$$b_1a_{22}-b_2a_{12}=\begin{vmatrix} b_1 & a_{12} \\ b_2 & a_{22} \end{vmatrix},\quad b_2a_{11}-b_1a_{21}=\begin{vmatrix} a_{11} & b_1 \\ a_{21} & b_2 \end{vmatrix}$$

若记 $$D=\begin{vmatrix} a_{11} & a_{12} \\ a_{21} & a_{22} \end{vmatrix},\quad D_1=\begin{vmatrix} b_1 & a_{12} \\ b_2 & a_{22} \end{vmatrix},\quad D_2=\begin{vmatrix} a_{11} & b_1 \\ a_{21} & b_2 \end{vmatrix}$$

于是，当 $D=\begin{vmatrix} a_{11} & a_{12} \\ a_{21} & a_{22} \end{vmatrix}\neq 0$ 时，方程组(1-2-1)的唯一解可表示为

$$x_1=\frac{D_1}{D}=\frac{\begin{vmatrix} b_1 & a_{12} \\ b_2 & a_{22} \end{vmatrix}}{\begin{vmatrix} a_{11} & a_{12} \\ a_{21} & a_{22} \end{vmatrix}},\quad x_2=\frac{D_2}{D}=\frac{\begin{vmatrix} a_{11} & b_1 \\ a_{21} & b_2 \end{vmatrix}}{\begin{vmatrix} a_{11} & a_{12} \\ a_{21} & a_{22} \end{vmatrix}}$$

其中，$D=\begin{vmatrix} a_{11} & a_{12} \\ a_{21} & a_{22} \end{vmatrix}$，其元素恰是各未知数的系数，称为系数行列式；而 D_1，D_2 恰是用等号右端的常数项 b_1，b_2 分别替换系数行列式 D 中的第一、第二列所得到的二阶行列式。

例 1-2-1 求二阶行列式 $\begin{vmatrix} 5 & -1 \\ 3 & 2 \end{vmatrix}$ 的值。

解 $$\begin{vmatrix} 5 & -1 \\ 3 & 2 \end{vmatrix}=5\times 2-(-1)\times 3=13$$

例 1-2-2 解二元线性方程组 $\begin{cases} 3x_1-2x_2=12 \\ 2x_1+x_2=1 \end{cases}$。

解 由于

$$D=\begin{vmatrix}3 & -2\\2 & 1\end{vmatrix}=3-(-4)=7$$

$$D_1=\begin{vmatrix}12 & -2\\1 & 1\end{vmatrix}=12-(-2)=14$$

$$D_2=\begin{vmatrix}3 & 12\\2 & 1\end{vmatrix}=3-24=-21$$

因此 $$x_1=\frac{D_1}{D}=\frac{14}{7}=2,\quad x_2=\frac{D_2}{D}=\frac{-21}{7}=-3$$

1.2.2 三阶行列式

类似地,为了讨论三元线性方程组

$$\begin{cases}a_{11}x_1+a_{12}x_2+a_{13}x_3=b_1\\a_{21}x_1+a_{22}x_2+a_{23}x_3=b_2\\a_{31}x_1+a_{32}x_2+a_{33}x_3=b_3\end{cases}\tag{1-2-4}$$

的解,也可以由相应的三阶行列式简化表示。

定义 1-2-2 记号$\begin{vmatrix}a_{11} & a_{12} & a_{13}\\a_{21} & a_{22} & a_{23}\\a_{31} & a_{32} & a_{33}\end{vmatrix}$称为**三阶行列式**,它表示以下代数和:

$$a_{11}a_{22}a_{33}+a_{12}a_{23}a_{31}+a_{13}a_{21}a_{32}-a_{11}a_{23}a_{32}-a_{12}a_{21}a_{33}-a_{13}a_{22}a_{31}$$

即

$$\begin{vmatrix}a_{11} & a_{12} & a_{13}\\a_{21} & a_{22} & a_{23}\\a_{31} & a_{32} & a_{33}\end{vmatrix}=a_{11}a_{22}a_{33}+a_{12}a_{23}a_{31}+a_{13}a_{21}a_{32}-a_{11}a_{23}a_{32}-a_{12}a_{21}a_{33}-a_{13}a_{22}a_{31}\tag{1-2-5}$$

当三元线性方程组(1-2-4)的系数行列式 $D=\begin{vmatrix}a_{11} & a_{12} & a_{13}\\a_{21} & a_{22} & a_{23}\\a_{31} & a_{32} & a_{33}\end{vmatrix}\neq 0$ 时,方程组有唯一解,且其解可以用三阶行列式表示为

$$x_1=\frac{D_1}{D},\quad x_2=\frac{D_2}{D},\quad x_3=\frac{D_3}{D}\tag{1-2-6}$$

其中,分子 D_1,D_2,D_3 是分别用方程组(1-2-4)右端的常数项 b_1,b_2,b_3 分别替换系数行列式 D 中的第一、第二和第三列所得到的三阶行列式。

例 1-2-3 求三阶行列式 $D=\begin{vmatrix}2 & -1 & 3\\1 & 4 & 1\\7 & -6 & 5\end{vmatrix}$的值。

解 按对角线法则,有

$$\begin{aligned}D&=2\times4\times5+(-1)\times1\times7+1\times(-6)\times3-3\times4\times7\\&\quad-(-1)\times1\times5-1\times(-6)\times2\\&=40-7-18-84+5+12=-52\end{aligned}$$

例 1-2-4　求三阶行列式 $D=\begin{vmatrix} 1 & 2 & -4 \\ -3 & 4 & -2 \\ -2 & 2 & 1 \end{vmatrix}$ 的值。

解　按对角线法则，有

$$D=1\times4\times1+2\times(-2)\times(-2)+(-4)\times(-3)\times2-(-4)\times4\times(-2)$$
$$-(-2)\times2\times1-2\times(-3)\times1=14$$

例 1-2-5　解三元线性方程组 $\begin{cases} x_1+x_2-2x_3=-3 \\ 5x_1-2x_2+7x_3=22 \\ 2x_1-5x_2+4x_3=4 \end{cases}$。

解　由于

$$D=\begin{vmatrix} 1 & 1 & -2 \\ 5 & -2 & 7 \\ 2 & -5 & 4 \end{vmatrix}=-8+14+50-8-20+35=63\neq0$$

故方程组有唯一解。

又由于

$$D_1=\begin{vmatrix} -3 & 1 & -2 \\ 22 & -2 & 7 \\ 4 & -5 & 4 \end{vmatrix}=24+28+220-16-88-105=63$$

$$D_2=\begin{vmatrix} 1 & -3 & -2 \\ 5 & 22 & 7 \\ 2 & 4 & 4 \end{vmatrix}=88-42-40+88+60-28=126$$

$$D_3=\begin{vmatrix} 1 & 1 & -3 \\ 5 & -2 & 22 \\ 2 & -5 & 4 \end{vmatrix}=(-8)+44+75-12-20+110=189$$

因此，方程组的解为

$$x_1=\frac{D_1}{D}=1,\quad x_2=\frac{D_2}{D}=2,\quad x_3=\frac{D_3}{D}=3$$

例 1-2-6　解方程 $\begin{vmatrix} 1 & 1 & 1 \\ 2 & 3 & x \\ 4 & 9 & x^2 \end{vmatrix}=0$。

解　方程左端的三阶行列式

$$D=3x^2+4x+18-12-2x^2-9x=x^2-5x+6$$

由 $D=x^2-5x+6=0$，解得 $x=2$ 或 $x=3$。

习题 1-2

1. 计算下列行列式的值。

(1) $\begin{vmatrix} 1 & 2 \\ 3 & 4 \end{vmatrix}$　　(2) $\begin{vmatrix} -1 & 0 \\ 0 & 2 \end{vmatrix}$　　(3) $\begin{vmatrix} 2 & -1 \\ 0 & 3 \end{vmatrix}$

2. 求解二元线性方程组$\begin{cases} x_1+x_2=3 \\ x_1-x_2=1 \end{cases}$。

3. 利用对角线法则计算下列三阶行列式。

(1) $\begin{vmatrix} 1 & 2 & -4 \\ -2 & 2 & 1 \\ -3 & 4 & -2 \end{vmatrix}$ (2) $\begin{vmatrix} 2 & -5 & 0 \\ 1 & 3 & -3 \\ 4 & -1 & 6 \end{vmatrix}$

(3) $\begin{vmatrix} a & b & c \\ b & c & a \\ c & a & b \end{vmatrix}$ (4) $\begin{vmatrix} 1 & 1 & 1 \\ a & b & c \\ a^2 & b^2 & c^2 \end{vmatrix}$

1.3 n 阶行列式的定义

观察三阶行列式

$$\begin{vmatrix} a_{11} & a_{12} & a_{13} \\ a_{21} & a_{22} & a_{23} \\ a_{31} & a_{32} & a_{33} \end{vmatrix} = a_{11}a_{22}a_{33}+a_{12}a_{23}a_{31}+a_{13}a_{21}a_{32}-a_{11}a_{23}a_{32}-a_{12}a_{21}a_{33}-a_{13}a_{22}a_{31}$$

可以发现以下规律。

(1) 它的每一项都是不同行不同列的三个元素的乘积,每一项除符号外可以写成$a_{1j_1}a_{2j_2}a_{3j_3}$,$j_1j_2j_3$为三级排列;

(2) 当$j_1j_2j_3$取遍了三级排列(共 6 个)时,就得到三阶行列式的所有项(每项冠以的符号除外),共$3!=6$个项;

(3) 每一项的符号是:当这一项中元素的行标按自然顺序排列时,如果对应的列标构成的排列为偶排列,则冠以“+”号;如果对应的列标构成的排列为奇排列,则冠以“−”号。

综上所述,作为三阶行列式的展开式中的一般项可以表示为

$$(-1)^{\tau(j_1j_2j_3)}a_{1j_1}a_{2j_2}a_{3j_3}$$

因而,三阶行列式可简写作

$$\begin{vmatrix} a_{11} & a_{12} & a_{13} \\ a_{21} & a_{22} & a_{23} \\ a_{31} & a_{32} & a_{33} \end{vmatrix} = \sum_{j_1j_2j_3}(-1)^{\tau(j_1j_2j_3)}a_{1j_1}a_{2j_2}a_{3j_3}$$

其中,$\sum\limits_{j_1j_2j_3}$表示对所有的三级排列$j_1j_2j_3$求和。

根据三阶行列式的内在规律,下面给出n阶行列式的定义。

定义 1-3-1 将由n^2个元素$a_{ij}(i,j=1,2,\cdots,n)$排成n行n列构成的记号

$$\begin{vmatrix} a_{11} & a_{12} & \cdots & a_{1n} \\ a_{21} & a_{22} & \cdots & a_{2n} \\ \vdots & \vdots & & \vdots \\ a_{n1} & a_{n2} & \cdots & a_{nn} \end{vmatrix}$$

称为 **n 阶行列式**。

它表示一个数值，此数值是所有取自不同行不同列的 n 个元素乘积的代数和。各项的符号是：当这一项中元素的行标按自然顺序排列后，如果对应的列标构成的 n 级排列是偶排列，则冠以正号；如果对应的列标构成的 n 级排列为奇排列，则冠以负号。其一般项为

$$(-1)^{\tau(j_1 j_2 \cdots j_n)} a_{1j_1} a_{2j_2} \cdots a_{nj_n}$$

当 $j_1 j_2 \cdots j_n$ 取遍所有的 n 级排列时，得到的代数和中的所有项，共有 $n!$ 个，即

$$D=\begin{vmatrix} a_{11} & a_{12} & \cdots & a_{1n} \\ a_{21} & a_{22} & \cdots & a_{2n} \\ \vdots & \vdots & & \vdots \\ a_{n1} & a_{n2} & \cdots & a_{nn} \end{vmatrix}=\sum_{j_1 j_2 \cdots j_n}(-1)^{\tau(j_1 j_2 \cdots j_n)} a_{1j_1} a_{2j_2} \cdots a_{nj_n}$$

其中，$\sum\limits_{j_1 j_2 \cdots j_n}$ 表示对列标构成的所有的 n 级排列 $j_1 j_2 \cdots j_n$ 求和。

n 阶行列式定义具有以下 3 个特点。

(1) 每项必须是取自不同行不同列的 n 个元素的乘积；

(2) 由于 n 级排列的总数是 $n!$ 个，所以展开式共有 $n!$ 项；

(3) 每项前的符号取决于 n 个元素的列下标所组成的排列的奇偶性。

按此定义的二阶、三阶行列式，与前面用对角线法则定义的二阶、三阶行列式显然是一致的。要注意的是，当 $n=1$ 时，一阶行列式 $|a|=a$，不要与绝对值记号混淆。

例 1-3-1 证明(行列式中副对角线外的元素全为 0)：

$$\begin{vmatrix} & & & a_{1n} \\ & & a_{2,n-1} & \\ & \iddots & & \\ a_{n1} & & & \end{vmatrix}=(-1)^{\frac{n(n-1)}{2}} a_{1n} a_{2,n-1} \cdots a_{n1}$$

证明 根据 n 阶行列式的定义易得

$$\begin{vmatrix} & & & a_{1n} \\ & & a_{2,n-1} & \\ & \iddots & & \\ a_{n1} & & & \end{vmatrix}=(-1)^{\tau[n(n-1)\cdots 21]} a_{1n} a_{2,n-1} \cdots a_{n1}=(-1)^{\frac{n(n-1)}{2}} a_{1n} a_{2,n-1} \cdots a_{n1}$$

证毕。

例 1-3-1 中的行列式，其副对角线外的元素全为 0，此类行列式可以直接求出结果，例如：

$$\begin{vmatrix} 0 & 0 & 0 & 1 \\ 0 & 0 & 2 & 0 \\ 0 & 3 & 0 & 0 \\ 4 & 0 & 0 & 0 \end{vmatrix}=(-1)^{\tau(4321)} \times 1 \times 2 \times 3 \times 4=24$$

类似地，主对角线外的元素全为 0 的行列式称为**对角行列式**。显然，对角行列式的值等于主对角线上元素的乘积，即

$$\begin{vmatrix} a_{11} & & & \\ & a_{22} & & \\ & & \ddots & \\ & & & a_{nn} \end{vmatrix} = (-1)^{\tau[1\ 2\ \cdots\ (n-1)\ n]} a_{11}a_{22}\cdots a_{nn} = a_{11}a_{22}\cdots a_{nn}$$

例 1-3-2　计算上三角形行列式 $\begin{vmatrix} a_{11} & a_{12} & \cdots & a_{1n} \\ 0 & a_{22} & \cdots & a_{2n} \\ \vdots & \vdots & & \vdots \\ 0 & 0 & \cdots & a_{nn} \end{vmatrix}$。

解　其一般项为$(-1)^{\tau(j_1j_2\cdots j_n)}a_{1j_1}a_{2j_2}\cdots a_{nj_n}$,现考虑不为零的项。

a_{nj_n}取自第 n 行,但只有 $a_{nn}\neq 0$,故只能取 $j_n=n$; $a_{n-1,j_{n-1}}$ 取自第 $n-1$ 行,只有 $a_{n-1,n-1}\neq 0$,$a_{n-1,n}\neq 0$,由于 a_{nn} 取自第 n 列,故 $a_{n-1,j_{n-1}}$ 不能取自第 n 列,所以 $a_{n-1,j_{n-1}}$ 只能取自第 $n-1$ 列,即 $j_{n-1}=n-1$。

同理可得,$j_{n-2}=n-2,\cdots,j_2=2,j_1=1$。

所以不为零的项只有

$$(-1)^{\tau(1\ 2\ \cdots\ n)}a_{11}a_{22}\cdots a_{nn}=a_{11}a_{22}\cdots a_{nn}$$

所以

$$\begin{vmatrix} a_{11} & a_{12} & \cdots & a_{1n} \\ 0 & a_{22} & \cdots & a_{2n} \\ \vdots & \vdots & & \vdots \\ 0 & 0 & \cdots & a_{nn} \end{vmatrix} = a_{11}a_{22}\cdots a_{nn}$$

主对角线下(上)方的元素全为 0 的行列式称为**上(下)三角形行列式**,它的值与对角行列式的值一样,也等于主对角线上元素的乘积,即

$$D=\begin{vmatrix} a_{11} & a_{12} & \cdots & a_{1n} \\ & a_{22} & \cdots & a_{2n} \\ & & \ddots & \vdots \\ & & & a_{nn} \end{vmatrix} = \begin{vmatrix} a_{11} & & & \\ a_{21} & a_{22} & & \\ \vdots & \vdots & \ddots & \\ a_{n1} & a_{n2} & \cdots & a_{nn} \end{vmatrix} = a_{11}a_{22}\cdots a_{nn}$$

在行列式的定义中,为了决定每一项的正负号,可以把行标按自然顺序排列,考虑对应的列标构成的 n 级排列的奇偶性。事实上,也可以把列标按自然顺序排列,考虑对应的行标构成的 n 级排列的奇偶性。由此,可以给出 n 阶行列式的另一种表示法。

定理 1-3-1　n 阶行列式也定义为

$$\begin{vmatrix} a_{11} & a_{12} & \cdots & a_{1n} \\ a_{21} & a_{22} & \cdots & a_{2n} \\ \vdots & \vdots & & \vdots \\ a_{n1} & a_{n2} & \cdots & a_{nn} \end{vmatrix} = \sum_{i_1i_2\cdots i_n}(-1)^{\tau(i_1i_2\cdots i_n)}a_{i_11}a_{i_22}\cdots a_{i_nn}$$

其中,$\sum\limits_{i_1i_2\cdots i_n}$ 表示对行标构成的所有的 n 级排列 $i_1i_2\cdots i_n$ 求和。

例 1-3-3　在四阶行列式中,$a_{21}a_{32}a_{14}a_{43}$应带什么符号?

解　解法一:把 $a_{21}a_{32}a_{14}a_{43}$ 的行标按自然排列排,则 $a_{21}a_{32}a_{14}a_{43}=a_{14}a_{21}a_{32}a_{43}$,而列标 4123 的逆序数为 $\tau(4123)=0+1+1+1=3$,$a_{21}a_{32}a_{14}a_{43}$ 前面的符号为$(-1)^{\tau(4123)}=$

$(-1)^3=-1$，所以 $a_{21}a_{32}a_{14}a_{43}$ 的前面应带负号。

解法二：把 $a_{21}a_{32}a_{14}a_{43}$ 的列标按自然排列，则 $a_{21}a_{32}a_{14}a_{43}=a_{21}a_{32}a_{43}a_{14}$，而行标 2341 的逆序数为 $\tau(2341)=0+0+0+3=3$，$a_{21}a_{32}a_{14}a_{43}$ 前面的符号为 $(-1)^{\tau(2341)}=(-1)^3=-1$，所以 $a_{21}a_{32}a_{14}a_{43}$ 的前面应带负号。

例 1-3-4 写出四阶行列式中含 $a_{11}a_{22}$ 的项。

解 含 $a_{11}a_{22}$ 的项有：$a_{11}a_{22}a_{33}a_{44}$，$-a_{11}a_{22}a_{34}a_{43}$。

习题 1-3

确定 6 阶行列式中以下各乘积的符号。

(1) $a_{23}a_{31}a_{42}a_{56}a_{14}a_{65}$　　(2) $a_{21}a_{13}a_{32}a_{55}a_{64}a_{46}$

1.4 行列式的性质

为了简化行列式的计算，需要学习行列式的一些基本性质。为简便起见，我们略去了部分性质的理论证明。

定义 1-4-1 将行列式 D 的行与列互换得到的行列式，称为 D 的**转置行列式**，记作 D^{T}，即

$$D=\begin{vmatrix} a_{11} & a_{12} & \cdots & a_{1n} \\ a_{21} & a_{22} & \cdots & a_{2n} \\ \vdots & \vdots & & \vdots \\ a_{n1} & a_{n2} & \cdots & a_{nn} \end{vmatrix},\quad D^{\mathrm{T}}=\begin{vmatrix} a_{11} & a_{21} & \cdots & a_{n1} \\ a_{12} & a_{22} & \cdots & a_{n2} \\ \vdots & \vdots & & \vdots \\ a_{1n} & a_{2n} & \cdots & a_{nn} \end{vmatrix}$$

性质 1-4-1 行列式 D 与它的转置行列式 D^{T} 相等，即 $D=D^{\mathrm{T}}$。

例如：

$$D=\begin{vmatrix} 1 & 2 \\ 3 & 4 \end{vmatrix}=-2,\quad D^{\mathrm{T}}=\begin{vmatrix} 1 & 3 \\ 2 & 4 \end{vmatrix}=-2$$

性质 1-4-2 交换行列式中两行(列)的位置，行列式的值变号。

以 r_i 表示行列式的第 i 行，以 c_i 表示行列式的第 i 列，交换 i,j 两行(列)记作 $r_i\leftrightarrow r_j(c_i\leftrightarrow c_j)$。

例如，$D=\begin{vmatrix} 1 & 2 \\ 3 & 4 \end{vmatrix}=-2$，交换 D 的第 1 行和第 2 行得 $D_1=\begin{vmatrix} 3 & 4 \\ 1 & 2 \end{vmatrix}=2$，即 $D_1=-D$，或 $D=-D_1$。

推论 1-4-1 如果行列式中有两行(列)相同，则行列式等于零。

证明 把行列式 D 中相同的两行互换，其结果仍是 D。但由性质 1-4-2 可知其结果应为 $-D$，因而有 $D=-D$，即 $2D=0$，所以 $D=0$。证毕。

例如，$\begin{vmatrix} 1 & 2 \\ 1 & 2 \end{vmatrix}=0$，$\begin{vmatrix} 1 & 1 \\ 3 & 3 \end{vmatrix}=0$。

性质 1-4-3 用数 k 乘以行列式的某一行(列),其结果等于用数 k 乘以原行列式,即

$$\begin{vmatrix} a_{11} & a_{12} & \cdots & a_{1n} \\ \vdots & \vdots & & \vdots \\ ka_{i1} & ka_{i2} & \cdots & ka_{in} \\ \vdots & \vdots & & \vdots \\ a_{n1} & a_{n2} & \cdots & a_{nn} \end{vmatrix} = k \begin{vmatrix} a_{11} & a_{12} & \cdots & a_{1n} \\ \vdots & \vdots & & \vdots \\ a_{i1} & a_{i2} & \cdots & a_{in} \\ \vdots & \vdots & & \vdots \\ a_{n1} & a_{n2} & \cdots & a_{nn} \end{vmatrix}$$

第 i 行(列)乘以 k,记作 $r_i \times k(c_i \times k)$。

例如,$D=\begin{vmatrix} 1 & 2 \\ 3 & 4 \end{vmatrix}=-2$,用 5 乘以 D 的第 1 行,得

$$\begin{vmatrix} 5 & 10 \\ 3 & 4 \end{vmatrix} = -10 = 5D = 5\begin{vmatrix} 1 & 2 \\ 3 & 4 \end{vmatrix}$$

推论 1-4-2 行列式的某一行(列)中所有元素的公因子可以提到行列式外面。

例如,$\begin{vmatrix} 5 & 10 \\ 3 & 4 \end{vmatrix}=5\begin{vmatrix} 1 & 2 \\ 3 & 4 \end{vmatrix}$。

推论 1-4-3 如果行列式中某一行(列)的元素都为零,则该行列式为零。

例如,$\begin{vmatrix} 1 & 2 \\ 0 & 0 \end{vmatrix}=0$,$\begin{vmatrix} 1 & 0 \\ 3 & 0 \end{vmatrix}=0$。

推论 1-4-4 如果行列式中有两行(列)成比例,则该行列式为零。

证明 因为把成比例的两行(列)元素中的一行(列)的公因子提到行列式的外面,可使这两行(列)完全相同,由性质 1-4-2 的推论 1-4-1 可知,该行列式必为零。证毕。

例如,$D_4=\begin{vmatrix} 1 & 2 \\ 4 & 8 \end{vmatrix}=4\begin{vmatrix} 1 & 2 \\ 1 & 2 \end{vmatrix}=0$。

性质 1-4-4 如果行列式 D 中某一行(列)的每个元素都可以写成两个数的和,则此行列式可以写成两个行列式的和。这两个行列式分别以这两个数为所在行(列)对应位置的元素,其他位置的元素与 D 相同,即

$$\begin{vmatrix} a_{11} & a_{12} & \cdots & a_{1n} \\ \vdots & \vdots & & \vdots \\ a_{i1}+b_{i1} & a_{i2}+b_{i2} & \cdots & a_{in}+b_{in} \\ \vdots & \vdots & & \vdots \\ a_{n1} & a_{n2} & \cdots & a_{nn} \end{vmatrix} = \begin{vmatrix} a_{11} & a_{12} & \cdots & a_{1n} \\ \vdots & \vdots & & \vdots \\ a_{i1} & a_{i2} & \cdots & a_{in} \\ \vdots & \vdots & & \vdots \\ a_{n1} & a_{n2} & \cdots & a_{nn} \end{vmatrix} + \begin{vmatrix} a_{11} & a_{12} & \cdots & a_{1n} \\ \vdots & \vdots & & \vdots \\ b_{i1} & b_{i2} & \cdots & b_{in} \\ \vdots & \vdots & & \vdots \\ a_{n1} & a_{n2} & \cdots & a_{nn} \end{vmatrix}$$

例如,$\begin{vmatrix} 1 & 2 \\ 2+1 & 0+4 \end{vmatrix}=\begin{vmatrix} 1 & 2 \\ 2 & 0 \end{vmatrix}+\begin{vmatrix} 1 & 2 \\ 1 & 4 \end{vmatrix}=-2$。

若 n 阶行列式每个元素都可表示为两数之和,则它可表示为 2^n 个行列式的和。例如:

$$\begin{vmatrix} a+x & b+y \\ c+z & d+w \end{vmatrix} = \begin{vmatrix} a & b+y \\ c & d+w \end{vmatrix} + \begin{vmatrix} x & b+y \\ z & d+w \end{vmatrix} = \begin{vmatrix} a & b \\ c & d \end{vmatrix} + \begin{vmatrix} a & y \\ c & w \end{vmatrix} + \begin{vmatrix} x & b \\ z & d \end{vmatrix} + \begin{vmatrix} x & y \\ z & w \end{vmatrix}$$

性质 1-4-5 将行列式的某一行(列)的所有元素乘以数 k 后,加到另一行(列)对应位置的元素上,行列式的值不变,即

$$\begin{vmatrix} a_{11} & a_{12} & \cdots & a_{1n} \\ \vdots & \vdots & & \vdots \\ a_{i1} & a_{i2} & \cdots & a_{in} \\ \vdots & \vdots & & \vdots \\ a_{j1} & a_{j2} & \cdots & a_{jn} \\ \vdots & \vdots & & \vdots \\ a_{n1} & a_{n2} & \cdots & a_{nn} \end{vmatrix} = \begin{vmatrix} a_{11} & a_{12} & \cdots & a_{1n} \\ \vdots & \vdots & & \vdots \\ a_{i1}+ka_{j1} & a_{i2}+ka_{j2} & \cdots & a_{in}+ka_{jn} \\ \vdots & \vdots & & \vdots \\ a_{j1} & a_{j2} & \cdots & a_{jn} \\ \vdots & \vdots & & \vdots \\ a_{n1} & a_{n2} & \cdots & a_{nn} \end{vmatrix}$$

以数 k 乘以第 j 行(列)后加到第 i 行(列)上,记作 r_i+kr_j(或 c_i+kc_j)。

此性质根据性质 1-4-3、性质 1-4-4 及性质 1-4-2 的推论 1-4-1 不难证明。

上面介绍的行列式的 5 条性质与 4 个推论在行列式的计算中起着十分重要的作用,常用于简化行列式的计算。将行列式转换为三角形行列式是计算行列式最基本的方法之一。把行列式转换为上三角形行列式的步骤如下:

(1) 如果第 1 列的第 1 个元素为 0,则先将第 1 行与其他行交换使得第 1 列第 1 个元素不为 0(最好是 1 或－1),然后把第 1 行分别乘以适当的数加到其他各行,使得第 1 列除第 1 个元素外其余元素全为 0。

(2) 用同样的方法处理除去第 1 行和第 1 列后余下的低一阶行列式,如此继续下去,直至使它转换为上三角形行列式,这时主对角线上元素的乘积就是所求行列式的值。

例 1-4-1 计算三阶行列式 $D=\begin{vmatrix} -ab & ac & ae \\ bd & -cd & de \\ bf & cf & -ef \end{vmatrix}$。

解 $\begin{vmatrix} -ab & ac & ae \\ bd & -cd & de \\ bf & cf & -ef \end{vmatrix} = adf\begin{vmatrix} -b & c & e \\ b & -c & e \\ b & c & -e \end{vmatrix} = adfbce\begin{vmatrix} -1 & 1 & 1 \\ 1 & -1 & 1 \\ 1 & 1 & -1 \end{vmatrix} = 4abcdef$

例 1-4-2 计算三阶行列式 $D=\begin{vmatrix} 1+a_1 & 2+a_1 & 3+a_1 \\ 1+a_2 & 2+a_2 & 3+a_2 \\ 1+a_3 & 2+a_3 & 3+a_3 \end{vmatrix}$。

解 $\begin{vmatrix} 1+a_1 & 2+a_1 & 3+a_1 \\ 1+a_2 & 2+a_2 & 3+a_2 \\ 1+a_3 & 2+a_3 & 3+a_3 \end{vmatrix} \xlongequal[c_3-c_1]{c_2-c_1} \begin{vmatrix} 1+a_1 & 1 & 2 \\ 1+a_2 & 1 & 2 \\ 1+a_3 & 1 & 2 \end{vmatrix} = 0$

例 1-4-3 计算三阶行列式 $D=\begin{vmatrix} 3 & 1 & 2 \\ 290 & 106 & 196 \\ 5 & -3 & 2 \end{vmatrix}$。

解 $D=\begin{vmatrix} 3 & 1 & 2 \\ 290 & 106 & 196 \\ 5 & -3 & 2 \end{vmatrix} = \begin{vmatrix} 3 & 1 & 2 \\ 300-10 & 100+6 & 200-4 \\ 5 & -3 & 2 \end{vmatrix}$

$= \begin{vmatrix} 3 & 1 & 2 \\ 300 & 100 & 200 \\ 5 & -3 & 2 \end{vmatrix} + \begin{vmatrix} 3 & 1 & 2 \\ -10 & 6 & -4 \\ 5 & -3 & 2 \end{vmatrix} = 100\begin{vmatrix} 3 & 1 & 2 \\ 3 & 1 & 2 \\ 5 & -3 & 2 \end{vmatrix} + (-2)\begin{vmatrix} 3 & 1 & 2 \\ 5 & -3 & 2 \\ 5 & -3 & 2 \end{vmatrix} = 0$

例 1-4-4　计算四阶行列式 $D=\begin{vmatrix} 2 & 3 & 2 & 1 \\ 1 & 4 & -6 & 1 \\ 2 & 1 & 7 & 1 \\ -1 & 0 & 1 & 2 \end{vmatrix}$。

解　$$D\xlongequal{r_1\leftrightarrow r_4}-\begin{vmatrix} -1 & 0 & 1 & 2 \\ 1 & 4 & -6 & 1 \\ 2 & 1 & 7 & 1 \\ 2 & 3 & 2 & 1 \end{vmatrix}\xlongequal[r_3+2r_1]{\substack{r_2+r_1\\ r_4-r_3}}-\begin{vmatrix} -1 & 0 & 1 & 2 \\ 0 & 4 & -5 & 3 \\ 0 & 1 & 9 & 5 \\ 0 & 2 & -5 & 0 \end{vmatrix}\xlongequal{r_2\leftrightarrow r_3}\begin{vmatrix} -1 & 0 & 1 & 2 \\ 0 & 1 & 9 & 5 \\ 0 & 4 & -5 & 3 \\ 0 & 2 & -5 & 0 \end{vmatrix}$$

$$\xlongequal[r_4-2r_2]{r_3-4r_2}\begin{vmatrix} -1 & 0 & 1 & 2 \\ 0 & 1 & 9 & 5 \\ 0 & 0 & -41 & -17 \\ 0 & 0 & -23 & -10 \end{vmatrix}\xlongequal{r_3-2r_4}\begin{vmatrix} -1 & 0 & 1 & 2 \\ 0 & 1 & 9 & 5 \\ 0 & 0 & 5 & 3 \\ 0 & 0 & -23 & -10 \end{vmatrix}\xlongequal{r_4+4r_3}\begin{vmatrix} -1 & 0 & 1 & 2 \\ 0 & 1 & 9 & 5 \\ 0 & 0 & 5 & 3 \\ 0 & 0 & -3 & 2 \end{vmatrix}$$

$$\xlongequal{r_3+2r_4}\begin{vmatrix} -1 & 0 & 1 & 2 \\ 0 & 1 & 9 & 5 \\ 0 & 0 & -1 & 7 \\ 0 & 0 & -3 & 2 \end{vmatrix}\xlongequal{r_4-3r_3}\begin{vmatrix} -1 & 0 & 1 & 2 \\ 0 & 1 & 9 & 5 \\ 0 & 0 & -1 & 7 \\ 0 & 0 & 0 & -19 \end{vmatrix}=-19$$

例 1-4-5　计算行列式 $D=\begin{vmatrix} 0 & -1 & -1 & 2 \\ 1 & -1 & 0 & 2 \\ -1 & 2 & -1 & 0 \\ 2 & 1 & 1 & 0 \end{vmatrix}$。

解　$$D\xlongequal{r_1\leftrightarrow r_2}-\begin{vmatrix} 1 & -1 & 0 & 2 \\ 0 & -1 & -1 & 2 \\ -1 & 2 & -1 & 0 \\ 2 & 1 & 1 & 0 \end{vmatrix}\xlongequal{\substack{r_3+r_1\\ r_4-2r_1}}-\begin{vmatrix} 1 & -1 & 0 & 2 \\ 0 & -1 & -1 & 2 \\ 0 & 1 & -1 & 2 \\ 0 & 3 & 1 & -4 \end{vmatrix}$$

$$\xlongequal{\substack{r_3+r_2\\ r_4+3r_2}}-\begin{vmatrix} 1 & -1 & 0 & 2 \\ 0 & -1 & -1 & 2 \\ 0 & 0 & -2 & 4 \\ 0 & 0 & -2 & 2 \end{vmatrix}\xlongequal{r_4-r_3}-\begin{vmatrix} 1 & -1 & 0 & 2 \\ 0 & -1 & -1 & 2 \\ 0 & 0 & -2 & 4 \\ 0 & 0 & 0 & -2 \end{vmatrix}$$

$$=-1\times(-1)\times(-2)\times(-2)=4$$

***例 1-4-6**　计算 n 阶行列式 $D_n=\begin{vmatrix} a & b & b & \cdots & b \\ b & a & b & \cdots & b \\ b & b & a & \cdots & b \\ \vdots & \vdots & \vdots & & \vdots \\ b & b & b & \cdots & a \end{vmatrix}$。

分析　注意到此行列式中各行(列)的 n 个数之和相等,故可把第 2 列至第 n 列都加到第 1 列上去,然后各行都加上第 1 行的−1 倍。

解　$D_n \xlongequal[\substack{\vdots \\ c_1+c_n}]{\substack{c_1+c_2 \\ c_1+c_3}} \begin{vmatrix} a+(n-1)b & b & b & \cdots & b \\ a+(n-1)b & a & b & \cdots & b \\ a+(n-1)b & b & a & \cdots & b \\ \vdots & \vdots & \vdots & & \vdots \\ a+(n-1)b & b & b & \cdots & a \end{vmatrix}$

$$\xlongequal[\substack{\vdots \\ r_n-r_1}]{\substack{r_2-r_1 \\ r_3-r_1}} \begin{vmatrix} a+(n-1)b & b & b & \cdots & b \\ 0 & a-b & 0 & \cdots & 0 \\ 0 & 0 & a-b & \cdots & 0 \\ \vdots & \vdots & \vdots & & \vdots \\ 0 & 0 & 0 & \cdots & a-b \end{vmatrix}$$

$$=[a+(n-1)b](a-b)^{n-1}$$

***例 1-4-7**　设 $D=\begin{vmatrix} a_{11} & \cdots & a_{1n} & 0 & \cdots & 0 \\ \vdots & & \vdots & \vdots & & \vdots \\ a_{n1} & \cdots & a_{nn} & 0 & \cdots & 0 \\ c_{11} & \cdots & c_{1n} & b_{11} & \cdots & b_{1m} \\ \vdots & & \vdots & \vdots & & \vdots \\ c_{m1} & \cdots & c_{mn} & b_{m1} & \cdots & b_{mm} \end{vmatrix}$，记

$$D_1=\begin{vmatrix} a_{11} & a_{12} & \cdots & a_{1n} \\ a_{21} & a_{22} & \cdots & a_{2n} \\ \vdots & \vdots & & \vdots \\ a_{n1} & a_{n2} & \cdots & a_{nn} \end{vmatrix},\quad D_2=\begin{vmatrix} b_{11} & b_{12} & \cdots & b_{1m} \\ b_{21} & b_{22} & \cdots & b_{2m} \\ \vdots & \vdots & & \vdots \\ b_{m1} & b_{m2} & \cdots & b_{mm} \end{vmatrix}$$

证明：$D=D_1D_2$。

证明　对 D_1 作运算 $r_i+\lambda r_j$，把 D_1 转换为下三角形行列式，设为

$$D_1=\begin{vmatrix} p_{11} & & & \\ p_{21} & p_{22} & & \\ \vdots & \vdots & \ddots & \\ p_{n1} & p_{n2} & \cdots & p_{nn} \end{vmatrix}=p_{11}p_{22}\cdots p_{nn}$$

对 D_2 作运算 $c_i+\lambda c_j$，把 D_2 转换为下三角形行列式，设为

$$D_2=\begin{vmatrix} q_{11} & & & \\ q_{21} & q_{22} & & \\ \vdots & \vdots & \ddots & \\ q_{m1} & q_{m2} & \cdots & q_{mm} \end{vmatrix}=q_{11}q_{22}\cdots q_{mm}$$

于是，对 D 的前 n 行作运算 $r_i+\lambda r_j$，再对后 m 列作运算 $c_i+\lambda c_j$，把 D 转换为下三角形行列式：

$$D=\begin{vmatrix} p_{11} & & & & & \\ \vdots & \ddots & & & & \\ p_{n1} & \cdots & p_{nn} & & & \\ c_{11} & \cdots & c_{1n} & q_{11} & & \\ \vdots & & \vdots & \vdots & \ddots & \\ c_{m1} & \cdots & c_{mn} & q_{m1} & \cdots & q_{mm} \end{vmatrix}$$

故 $D=p_{11}p_{22}\cdots p_{nn}\cdot q_{11}q_{22}\cdots q_{mm}=D_1D_2$。证毕。

*例 1-4-8 计算 $2n$ 阶行列式 $D_{2n}=\begin{vmatrix} a & & & & & b \\ & \ddots & & & \iddots & \\ & & a & b & & \\ & & c & d & & \\ & \iddots & & & \ddots & \\ c & & & & & d \end{vmatrix}$,其中未写出的元素为零。

解 把 D_{2n} 中的第 $2n$ 行依次与第 $2n-1$ 行直到第 2 行对调(作 $2n-2$ 次对调),再把第 $2n$ 列依次与第 $2n-1$ 列直到第 2 列对调,得

$$D_{2n}=(-1)^{2(n-2)}\begin{vmatrix} a & b & 0 & & \cdots & & 0 \\ c & d & 0 & & \cdots & & 0 \\ 0 & 0 & a & & & & b \\ & & & \ddots & & \iddots & \\ \vdots & \vdots & & & a \quad b & & \vdots \\ & & & & c \quad d & & \\ & & & \iddots & & \ddots & \\ 0 & 0 & c & & & & d \end{vmatrix}$$

根据例 1-4-7 的结果,有

$$D_{2n}=D_2D_{2(n-1)}=(ad-bc)D_{2(n-1)}$$

以此作递推公式,即

$$\begin{aligned} D_{2n}&=(ad-bc)D_{2(n-1)}=(ad-bc)^2D_{2(n-2)}=\cdots=(ad-bc)^{n-1}D_2 \\ &=(ad-bc)^n \end{aligned}$$

习题 1-4

1. 用行列式的性质计算下列行列式。

(1) $\begin{vmatrix} 1998 & 1999 & 2000 \\ 2001 & 2002 & 2003 \\ 2004 & 2005 & 2006 \end{vmatrix}$ (2) $\begin{vmatrix} a & b+c & 1 \\ b & c+a & 1 \\ c & a+b & 1 \end{vmatrix}$

(3) $\begin{vmatrix} x_1y_1 & x_1y_2 & x_1y_3 \\ x_2y_1 & x_2y_2 & x_2y_3 \\ x_3y_1 & x_3y_2 & x_3y_3 \end{vmatrix}$ (4) $\begin{vmatrix} 1 & 0 & 0 & -1 \\ 0 & 2 & 2 & 0 \\ 0 & -3 & 3 & 0 \\ 4 & 0 & 0 & 4 \end{vmatrix}$

(5) $\begin{vmatrix} 4 & 1 & 2 & 4 \\ 1 & 2 & 0 & 2 \\ 10 & 5 & 2 & 0 \\ 0 & 1 & 1 & 7 \end{vmatrix}$ (6) $\begin{vmatrix} 2 & 1 & 4 & 1 \\ 3 & -1 & 2 & 1 \\ 1 & 2 & 3 & 2 \\ 5 & 0 & 6 & 2 \end{vmatrix}$

2. 计算下列行列式。

(1) $\begin{vmatrix} 1 & 2 & 0 & 1 \\ 1 & 3 & 5 & 0 \\ 0 & 1 & 5 & 6 \\ 1 & 2 & 3 & 4 \end{vmatrix}$　　　(2) $\begin{vmatrix} 3 & 1 & 1 & 1 \\ 1 & 3 & 1 & 1 \\ 1 & 1 & 3 & 1 \\ 1 & 1 & 1 & 3 \end{vmatrix}$

*3. 证明题。

(1) $\begin{vmatrix} a^2 & ab & b^2 \\ 2a & a+b & 2b \\ 1 & 1 & 1 \end{vmatrix}=(a-b)^3$

(2) $\begin{vmatrix} ax+by & ay+bz & az+bx \\ ay+bz & az+bx & ax+by \\ az+bx & ax+by & ay+bz \end{vmatrix}=(a^3+b^3)\begin{vmatrix} x & y & z \\ y & z & x \\ z & x & y \end{vmatrix}$

(3) $\begin{vmatrix} a^2 & (a+1)^2 & (a+2)^2 & (a+3)^2 \\ b^2 & (b+1)^2 & (b+2)^2 & (b+3)^2 \\ c^2 & (c+1)^2 & (c+2)^2 & (c+3)^2 \\ d^2 & (d+1)^2 & (d+2)^2 & (d+3)^2 \end{vmatrix}=0$

(4) $\begin{vmatrix} 1 & 1 & 1 & 1 \\ a & b & c & d \\ a^2 & b^2 & c^2 & d^2 \\ a^4 & b^4 & c^4 & d^4 \end{vmatrix}=(a-b)(a-c)(a-d)(b-c)(b-d)(c-d)(a+b+c+d)$

(5) $\begin{vmatrix} \cos2\alpha & \cos^2\alpha & \sin^2\alpha \\ \cos2\beta & \cos^2\beta & \sin^2\beta \\ \cos2\gamma & \cos^2\gamma & \sin^2\gamma \end{vmatrix}=0$

1.5　行列式按行(列)展开

虽然行列式可通过转换为上(下)三角形行列式来计算，但在一般情况下仍是很麻烦的，因此，需要另找方法。考察三阶行列式依定义的展开式：

$$\begin{aligned}\begin{vmatrix} a_{11} & a_{12} & a_{13} \\ a_{21} & a_{22} & a_{23} \\ a_{31} & a_{32} & a_{33} \end{vmatrix} &= a_{11}a_{22}a_{33}+a_{12}a_{23}a_{31}+a_{13}a_{21}a_{32}-a_{11}a_{23}a_{32}-a_{12}a_{21}a_{33}-a_{13}a_{22}a_{31} \\ &= a_{11}a_{22}a_{33}-a_{11}a_{23}a_{32}+a_{12}a_{23}a_{31}-a_{12}a_{21}a_{33}+a_{13}a_{21}a_{32}-a_{13}a_{22}a_{31} \\ &= a_{11}(a_{22}a_{33}-a_{23}a_{32})-a_{12}(a_{21}a_{33}-a_{23}a_{31})+a_{13}(a_{21}a_{32}-a_{22}a_{31})\end{aligned}$$

事实上，三阶行列式可以表示为

$$\begin{vmatrix} a_{11} & a_{12} & a_{13} \\ a_{21} & a_{22} & a_{23} \\ a_{31} & a_{32} & a_{33} \end{vmatrix} = a_{11}\begin{vmatrix} a_{22} & a_{23} \\ a_{32} & a_{33} \end{vmatrix}-a_{12}\begin{vmatrix} a_{21} & a_{23} \\ a_{31} & a_{33} \end{vmatrix}+a_{13}\begin{vmatrix} a_{21} & a_{22} \\ a_{31} & a_{32} \end{vmatrix} \tag{1-5-1}$$

说明计算三阶行列式可以转化为计算 3 个二阶行列式，其中 $\begin{vmatrix} a_{22} & a_{23} \\ a_{32} & a_{33} \end{vmatrix}$ 是原来三阶行列式中划去元素 a_{11} 所在的第 1 行、第 1 列后，剩下的元素按原来次序组成的二阶行列式。同样地，其他两个二阶行列式也是划去某一行某一列后，剩下的元素按原来次序组成的二阶行列式。我们希望能将这一结果推广至 n 阶行列式，即通过逐步降阶的方法，直至转换为对三阶、二阶行列式的计算。为此，先给出定义 1-5-1。

定义 1-5-1　在 n 阶行列式中，划去元素 a_{ij} 所在的第 i 行、第 j 列后，剩下的元素按原来次序组成的 $n-1$ 阶行列式，称为元素 a_{ij} 的**余子式**，记作 M_{ij}；令

$$A_{ij} = (-1)^{i+j} M_{ij}$$

称 A_{ij} 为元素 a_{ij} 的**代数余子式**。

例 1-5-1　设 $D=\begin{vmatrix} 4 & 3 & 6 \\ 5 & 2 & 1 \\ 7 & 2 & 8 \end{vmatrix}$，求出元素 a_{21}，a_{32} 的余子式和代数余子式。

解　根据定义 1-5-1 知，元素 a_{21} 的余子式和代数余子式分别为

$$M_{21} = \begin{vmatrix} 3 & 6 \\ 2 & 8 \end{vmatrix} = 12, \quad A_{21} = (-1)^{2+1} \begin{vmatrix} 3 & 6 \\ 2 & 8 \end{vmatrix} = -12$$

元素 a_{32} 的余子式和代数余子式分别为

$$M_{32} = \begin{vmatrix} 4 & 6 \\ 5 & 1 \end{vmatrix} = -26, \quad A_{32} = (-1)^{3+2} \begin{vmatrix} 4 & 6 \\ 5 & 1 \end{vmatrix} = -\begin{vmatrix} 4 & 6 \\ 5 & 1 \end{vmatrix} = 26$$

例如，在三阶行列式 $D=\begin{vmatrix} a_{11} & a_{12} & a_{13} \\ a_{21} & a_{22} & a_{23} \\ a_{31} & a_{32} & a_{33} \end{vmatrix}$ 中，元素 a_{11} 的余子式 $M_{11}=\begin{vmatrix} a_{22} & a_{23} \\ a_{32} & a_{33} \end{vmatrix}$，而 $A_{11}=(-1)^{1+1}M_{11}=M_{11}$；

元素 a_{12} 的余子式 $M_{12}=\begin{vmatrix} a_{21} & a_{23} \\ a_{31} & a_{33} \end{vmatrix}$，而 $A_{12}=(-1)^{1+2}M_{12}=-M_{12}$；

元素 a_{13} 的余子式 $M_{13}=\begin{vmatrix} a_{21} & a_{22} \\ a_{31} & a_{32} \end{vmatrix}$，而 $A_{13}=(-1)^{1+3}M_{13}=M_{13}$。

不难看出，式(1-5-1)可表示为

$$\begin{vmatrix} a_{11} & a_{12} & a_{13} \\ a_{21} & a_{22} & a_{23} \\ a_{31} & a_{32} & a_{33} \end{vmatrix} = a_{11}M_{11} - a_{12}M_{12} + a_{13}M_{13} = a_{11}A_{11} + a_{12}A_{12} + a_{13}A_{13}$$

此式说明，一个三阶行列式等于它的第 1 行的各元素与自己的代数余子式的乘积之和，这称为三阶行列式按第一行展开。类似可以证明：一个三阶行列式也等于它的第 2 行(或第 3 行)的各元素与自己的代数余子式的乘积之和。一般来说，有如下展开定理。

定理 1-5-1　n 阶行列式 D 等于它的任一行(列)的各元素分别与其对应的代数余子式乘积之和，即

$$D = a_{i1}A_{i1} + a_{i2}A_{i2} + \cdots + a_{in}A_{in} \quad (i = 1,2,\cdots,n)$$

或 $$D = a_{1j}A_{1j} + a_{2j}A_{2j} + \cdots + a_{nj}A_{nj} \quad (j = 1,2,\cdots,n)$$

此定理称为**行列式 D 按行(列)展开定理**。

利用该定理可以把高阶行列式转换为低阶行列式进行计算。这也是计算行列式的重要方法之一，通常称为降阶法。

例 1-5-2　计算行列式 $D=\begin{vmatrix} 4 & 1 & 2 & 4 \\ 1 & 2 & 0 & 2 \\ 10 & 5 & 2 & 0 \\ 0 & 1 & 1 & 7 \end{vmatrix}$。

解　因为行列式 D 第 1 列有零元素，所以将行列式 D 按第 1 列展开，得

$$\begin{vmatrix} 4 & 1 & 2 & 4 \\ 1 & 2 & 0 & 2 \\ 10 & 5 & 2 & 0 \\ 0 & 1 & 1 & 7 \end{vmatrix} = 4\times(-1)^{1+1}\begin{vmatrix} 2 & 0 & 2 \\ 5 & 2 & 0 \\ 1 & 1 & 7 \end{vmatrix} + 1\times(-1)^{2+1}\begin{vmatrix} 1 & 2 & 4 \\ 5 & 2 & 0 \\ 1 & 1 & 7 \end{vmatrix}$$

$$+10\times(-1)^{3+1}\begin{vmatrix} 1 & 2 & 4 \\ 2 & 0 & 2 \\ 1 & 1 & 7 \end{vmatrix} = 4\times 34 + 44 + 10\times(-18) = 0$$

在实际计算中，为了减少计算量，可以先利用行列式的性质将行列式的某一行(列)转换成仅含有一个非零元素之后，再按该行(列)展开，变成低一阶的行列式。如此继续下去，直到转换为三阶或二阶行列式。

例 1-5-3　用降阶法计算行列式 $D=\begin{vmatrix} 2 & 3 & 2 & 1 \\ 1 & 4 & -6 & 1 \\ 2 & 1 & 7 & 1 \\ -1 & 0 & 1 & 2 \end{vmatrix}$。

解　D 的第 4 行已含一个零元素，利用行列式的性质，可将第 4 行中另外两个非零元素变为 0，然后按第 4 行展开。

$$D=\begin{vmatrix} 2 & 3 & 2 & 1 \\ 1 & 4 & -6 & 1 \\ 2 & 1 & 7 & 1 \\ -1 & 0 & 1 & 2 \end{vmatrix} \xlongequal[c_4+2c_1]{c_3+c_1} \begin{vmatrix} 2 & 3 & 4 & 5 \\ 1 & 4 & -5 & 3 \\ 2 & 1 & 9 & 5 \\ -1 & 0 & 0 & 0 \end{vmatrix} = (-1)\times(-1)^{4+1}\begin{vmatrix} 3 & 4 & 5 \\ 4 & -5 & 3 \\ 1 & 9 & 5 \end{vmatrix}$$

$$\xlongequal[c_3-5c_1]{c_2-9c_1} \begin{vmatrix} 3 & -23 & -10 \\ 4 & -41 & -17 \\ 1 & 0 & 0 \end{vmatrix} = 1\times(-1)^{3+1}\begin{vmatrix} -23 & -10 \\ -41 & -17 \end{vmatrix} = -19$$

例 1-5-4　计算行列式 $D=\begin{vmatrix} 1 & 2 & 3 & 4 \\ 1 & 0 & 1 & 2 \\ 3 & -1 & -1 & 0 \\ 1 & 2 & 0 & 5 \end{vmatrix}$。

解　因为 D 中第 2 行的数字比较简单，所以选择 D 的第 2 行。应用行列式性质，然后按第 2 行展开。

$$\begin{vmatrix} 1 & 2 & 3 & 4 \\ 1 & 0 & 1 & 2 \\ 3 & -1 & -1 & 0 \\ 1 & 2 & 0 & 5 \end{vmatrix} \xlongequal[c_4-2c_1]{c_3-c_1} \begin{vmatrix} 1 & 2 & 2 & 2 \\ 1 & 0 & 0 & 0 \\ 3 & -1 & -4 & -6 \\ 1 & 2 & -1 & 3 \end{vmatrix} = 1\times(-1)^{2+1}\begin{vmatrix} 2 & 2 & 2 \\ -1 & -4 & -6 \\ 2 & -1 & 3 \end{vmatrix}$$

$$= 2\begin{vmatrix} 1 & 1 & 1 \\ 1 & 4 & 6 \\ 2 & -1 & 3 \end{vmatrix} \xlongequal[c_3-c_1]{c_2-c_1} 2\begin{vmatrix} 1 & 0 & 0 \\ 1 & 3 & 5 \\ 2 & -3 & 1 \end{vmatrix}$$

$$= 2\times 1\times(-1)^{1+1}\begin{vmatrix} 3 & 5 \\ -3 & 1 \end{vmatrix} = 2\times(3+15) = 36$$

例 1-5-5 计算行列式 $D=\begin{vmatrix} a & 1 & 0 & 0 \\ -1 & b & 1 & 0 \\ 0 & -1 & c & 1 \\ 0 & 0 & -1 & d \end{vmatrix}$。

解 解法一:直接将行列式按第一列展开,得

$$\begin{vmatrix} a & 1 & 0 & 0 \\ -1 & b & 1 & 0 \\ 0 & -1 & c & 1 \\ 0 & 0 & -1 & d \end{vmatrix} = a\times(-1)^{1+1}\begin{vmatrix} b & 1 & 0 \\ -1 & c & 1 \\ 0 & -1 & d \end{vmatrix} + (-1)\times(-1)^{2+1}\begin{vmatrix} 1 & 0 & 0 \\ -1 & c & 1 \\ 0 & -1 & d \end{vmatrix}$$

$$= a(bcd+b+d)+(cd+1) = abcd+ab+ad+cd+1$$

解法二:D 的第 1 列已含两个零元素,利用行列式的性质,可将第 1 列中两个非零元素之一变为 0,然后按第 1 列展开,得

$$\begin{vmatrix} a & 1 & 0 & 0 \\ -1 & b & 1 & 0 \\ 0 & -1 & c & 1 \\ 0 & 0 & -1 & d \end{vmatrix} \xlongequal{r_1+ar_2} \begin{vmatrix} 0 & 1+ab & a & 0 \\ -1 & b & 1 & 0 \\ 0 & -1 & c & 1 \\ 0 & 0 & -1 & d \end{vmatrix} = (-1)(-1)^{2+1}\begin{vmatrix} 1+ab & a & 0 \\ -1 & c & 1 \\ 0 & -1 & d \end{vmatrix}$$

$$\xlongequal{c_3+dc_2} \begin{vmatrix} 1+ab & a & ad \\ -1 & c & 1+cd \\ 0 & -1 & 0 \end{vmatrix} = (-1)(-1)^{3+2}\begin{vmatrix} 1+ab & ad \\ -1 & 1+cd \end{vmatrix}$$

$$= (1+ab)(1+cd)+ad = 1+ab+cd+ad+abcd$$

***例 1-5-6** 证明范德蒙(Vandermonde)行列式:

$$D_n = \begin{vmatrix} 1 & 1 & \cdots & 1 \\ x_1 & x_2 & \cdots & x_n \\ x_1^2 & x_2^2 & \cdots & x_n^2 \\ \vdots & \vdots & & \vdots \\ x_1^{n-1} & x_2^{n-1} & \cdots & x_n^{n-1} \end{vmatrix} = \prod_{n\geqslant i>j\geqslant 1}(x_i-x_j) \qquad (1\text{-}5\text{-}2)$$

其中,记号 $\prod$ 表示全体同类因子的乘积。

证明 用数学归纳法。因为

$$D_2 = \begin{vmatrix} 1 & 1 \\ x_1 & x_2 \end{vmatrix} = x_2 - x_1 = \prod_{2\geqslant i>j\geqslant 1}(x_i-x_j)$$

所以当 $n=2$ 时式(1-5-2)成立。现假设式(1-5-2)对于 $n-1$ 阶范德蒙行列式成立，要证式(1-5-2)对 n 阶范德蒙行列式也成立。

对 D_n 降阶：从第 n 行开始，以后行减去前行的 x_1 倍，有

$$D_n=\begin{vmatrix}1 & 1 & 1 & \cdots & 1\\ 0 & x_2-x_1 & x_3-x_1 & \cdots & x_n-x_1\\ 0 & x_2(x_2-x_1) & x_3(x_3-x_1) & \cdots & x_n(x_n-x_1)\\ \vdots & \vdots & \vdots & & \vdots\\ 0 & x_2^{n-2}(x_2-x_1) & x_3^{n-2}(x_3-x_1) & \cdots & x_n^{n-2}(x_n-x_1)\end{vmatrix},$$

按第一列展开，并把每列的公因子 $(x_i-x_1)(i=2,3,\cdots,n)$ 提出，得到

$$D_n=(x_2-x_1)(x_3-x_1)\cdots(x_n-x_1)\begin{vmatrix}1 & 1 & \cdots & 1\\ x_2 & x_3 & \cdots & x_n\\ \vdots & \vdots & & \vdots\\ x_2^{n-2} & x_3^{n-2} & \cdots & x_n^{n-2}\end{vmatrix}$$

上式右端的行列式是 $n-1$ 阶范德蒙行列式。由归纳假设，它等于所有因子 (x_i-x_j) $(n\geqslant i>j\geqslant 2)$ 的乘积。故

$$\begin{aligned}D_n&=(x_2-x_1)(x_3-x_1)\cdots(x_n-x_1)\prod_{n\geqslant i>j\geqslant 2}(x_i-x_j)\\ &=\prod_{n\geqslant i>j\geqslant 1}(x_i-x_j)\end{aligned}$$

证毕。

由例 1-5-6 立即得出，范德蒙行列式为零的充分必要条件是 $x_1,x_2,\cdots,x_n$ 这 n 个数中至少有两个相等。另外，可用例 1-5-6 的结果直接计算行列式，例如：

$$\begin{vmatrix}1 & 1 & 1 & 1\\ 2 & 3 & 4 & 5\\ 2^2 & 3^2 & 4^2 & 5^2\\ 2^3 & 3^3 & 4^3 & 5^3\end{vmatrix}=(5-4)(5-3)(5-2)(4-3)(4-2)(3-2)=12$$

定理 1-5-2 n 阶行列式 D 的某一行(列)中的元素与另外一行(列)对应元素的代数余子式乘积之和等于 0，即

$$a_{i1}A_{j1}+a_{i2}A_{j2}+\cdots+a_{in}A_{jn}=0(i\neq j)$$

或

$$a_{1i}A_{1j}+a_{2i}A_{2j}+\cdots+a_{ni}A_{nj}=0(i\neq j)$$

证明 将行列式 D 的第 j 行的元素换为第 i 行 $(i\neq j)$ 的对应元素，得到两行相同的行列式 D_1，则 $D_1=0$。

$$D=\begin{vmatrix}a_{11} & a_{12} & \cdots & a_{1n}\\ \vdots & \vdots & & \vdots\\ a_{i1} & a_{i2} & \cdots & a_{in}\\ \vdots & \vdots & & \vdots\\ a_{j1} & a_{j2} & \cdots & a_{jn}\\ \vdots & \vdots & & \vdots\\ a_{n1} & a_{n2} & \cdots & a_{nn}\end{vmatrix},\quad D_1=\begin{vmatrix}a_{11} & a_{12} & \cdots & a_{1n}\\ \vdots & \vdots & & \vdots\\ a_{i1} & a_{i2} & \cdots & a_{in}\\ \vdots & \vdots & & \vdots\\ a_{i1} & a_{i2} & \cdots & a_{in}\\ \vdots & \vdots & & \vdots\\ a_{n1} & a_{n2} & \cdots & a_{nn}\end{vmatrix}=0$$

再将 D_1 按第 j 行展开，由于 D_1 的第 j 行各元素的代数余子式仍是原行列式 D 的第 j 行

元素的代数余子式，故有

$$D_1 = a_{i1}A_{j1} + a_{i2}A_{j2} + \cdots + a_{in}A_{jn} = 0(i \neq j)$$

用类似的方法可以证明按列展开的情况。

证毕。

综合定理 1-5-1、定理 1-5-2 的结论，可以得到两个重要的公式：

$$\sum_{j=1}^{n} a_{kj}A_{ij} = \begin{cases} D & k = i \\ 0 & k \neq i \end{cases}$$

$$\sum_{i=1}^{n} a_{ik}A_{ij} = \begin{cases} D & k = j \\ 0 & k \neq j \end{cases}$$

通过前面的学习，对于行列式的计算方法，可以总结为以下几种：

(1) 对二阶、三阶行列式通常应用对角线法直接求值。

(2) 对于高阶行列式可以利用行列式的性质，将其转换为三角形行列式再求其值。

(3) 利用行列式的展开，可以使行列式的阶数降低，从而简化其运算过程，特别是当行列式中的某行(列)中含有较多个零元素时常用此法。

习题 1-5

1. 求下列行列式的值。

(1) $\begin{vmatrix} 5 & 2 & -6 & -3 \\ -4 & 7 & -2 & 4 \\ -2 & 3 & 4 & 1 \\ 7 & -8 & -10 & -5 \end{vmatrix}$　　(2) $\begin{vmatrix} 2 & 1 & 4 & 1 \\ 3 & -1 & 2 & 1 \\ 1 & 2 & 3 & 2 \\ 5 & 0 & 6 & 2 \end{vmatrix}$

(3) $\begin{vmatrix} 2 & -1 & 3 & 5 \\ 0 & x & 0 & 6 \\ 0 & 3 & x^2 & 0 \\ 0 & 2 & 0 & x^3 \end{vmatrix}$　　(4) $\begin{vmatrix} x & y & x+y \\ y & x+y & x \\ x+y & x & y \end{vmatrix}$

(5) $\begin{vmatrix} 1 & -1 & 1 & 2 \\ 2 & 1 & -1 & 1 \\ 3 & 2 & 1 & 5 \\ -1 & -1 & 1 & 1 \end{vmatrix}$　　(6) $\begin{vmatrix} 1 & 2 & 0 & 1 \\ 1 & 3 & 5 & 0 \\ 0 & 1 & 5 & 6 \\ 1 & 2 & 3 & 4 \end{vmatrix}$

(7) $\begin{vmatrix} 1 & 0 & 2 & 0 \\ 2 & 2 & 2 & 2 \\ 0 & 1 & 0 & 0 \\ 3 & -1 & 2 & 4 \end{vmatrix}$

2. 解方程 $\begin{vmatrix} 0 & 1 & x & 1 \\ 1 & 0 & 1 & x \\ x & 1 & 0 & 1 \\ 1 & x & 1 & 0 \end{vmatrix} = 0$。

*3. 计算下列行列式(D_n 为 n 阶行列式)。

(1) $D_n=\begin{vmatrix} x & a & \cdots & a \\ a & x & \cdots & a \\ \vdots & \vdots & & \vdots \\ a & a & \cdots & x \end{vmatrix}$

(2) $D_{n+1}=\begin{vmatrix} a^n & (a-1)^n & \cdots & (a-n)^n \\ a^{n-1} & (a-1)^{n-1} & \cdots & (a-n)^{n-1} \\ \vdots & \vdots & & \vdots \\ a & a-1 & \cdots & a-n \\ 1 & 1 & \cdots & 1 \end{vmatrix}$

提示:利用范德蒙行列式的结果。

(3) $D_n=\begin{vmatrix} 1 & 2 & 3 & \cdots & n \\ 1 & 2^2 & 3^2 & \cdots & n^2 \\ 1 & 2^3 & 3^3 & \cdots & n^3 \\ \vdots & \vdots & \vdots & & \vdots \\ 1 & 2^n & 3^n & \cdots & n^n \end{vmatrix}$

1.6 克莱姆法则

下面讨论如何利用 n 阶行列式解 n 元线性方程组。

含有 n 个未知数的线性方程组

$$\begin{cases} a_{11}x_1+a_{12}x_2+\cdots+a_{1n}x_n=b_1 \\ a_{21}x_1+a_{22}x_2+\cdots+a_{2n}x_n=b_2 \\ \qquad\vdots \\ a_{n1}x_1+a_{n2}x_2+\cdots+a_{nn}x_n=b_n \end{cases} \tag{1-6-1}$$

与二、三元线性方程组类似,它的解可以用 n 阶行列式表示,即克莱姆法则。

克莱姆法则 如果含有 n 个未知数的线性方程组的系数行列式不等于零,即

$$D=\begin{vmatrix} a_{11} & a_{12} & \cdots & a_{1n} \\ a_{21} & a_{22} & \cdots & a_{2n} \\ \vdots & \vdots & & \vdots \\ a_{n1} & a_{n2} & \cdots & a_{nn} \end{vmatrix}\neq 0$$

则线性方程组(1-6-1)存在唯一解:$x_1=\dfrac{D_1}{D},x_2=\dfrac{D_2}{D},\cdots,x_n=\dfrac{D_n}{D}$。

其中,$D_j(j=1,2,\cdots,n)$是用方程组(1-6-1)右端的常数项 $b_1,b_2,\cdots,b_n$ 分别替换系数行列式 D 中的第 j 列元素 $a_{1j},a_{2j},\cdots,a_{nj}$ 所得到的 n 阶行列式,即

$$D_j=\begin{vmatrix} a_{11} & \cdots & a_{1,j-1} & b_1 & a_{1,j+1} & \cdots & a_{1n} \\ a_{21} & \cdots & a_{2,j-1} & b_2 & a_{2,j+1} & \cdots & a_{2n} \\ \vdots & & \vdots & \vdots & \vdots & & \vdots \\ a_{n1} & \cdots & a_{n,j-1} & b_n & a_{n,j+1} & \cdots & a_{nn} \end{vmatrix} \quad (j=1,2,\cdots,n)$$

例 1-6-1 解线性方程组:

$$\begin{cases} x_1 + x_2 + x_3 + x_4 = 5 \\ x_1 + 2x_2 - x_3 + 4x_4 = -2 \\ 2x_1 - 3x_2 - x_3 - 5x_4 = -2 \\ 3x_1 + x_2 + 2x_3 + 11x_4 = 0 \end{cases}$$

解 这个方程组的系数行列式为

$$D = \begin{vmatrix} 1 & 1 & 1 & 1 \\ 1 & 2 & -1 & 4 \\ 2 & -3 & -1 & -5 \\ 3 & 1 & 2 & 11 \end{vmatrix} = -142 \neq 0$$

$$D_1 = \begin{vmatrix} 5 & 1 & 1 & 1 \\ -2 & 2 & -1 & 4 \\ -2 & -3 & -1 & -5 \\ 0 & 1 & 2 & 11 \end{vmatrix} = -142$$

$$D_2 = \begin{vmatrix} 1 & 5 & 1 & 1 \\ 1 & -2 & -1 & 4 \\ 2 & -2 & -1 & -5 \\ 3 & 0 & 2 & 11 \end{vmatrix} = -284$$

$$D_3 = \begin{vmatrix} 1 & 1 & 5 & 1 \\ 1 & 2 & -2 & 4 \\ 2 & -3 & -2 & -5 \\ 3 & 1 & 0 & 11 \end{vmatrix} = -426$$

$$D_4 = \begin{vmatrix} 1 & 1 & 1 & 5 \\ 1 & 2 & -1 & -2 \\ 2 & -3 & -1 & -2 \\ 3 & 1 & 2 & 0 \end{vmatrix} = 142$$

由克莱姆法则知,方程组有唯一解:$x_1 = \frac{D_1}{D} = 1, x_2 = \frac{D_2}{D} = 2, x_3 = \frac{D_3}{D} = 3, x_4 = \frac{D_4}{D} = -1$。

线性方程组(1-6-1)中右端的常数项 $b_1, b_2, \cdots, b_n$ 不全为 0 时称为**非齐次线性方程组**;方程组中右端的常数项 $b_1 = b_2 = \cdots = b_n = 0$ 时称为**齐次线性方程组**。

对于齐次线性方程组

$$\begin{cases} a_{11}x_1 + a_{12}x_2 + \cdots + a_{1n}x_n = 0 \\ a_{21}x_1 + a_{22}x_2 + \cdots + a_{2n}x_n = 0 \\ \qquad \vdots \\ a_{n1}x_1 + a_{n2}x_2 + \cdots + a_{nn}x_n = 0 \end{cases} \tag{1-6-2}$$

显然 $x_1 = x_2 = \cdots = x_n = 0$ 一定是齐次线性方程组的解,这个解叫作齐次线性方程组的**零解**。如果 $x_1, x_2, \cdots, x_n$ 不全为 0 是齐次线性方程组的解,则它叫作齐次线性方程组的**非零解**。齐次线性方程组一定有零解,但不一定有非零解。

由克莱姆法则易得以下推论。

推论 1-6-1 若齐次线性方程组(1-6-2)的系数行列式 $D\neq 0$,则它只有零解。

证明 因为方程组中右端的常数项 $b_1=b_2=\cdots=b_n=0$,所以 D_j 中有一列为零,则 $D_j=0(j=1,2,\cdots,n)$,就是说齐次线性方程组的唯一解是

$$x_1=\frac{D_1}{D}=0,\quad x_2=\frac{D_2}{D}=0,\quad \cdots\quad,\quad x_n=\frac{D_n}{D}=0$$

证毕。

推论 1-6-1 的逆否命题即为推论 1-6-2。

推论 1-6-2 若齐次线性方程组(1-6-2)有非零解,那么它的系数行列式 $D=0$。

例 1-6-2 判断齐次线性方程组$\begin{cases}x_1+x_2+x_3=0\\x_1+x_2+x_4=0\\x_1+x_3+x_4=0\\x_2+x_3+x_4=0\end{cases}$是否有非零解。

解 齐次线性方程组的系数行列式为

$$D=\begin{vmatrix}1&1&1&0\\1&1&0&1\\1&0&1&1\\0&1&1&1\end{vmatrix}\xlongequal[r_3-r_1]{r_2-r_1}\begin{vmatrix}1&1&1&0\\0&0&-1&1\\0&-1&0&1\\0&1&1&1\end{vmatrix}\xlongequal{r_2\leftrightarrow r_4}-\begin{vmatrix}1&1&1&0\\0&1&1&1\\0&-1&0&1\\0&0&-1&1\end{vmatrix}$$

$$\xlongequal{r_3+r_2}-\begin{vmatrix}1&1&1&0\\0&1&1&1\\0&0&1&2\\0&0&-1&1\end{vmatrix}\xlongequal{r_4+r_3}-\begin{vmatrix}1&1&1&0\\0&1&1&1\\0&0&1&2\\0&0&0&3\end{vmatrix}=-1\times1\times1\times3=-3\neq 0$$

所以方程组只有零解。

例 1-6-3 问 λ 取何值时,齐次线性方程组$\begin{cases}(1-\lambda)x_1-2x_2+4x_3=0\\2x_1+(3-\lambda)x_2+x_3=0\\x_1+x_2+(1-\lambda)x_3=0\end{cases}$有非零解?

解 方程组的系数行列式为

$$D=\begin{vmatrix}1-\lambda&-2&4\\2&3-\lambda&1\\1&1&1-\lambda\end{vmatrix}\xlongequal{c_3+2c_2}\begin{vmatrix}1-\lambda&-2&0\\2&3-\lambda&7-2\lambda\\1&1&3-\lambda\end{vmatrix}$$

$$\begin{aligned}&=(3-\lambda)\begin{vmatrix}1-\lambda&-2\\2&3-\lambda\end{vmatrix}-(7-2\lambda)\begin{vmatrix}1-\lambda&-2\\1&1\end{vmatrix}\\&=(3-\lambda)[(1-\lambda)(3-\lambda)+4]-(7-2\lambda)[(1-\lambda)+2]\\&=(3-\lambda)[7-4\lambda+\lambda^2-(7-2\lambda)]\\&=\lambda(3-\lambda)(\lambda-2)\end{aligned}$$

当 $D=0$ 时,即 $\lambda(3-\lambda)(\lambda-2)=0$ 时,方程组有非零解。

即 $\lambda=0$,或 $\lambda=3$,或 $\lambda=2$ 时,方程组有非零解。

习题 1-6

1. 用克莱姆法则解方程组。

(1) $\begin{cases} 2x_1+x_2-x_3=1 \\ 2x_1+x_2=-1 \\ x_1-x_2+x_3=3 \end{cases}$　　(2) $\begin{cases} 2x_1-x_2+3x_3+2x_4=6 \\ 3x_1-3x_2+3x_3+2x_4=5 \\ 3x_1-x_2-x_3+2x_4=3 \\ 3x_1-x_2+3x_3-x_4=4 \end{cases}$

2. 求 λ 在什么条件下,方程组$\begin{cases} \lambda x_1+x_2=0 \\ x_1+\lambda x_2=0 \end{cases}$有非零解。

第2章

矩阵与线性方程组

2.1 矩阵

2.1.1 矩阵的概念

定义 2-1-1 由 $m\times n$ 个数 $a_{ij}(i=1,2,\cdots,m;\ j=1,2,\cdots,n)$ 排列成的一个 m 行 n 列的矩形数表

$$\begin{pmatrix} a_{11} & a_{12} & \cdots & a_{1n} \\ a_{21} & a_{22} & \cdots & a_{2n} \\ \vdots & \vdots & & \vdots \\ a_{m1} & a_{m2} & \cdots & a_{mn} \end{pmatrix}$$

称为 **m 行 n 列的矩阵**，简称 **$m\times n$ 矩阵**，通常用大写粗体字母 $\boldsymbol{A},\boldsymbol{B},\boldsymbol{C},\cdots$ 表示。上述矩阵可记作 $\boldsymbol{A}$ 或 $\boldsymbol{A}_{m\times n}$，也可记作 $(a_{ij})_{m\times n}$ 或 $(a_{ij})_{mn}$，简记作 (a_{ij})，其中 a_{ij} 称为矩阵 $\boldsymbol{A}$ 的第 i 行第 j 列元素。

所有元素都为零的矩阵称为**零矩阵**，记作 $\boldsymbol{O}_{m\times n}$，简记为 $\boldsymbol{O}$。

只有一行的矩阵 $\boldsymbol{A}_{1\times n}=(a_{11}\quad a_{12}\quad \cdots\quad a_{1n})$ 称为**行矩阵**或称为 **n 维行向量**。

只有一列的矩阵 $\boldsymbol{A}_{m\times 1}=\begin{pmatrix} a_{11} \\ a_{21} \\ \vdots \\ a_{m1} \end{pmatrix}$ 称为**列矩阵**或称为 **m 维列向量**。

如果矩阵 $\boldsymbol{A}=(a_{ij})$ 的行数与列数都等于 n，称 $\boldsymbol{A}$ 为 **n 阶方阵**，记作 $\boldsymbol{A}_n$，即

$$\boldsymbol{A}_n=\begin{pmatrix} a_{11} & a_{12} & \cdots & a_{1n} \\ a_{21} & a_{22} & \cdots & a_{2n} \\ \vdots & \vdots & & \vdots \\ a_{n1} & a_{n2} & \cdots & a_{nn} \end{pmatrix}$$

n 阶方阵 $\boldsymbol{A}$ 的元素按原来的形式排列,构成的 n 阶行列式,称为矩阵 $\boldsymbol{A}$ **的行列式**,记作 $|\boldsymbol{A}|$ 或 $\det\boldsymbol{A}$。即

$$|\boldsymbol{A}|=\begin{vmatrix} a_{11} & a_{12} & \cdots & a_{1n} \\ a_{21} & a_{22} & \cdots & a_{2n} \\ \vdots & \vdots & & \vdots \\ a_{n1} & a_{n2} & \cdots & a_{nn} \end{vmatrix}$$

特别地,规定一阶方阵就是一个数,即 $\boldsymbol{A}=(a_{11})$。

矩阵 $\boldsymbol{A}$ 的**负矩阵**为 $-\boldsymbol{A}=(-a_{ij})_{m\times n}$。

2.1.2 几种特殊矩阵

1. 三角形矩阵

定义 2-1-2 主对角线下(上)方的元素全为零的 n 阶方阵称为**上(下)三角形矩阵**,即方阵形如

$$\begin{pmatrix} a_{11} & a_{12} & \cdots & a_{1n} \\ 0 & a_{22} & \cdots & a_{2n} \\ \vdots & \vdots & & \vdots \\ 0 & 0 & \cdots & a_{nn} \end{pmatrix} \quad \text{和} \quad \begin{pmatrix} a_{11} & 0 & \cdots & 0 \\ a_{21} & a_{22} & \cdots & 0 \\ \vdots & \vdots & & \vdots \\ a_{n1} & a_{n2} & \cdots & a_{nn} \end{pmatrix}$$

上三角形矩阵、下三角形矩阵统称为**三角形矩阵**。

2. 对角矩阵

定义 2-1-3 主对角线以外的元素全为零的 n 阶方阵称为**对角矩阵**,即

$$\begin{pmatrix} a_{11} & 0 & \cdots & 0 \\ 0 & a_{22} & \cdots & 0 \\ \vdots & \vdots & & \vdots \\ 0 & 0 & \cdots & a_{nn} \end{pmatrix}$$

显然,对角矩阵既是上三角形矩阵,又是下三角形矩阵,由主对角线的元素就可以确定对角矩阵,常把对角矩阵记作 $\mathrm{diag}(a_1,a_2,\cdots,a_n)$。

3. 数量矩阵

定义 2-1-4 主对角线上元素全为 a 的对角矩阵称为**数量矩阵**,即

$$\begin{pmatrix} a & 0 & \cdots & 0 \\ 0 & a & \cdots & 0 \\ \vdots & \vdots & & \vdots \\ 0 & 0 & \cdots & a \end{pmatrix}$$

4. 单位矩阵

定义 2-1-5 主对角线上元素全为 1 的 n 阶数量矩阵称为**单位矩阵**,记作 $\boldsymbol{I}_n$ 或 $\boldsymbol{E}_n$,简

记作 $\boldsymbol{I}$ 或 $\boldsymbol{E}$，即

$$\boldsymbol{I}_n=\begin{pmatrix}1 & 0 & \cdots & 0\\0 & 1 & \cdots & 0\\\vdots & \vdots & & \vdots\\0 & 0 & \cdots & 1\end{pmatrix}$$

当 $n=2,3$ 时，$\boldsymbol{I}_2=\begin{pmatrix}1 & 0\\0 & 1\end{pmatrix}$，$\boldsymbol{I}_3=\begin{pmatrix}1 & 0 & 0\\0 & 1 & 0\\0 & 0 & 1\end{pmatrix}$就是二阶、三阶单位矩阵。

2.2 矩阵的运算

2.2.1 矩阵的相等

定义 2-2-1 如果两个矩阵 $\boldsymbol{A}=(a_{ij})$，$\boldsymbol{B}=(b_{ij})$的行数和列数分别相同，而且各对应位置处的元素相等，则称**矩阵 A 与矩阵 B 相等**，记作

$$\boldsymbol{A}=\boldsymbol{B}$$

即如果 $\boldsymbol{A}=(a_{ij})_{m\times n}$，$\boldsymbol{B}=(b_{ij})_{m\times n}$，且 $a_{ij}=b_{ij}\ (i=1,2,\cdots,m;\ j=1,2,\cdots,n)$，那么 $\boldsymbol{A}=\boldsymbol{B}$。

例 2-2-1 设矩阵 $\boldsymbol{A}=\begin{pmatrix}a & 2 & -3\\0 & 4 & 5\\3 & b & 7\end{pmatrix}$，$\boldsymbol{B}=\begin{pmatrix}1 & 2 & c\\0 & 4 & 5\\d & 9 & 7\end{pmatrix}$且 $\boldsymbol{A}=\boldsymbol{B}$，求 a,b,c,d。

解 由 $\boldsymbol{A}=\boldsymbol{B}$，根据矩阵相等的定义知

$$\begin{pmatrix}a & 2 & -3\\0 & 4 & 5\\3 & b & 7\end{pmatrix}=\begin{pmatrix}1 & 2 & c\\0 & 4 & 5\\d & 9 & 7\end{pmatrix}$$

得 $a=1,b=9,c=-3,d=3$。

2.2.2 矩阵的加法

定义 2-2-2 两个 $m\times n$ 矩阵 $\boldsymbol{A}=(a_{ij})$，$\boldsymbol{B}=(b_{ij})$，对应位置上的元素相加所得的 $m\times n$ 矩阵，称为 **A 与 B 的和**，记作 $\boldsymbol{A}+\boldsymbol{B}$，即

$$\boldsymbol{A}+\boldsymbol{B}=(a_{ij})_{m\times n}+(b_{ij})_{m\times n}=(a_{ij}+b_{ij})_{m\times n}$$

定义矩阵的减法运算为

$$\boldsymbol{A}-\boldsymbol{B}=\boldsymbol{A}+(-\boldsymbol{B})=(a_{ij})_{m\times n}+(-b_{ij})_{m\times n}=(a_{ij}-b_{ij})_{m\times n}$$

注：两个矩阵只有在行数相同且列数也相同的条件下才能进行加减法运算。

例 2-2-2 设矩阵 $\boldsymbol{A}=\begin{pmatrix}2 & 3\\5 & 7\end{pmatrix}$，$\boldsymbol{B}=\begin{pmatrix}3 & 5\\7 & 1\end{pmatrix}$，则有

$$\boldsymbol{A}+\boldsymbol{B}=\begin{pmatrix}2 & 3\\5 & 7\end{pmatrix}+\begin{pmatrix}3 & 5\\7 & 1\end{pmatrix}=\begin{pmatrix}2+3 & 3+5\\5+7 & 7+1\end{pmatrix}=\begin{pmatrix}5 & 8\\12 & 8\end{pmatrix}$$

容易验证,矩阵的加法满足下列运算规律。

(1) 交换律: $\boldsymbol{A}+\boldsymbol{B}=\boldsymbol{B}+\boldsymbol{A}$;

(2) 结合律: $(\boldsymbol{A}+\boldsymbol{B})+\boldsymbol{C}=\boldsymbol{A}+(\boldsymbol{B}+\boldsymbol{C})$;

(3) 零矩阵满足: $\boldsymbol{O}+\boldsymbol{A}=\boldsymbol{A}+\boldsymbol{O}=\boldsymbol{A}$;

(4) 存在矩阵 $-\boldsymbol{A}$ 满足: $\boldsymbol{A}-\boldsymbol{A}=\boldsymbol{A}+(-\boldsymbol{A})=\boldsymbol{O}$。

2.2.3 矩阵的数乘

定义 2-2-3 用数 k 乘以矩阵 $\boldsymbol{A}=(a_{ij})_{m\times n}$ 的每一个元素,所得到的矩阵称为**数 k 与矩阵 $\boldsymbol{A}$ 的积**,简称为**数乘**,记作 $k\boldsymbol{A}$,即

$$k\boldsymbol{A}=k(a_{ij})_{m\times n}=(ka_{ij})_{m\times n}$$

例 2-2-3 设矩阵 $\boldsymbol{A}=\begin{pmatrix}3&-2\\5&0\\1&6\end{pmatrix}$, $\boldsymbol{B}=\begin{pmatrix}4&-3\\8&2\\-1&7\end{pmatrix}$,求 $3\boldsymbol{A}-2\boldsymbol{B}$。

解

$$3\boldsymbol{A}-2\boldsymbol{B}=3\begin{pmatrix}3&-2\\5&0\\1&6\end{pmatrix}-2\begin{pmatrix}4&-3\\8&2\\-1&7\end{pmatrix}=\begin{pmatrix}9&-6\\15&0\\3&18\end{pmatrix}-\begin{pmatrix}8&-6\\16&4\\-2&14\end{pmatrix}=\begin{pmatrix}1&0\\-1&-4\\5&4\end{pmatrix}$$

例 2-2-4 设矩阵 $\boldsymbol{A}=\begin{pmatrix}-3&1&2&0\\1&5&7&9\\2&4&6&8\end{pmatrix}$, $\boldsymbol{B}=\begin{pmatrix}7&5&-2&4\\5&1&9&7\\-1&-3&-5&0\end{pmatrix}$,且 $\boldsymbol{A}+2\boldsymbol{X}=\boldsymbol{B}$,求 $\boldsymbol{X}$。

解

$$\boldsymbol{X}=\frac{1}{2}(\boldsymbol{B}-\boldsymbol{A})=\frac{1}{2}\begin{pmatrix}7-(-3)&5-1&-2-2&4-0\\5-1&1-5&9-7&7-9\\-1-2&-3-4&-5-6&0-8\end{pmatrix}=\frac{1}{2}\begin{pmatrix}10&4&-4&4\\4&-4&2&-2\\-3&-7&-11&-8\end{pmatrix}=\begin{pmatrix}5&2&-2&2\\2&-2&1&-1\\-\frac{3}{2}&-\frac{7}{2}&-\frac{11}{2}&-4\end{pmatrix}$$

容易验证，矩阵的数乘运算满足以下运算规律。

(1) 数对矩阵的分配律：$k(\boldsymbol{A}+\boldsymbol{B})=k\boldsymbol{A}+k\boldsymbol{B}$；

(2) 矩阵对数的分配律：$(k+l)\boldsymbol{A}=k\boldsymbol{A}+l\boldsymbol{A}$；

(3) 数对矩阵的结合律：$(kl)\boldsymbol{A}=k(l\boldsymbol{A})=l(k\boldsymbol{A})$；

(4) 数 1 与矩阵满足：$1\boldsymbol{A}=\boldsymbol{A}$；

(5) 数 0 与矩阵满足：$0\boldsymbol{A}=\boldsymbol{O}$。

2.2.4　矩阵的乘法

定义 2-2-4　设 $\boldsymbol{A}$ 是一个 $m\times k$ 的矩阵，$\boldsymbol{B}$ 是一个 $k\times n$ 的矩阵，即

$$\boldsymbol{A}=\begin{pmatrix} a_{11} & a_{12} & \cdots & a_{1k} \\ a_{21} & a_{22} & \cdots & a_{2k} \\ \vdots & \vdots & & \vdots \\ a_{m1} & a_{m2} & \cdots & a_{mk} \end{pmatrix},\quad \boldsymbol{B}=\begin{pmatrix} b_{11} & b_{12} & \cdots & b_{1n} \\ b_{21} & b_{22} & \cdots & b_{2n} \\ \vdots & \vdots & & \vdots \\ b_{k1} & b_{k2} & \cdots & b_{kn} \end{pmatrix}$$

则称 $m\times n$ 矩阵 $\boldsymbol{C}=(c_{ij})$ 为**矩阵 $\boldsymbol{A}$ 与 $\boldsymbol{B}$ 的乘积**，即

$$\boldsymbol{C}=\begin{pmatrix} c_{11} & c_{12} & \cdots & c_{1n} \\ c_{21} & c_{22} & \cdots & c_{2n} \\ \vdots & \vdots & & \vdots \\ c_{m1} & c_{m2} & \cdots & c_{mn} \end{pmatrix}$$

其中，$c_{ij}=a_{i1}b_{1j}+a_{i2}b_{2j}+\cdots+a_{ik}b_{kj}=\sum_{s=1}^{k}a_{is}b_{sj}\,(i=1,2,\cdots,m;\ j=1,2,\cdots,n)$。记作

$$\boldsymbol{C}=\boldsymbol{AB}$$

即 $\boldsymbol{AB}$ 的第 i 行第 j 列元素 c_{ij} 等于矩阵 $\boldsymbol{A}$ 的第 i 行上的所有元素与矩阵 $\boldsymbol{B}$ 的第 j 列上的所有对应元素乘积之和。由于 $\boldsymbol{A}$ 有 m 行，所以 i 可取 $1,2,\cdots,m$；由于 $\boldsymbol{B}$ 有 n 列，所以 j 可取 $1,2,\cdots,n$。由此看出 $\boldsymbol{AB}$ 是一个 $m\times n$ 矩阵，简记作 $(c_{ij})_{m\times n}$。

例 2-2-5　设矩阵 $\boldsymbol{A}=\begin{pmatrix} 2 & -1 \\ -4 & 0 \\ 3 & 5 \end{pmatrix}$，$\boldsymbol{B}=\begin{pmatrix} 3 & -2 \\ -4 & 5 \end{pmatrix}$，求 $\boldsymbol{AB}$ 和 $\boldsymbol{BA}$。

解

$$\begin{aligned} \boldsymbol{AB} &= \begin{pmatrix} 2 & -1 \\ -4 & 0 \\ 3 & 5 \end{pmatrix}\begin{pmatrix} 3 & -2 \\ -4 & 5 \end{pmatrix} \\ &= \begin{pmatrix} 2\times 3+(-1)\times(-4) & 2\times(-2)+(-1)\times 5 \\ -4\times 3+0\times(-4) & (-4)\times(-2)+0\times 5 \\ 3\times 3+5\times(-4) & 3\times(-2)+5\times 5 \end{pmatrix} \\ &= \begin{pmatrix} 10 & -9 \\ -12 & 8 \\ -11 & 19 \end{pmatrix} \end{aligned}$$

由于 $\boldsymbol{B}$ 的列数与 $\boldsymbol{A}$ 的行数不相同，故 $\boldsymbol{BA}$ 不存在。

例 2-2-6 设矩阵 $\boldsymbol{A}=\begin{pmatrix}2&4\\1&2\end{pmatrix}$,$\boldsymbol{B}=\begin{pmatrix}2&-2\\-1&1\end{pmatrix}$,试求 $\boldsymbol{AB}$ 和 $\boldsymbol{BA}$。

解

$$\boldsymbol{AB}=\begin{pmatrix}2&4\\1&2\end{pmatrix}\begin{pmatrix}2&-2\\-1&1\end{pmatrix}=\begin{pmatrix}2\times2+4\times(-1)&2\times(-2)+4\times1\\1\times2+2\times(-1)&1\times(-2)+2\times1\end{pmatrix}=\begin{pmatrix}0&0\\0&0\end{pmatrix}$$

$$\boldsymbol{BA}=\begin{pmatrix}2&-2\\-1&1\end{pmatrix}\begin{pmatrix}2&4\\1&2\end{pmatrix}=\begin{pmatrix}2\times2+(-2)\times1&2\times4+(-2)\times2\\-1\times2+1\times1&-1\times4+1\times2\end{pmatrix}=\begin{pmatrix}2&4\\-1&-2\end{pmatrix}$$

从例 2-2-6 中可以看出:矩阵的乘法一般不满足交换律,即 $\boldsymbol{AB}\neq\boldsymbol{BA}$;另外,不能从 $\boldsymbol{AB}=\boldsymbol{O}$ 推出矩阵 $\boldsymbol{A}=\boldsymbol{O}$ 或 $\boldsymbol{B}=\boldsymbol{O}$。

对于矩阵 $\boldsymbol{A}$ 和 $\boldsymbol{B}$,若 $\boldsymbol{AB}=\boldsymbol{BA}$,则称 $\boldsymbol{A}$ 与 $\boldsymbol{B}$ 是**可交换的**。

例如:

$$\begin{pmatrix}0&4\\1&3\end{pmatrix}\begin{pmatrix}-1&4\\1&2\end{pmatrix}=\begin{pmatrix}4&8\\2&10\end{pmatrix}=\begin{pmatrix}-1&4\\1&2\end{pmatrix}\begin{pmatrix}0&4\\1&3\end{pmatrix}$$

即矩阵 $\begin{pmatrix}0&4\\1&3\end{pmatrix}$ 和 $\begin{pmatrix}-1&4\\1&2\end{pmatrix}$ 是可交换的。

例 2-2-7 设矩阵 $\boldsymbol{A}=\begin{pmatrix}1&2\\2&4\end{pmatrix}$,$\boldsymbol{B}=\begin{pmatrix}6&2\\-3&-1\end{pmatrix}$,$\boldsymbol{C}=\begin{pmatrix}2&10\\-1&-5\end{pmatrix}$,求 $\boldsymbol{AB}$ 和 $\boldsymbol{AC}$。

解

$$\boldsymbol{AB}=\begin{pmatrix}1&2\\2&4\end{pmatrix}\begin{pmatrix}6&2\\-3&-1\end{pmatrix}=\begin{pmatrix}0&0\\0&0\end{pmatrix}$$

$$\boldsymbol{AC}=\begin{pmatrix}1&2\\2&4\end{pmatrix}\begin{pmatrix}2&10\\-1&-5\end{pmatrix}=\begin{pmatrix}0&0\\0&0\end{pmatrix}$$

从例 2-2-7 可以看出:矩阵的乘法一般不满足消去律,即 $\boldsymbol{AB}=\boldsymbol{AC}$,且 $\boldsymbol{A}\neq\boldsymbol{O}$ 时,$\boldsymbol{B}\neq\boldsymbol{C}$。

不难证明,矩阵乘法满足下列运算规律。

(1) 乘法结合律:$(\boldsymbol{AB})\boldsymbol{C}=\boldsymbol{A}(\boldsymbol{BC})$;

(2) 乘法分配律:$\boldsymbol{A}(\boldsymbol{B}+\boldsymbol{C})=\boldsymbol{AB}+\boldsymbol{AC}$;$(\boldsymbol{B}+\boldsymbol{C})\boldsymbol{A}=\boldsymbol{BA}+\boldsymbol{CA}$;

(3) 数乘结合律:$k(\boldsymbol{AB})=(k\boldsymbol{A})\boldsymbol{B}=\boldsymbol{A}(k\boldsymbol{B})$,其中 k 为常数;

(4) $\boldsymbol{IA}=\boldsymbol{AI}=\boldsymbol{A}$(其中 $\boldsymbol{I}$ 为单位矩阵);

(5) 对于任意两个方阵 $\boldsymbol{A}$,$\boldsymbol{B}$,总有

$$|\boldsymbol{AB}|=|\boldsymbol{A}||\boldsymbol{B}|$$

即方阵乘积的行列式等于行列式的乘积。

定义 2-2-5　设 $\boldsymbol{A}$ 为 n 阶方阵，k 是正整数，则 k 个 $\boldsymbol{A}$ 的连乘称为方阵 $\boldsymbol{A}$ 的 k 次幂，记作

$$\boldsymbol{A}^k = \underbrace{\boldsymbol{AA}\cdots\boldsymbol{A}}_{k\text{个}}$$

特别地，对于方阵 $\boldsymbol{A}$，若 $\boldsymbol{AA}=\boldsymbol{A}^2=\boldsymbol{A}$，则 $\boldsymbol{A}$ 为**幂等阵**。

如方阵 $\boldsymbol{A}=\begin{pmatrix}1 & 0\\ 0 & 0\end{pmatrix}$，有 $\boldsymbol{A}^2=\boldsymbol{A}$，因此 $\boldsymbol{A}$ 是一个幂等阵。

方阵的幂具有下列运算性质。

(1) $\boldsymbol{A}^{k_1}\boldsymbol{A}^{k_2}=\boldsymbol{A}^{k_1+k_2}$；

(2) $(\boldsymbol{A}^{k_1})^{k_2}=\boldsymbol{A}^{k_1\times k_2}$。

2.2.5　矩阵的转置

定义 2-2-6　将 $m\times n$ 矩阵 $\boldsymbol{A}$ 的行与列互换，得到的 $n\times m$ 矩阵，称为 $\boldsymbol{A}$ 的**转置矩阵**。记作 $\boldsymbol{A}^{\mathrm{T}}$ 或 $\boldsymbol{A}'$。

如果
$$\boldsymbol{A}=\begin{pmatrix}a_{11} & a_{12} & \cdots & a_{1n}\\ a_{21} & a_{22} & \cdots & a_{2n}\\ \vdots & \vdots & & \vdots\\ a_{m1} & a_{m2} & \cdots & a_{mn}\end{pmatrix}$$

则
$$\boldsymbol{A}^{\mathrm{T}}=\begin{pmatrix}a_{11} & a_{21} & \cdots & a_{m1}\\ a_{12} & a_{22} & \cdots & a_{m2}\\ \vdots & \vdots & & \vdots\\ a_{1n} & a_{2n} & \cdots & a_{mn}\end{pmatrix}$$

例如，矩阵 $\boldsymbol{A}=\begin{pmatrix}1 & 3 & 5\\ 0 & -2 & 4\end{pmatrix}$ 的转置矩阵 $\boldsymbol{A}^{\mathrm{T}}=\begin{pmatrix}1 & 0\\ 3 & -2\\ 5 & 4\end{pmatrix}$。

矩阵的转置运算具有下面的性质。

(1) $(\boldsymbol{A}^{\mathrm{T}})^{\mathrm{T}}=\boldsymbol{A}$；

(2) $(\boldsymbol{A}+\boldsymbol{B})^{\mathrm{T}}=\boldsymbol{A}^{\mathrm{T}}+\boldsymbol{B}^{\mathrm{T}}$；

(3) $(\boldsymbol{AB})^{\mathrm{T}}=\boldsymbol{B}^{\mathrm{T}}\boldsymbol{A}^{\mathrm{T}}$；

(4) $(k\boldsymbol{A})^{\mathrm{T}}=k\boldsymbol{A}^{\mathrm{T}}$（$k$ 为常数）。

例 2-2-8　设矩阵 $\boldsymbol{A}=\begin{pmatrix}1 & 0\\ 2 & 3\\ 4 & 5\end{pmatrix}$，$\boldsymbol{B}=\begin{pmatrix}2 & 1\\ 4 & 3\end{pmatrix}$，求 $(\boldsymbol{AB})^{\mathrm{T}}$，$\boldsymbol{B}^{\mathrm{T}}\boldsymbol{A}^{\mathrm{T}}$。

解
$$\boldsymbol{AB}=\begin{pmatrix}1 & 0\\ 2 & 3\\ 4 & 5\end{pmatrix}\begin{pmatrix}2 & 1\\ 4 & 3\end{pmatrix}=\begin{pmatrix}2 & 1\\ 16 & 11\\ 28 & 19\end{pmatrix}$$

则
$$(\boldsymbol{AB})^{\mathrm{T}}=\begin{pmatrix}2 & 16 & 28\\ 1 & 11 & 19\end{pmatrix}$$

$$\boldsymbol{B}^{\mathrm{T}}\boldsymbol{A}^{\mathrm{T}}=\begin{pmatrix}2&4\\1&3\end{pmatrix}\begin{pmatrix}1&2&4\\0&3&5\end{pmatrix}=\begin{pmatrix}2&16&28\\1&11&19\end{pmatrix}$$

定义 2-2-7 如果 n 阶方阵 $\boldsymbol{A}=(a_{ij})$ 的元素满足条件

$$a_{ij}=a_{ji}\quad(i,j=1,2,\cdots,n)$$

即 $\boldsymbol{A}^{\mathrm{T}}=\boldsymbol{A}$ 时,称 $\boldsymbol{A}$ 为**对称矩阵**。

例如,以下矩阵分别是 2 阶、3 阶和 4 阶对称矩阵。

$$\begin{pmatrix}2&1\\1&0\end{pmatrix},\quad\begin{pmatrix}1&2&-3\\2&4&6\\-3&6&5\end{pmatrix},\quad\begin{pmatrix}2&1&-3&0\\1&0&7&4\\-3&7&5&-6\\0&4&-6&8\end{pmatrix}$$

易证:若 $\boldsymbol{A},\boldsymbol{B}$ 为 n 阶对称矩阵,则 $k\boldsymbol{A},\boldsymbol{A}\pm\boldsymbol{B}$ 仍为 n 阶对称矩阵,但 $\boldsymbol{AB}$ 未必对称。例如:

$$\begin{pmatrix}1&2\\2&0\end{pmatrix}\begin{pmatrix}1&-1\\-1&1\end{pmatrix}=\begin{pmatrix}-1&1\\2&-2\end{pmatrix}$$

结果为非对称矩阵。

定义 2-2-8 如果 n 阶方阵 $\boldsymbol{A}=(a_{ij})$ 的元素满足条件

$$\begin{cases}a_{ij}=-a_{ji},i\neq j\\a_{ij}=0,i=j\end{cases}\quad(i,j=1,2,\cdots,n)$$

即 $\boldsymbol{A}^{\mathrm{T}}=-\boldsymbol{A}$ 时,称 $\boldsymbol{A}$ 为**反对称矩阵**。

例如,以下矩阵分别为 3 阶、4 阶反对称矩阵。

$$\begin{pmatrix}0&2&-3\\-2&0&6\\3&-6&0\end{pmatrix},\quad\begin{pmatrix}0&1&-3&0\\-1&0&7&-4\\3&-7&0&-6\\0&4&6&0\end{pmatrix}$$

习题 2-2

1. 设矩阵 $\boldsymbol{A}=\begin{pmatrix}2&-1&4&b\\1&a&-5&2\end{pmatrix},\boldsymbol{B}=\begin{pmatrix}c&-1&4&3\\1&0&d&2\end{pmatrix}$,且 $\boldsymbol{A}=\boldsymbol{B}$,求 a,b,c,d 的值。

2. 计算下列各题。

(1) $\begin{pmatrix}1&2\\0&-5\end{pmatrix}+\begin{pmatrix}2&-2\\1&3\end{pmatrix}$

(2) $\begin{pmatrix}4&3\\-5&2\end{pmatrix}+2\begin{pmatrix}2&1\\-3&2\end{pmatrix}$

(3) $\begin{pmatrix}4&3&1\\1&-2&3\\5&7&0\end{pmatrix}\begin{pmatrix}7\\2\\1\end{pmatrix}$

(4) $(1,2,3)\begin{pmatrix}3\\2\\1\end{pmatrix}$

(5) $\begin{pmatrix}2\\1\\3\end{pmatrix}(-1,2)$

(6) $\begin{pmatrix}2&1&4&0\\1&-1&3&4\end{pmatrix}\begin{pmatrix}1&3&1\\0&-1&2\\1&-3&1\\4&0&-2\end{pmatrix}$

(7) $\begin{pmatrix} -2 & 4 & 1 \\ 1 & -2 & 1 \end{pmatrix}\begin{pmatrix} 2 & 4 \\ -3 & -6 \\ 1 & 1 \end{pmatrix}$ (8) $\begin{pmatrix} 1 & 0 & 3 & 1 \\ 2 & 1 & 0 & 2 \end{pmatrix}\begin{pmatrix} 4 & 1 & 0 \\ 1 & 1 & 3 \\ 2 & 0 & 1 \\ 1 & 3 & 4 \end{pmatrix}$

(9) $\begin{pmatrix} 1 & -1 & 0 \\ 2 & 1 & -2 \\ -1 & 3 & 1 \end{pmatrix}\begin{pmatrix} 2 & 1 & 4 \\ 0 & -2 & 3 \\ -2 & 1 & 1 \end{pmatrix}$ (10) $(x_1, x_2, x_3)\begin{pmatrix} a_{11} & a_{12} & a_{13} \\ a_{12} & a_{22} & a_{23} \\ a_{13} & a_{23} & a_{33} \end{pmatrix}\begin{pmatrix} x_1 \\ x_2 \\ x_3 \end{pmatrix}$

3. 设 $\boldsymbol{A}=\begin{pmatrix} 1 & 2 \\ 1 & 3 \end{pmatrix}$,$\boldsymbol{B}=\begin{pmatrix} 1 & 0 \\ 1 & 2 \end{pmatrix}$,问:

(1) $\boldsymbol{AB}=\boldsymbol{BA}$ 吗?

(2) $(\boldsymbol{A}+\boldsymbol{B})^2=\boldsymbol{A}^2+2\boldsymbol{AB}+\boldsymbol{B}^2$ 吗?

(3) $(\boldsymbol{A}+\boldsymbol{B})(\boldsymbol{A}-\boldsymbol{B})=\boldsymbol{A}^2-\boldsymbol{B}^2$ 吗?

4. 设 $\boldsymbol{A}=\begin{pmatrix} 1 & 0 \\ \lambda & 1 \end{pmatrix}$,求 $\boldsymbol{A}^2,\boldsymbol{A}^3,\cdots,\boldsymbol{A}^k$。

5. 设 $\boldsymbol{A},\boldsymbol{B}$ 为 n 阶矩阵,且 $\boldsymbol{A}$ 为对称矩阵,证明 $\boldsymbol{B}^{\mathrm{T}}\boldsymbol{AB}$ 也是对称矩阵。

6. 设 $\boldsymbol{A},\boldsymbol{B}$ 都是 n 阶对称矩阵,证明 $\boldsymbol{AB}$ 是对称矩阵的充分必要条件是 $\boldsymbol{AB}=\boldsymbol{BA}$。

2.3 矩阵的初等变换

2.3.1 初等变换

定义 2-3-1 对矩阵进行下列 3 种变换,称为矩阵的**初等变换**:

(1) 交换矩阵的两行(列);

(2) 用一个非零数 k 乘矩阵的某一行(列);

(3) 把矩阵的某一行(列)的 k 倍加到另一行(列)上。

并且称(1)为对换变换,(2)为倍乘变换,(3)为倍加变换。

对矩阵的行施行以上 3 种变换,称为**初等行变换**;对矩阵的列施行以上 3 种变换,称为**初等列变换**。初等行变换与初等列变换统称为初等变换。

说明:矩阵 $\boldsymbol{A}$ 经过初等行变换得到矩阵 $\boldsymbol{B}$,通常记作 $\boldsymbol{A}\to\boldsymbol{B}$,一般情况下 $\boldsymbol{A}\neq\boldsymbol{B}$。交换 i,j 两行,记作 $r_i\leftrightarrow r_j$;第 i 行乘数 k,记作 $r_i\times k$;第 j 行乘 k 加到 i 行,记为 r_i+kr_j。

定义 2-3-2 若矩阵 $\boldsymbol{A}$ 经过有限次初等变换变成矩阵 $\boldsymbol{B}$,则称矩阵 $\boldsymbol{A}$ 与 $\boldsymbol{B}$ **等价**,记作 $\boldsymbol{A}\sim\boldsymbol{B}$(或 $\boldsymbol{A}\to\boldsymbol{B}$)。

矩阵之间的等价关系具有下列基本性质。

(1) 反身性:$\boldsymbol{A}\sim\boldsymbol{A}$;

(2) 对称性:若 $\boldsymbol{A}\sim\boldsymbol{B}$,则 $\boldsymbol{B}\sim\boldsymbol{A}$;

(3) 传递性:若 $\boldsymbol{A}\sim\boldsymbol{B}$,$\boldsymbol{B}\sim\boldsymbol{C}$,则 $\boldsymbol{A}\sim\boldsymbol{C}$。

定义 2-3-3　满足下列两个条件的矩阵称为**阶梯形矩阵**：

(1) 若有零行(元素全为零的行)都位于矩阵的下方；

(2) 各非零行的首非零元(从左至右第一个不为零的元素)的下方均为零(列标随着行标的增大而严格增大)。

定义 2-3-4　满足下列两个条件的阶梯形矩阵为**行简化阶梯形矩阵**：

(1) 各非零行的首非零元都是 1；

(2) 每个首非零元所在列的其余元素都是 0。

一般来说，矩阵 $\boldsymbol{A}$ 的**标准形** $\boldsymbol{D}$ 具有如下特点：$\boldsymbol{D}$ 的左上角是一个单位矩阵，其余元素全为 0。

例如，矩阵

$$\boldsymbol{A}=\begin{pmatrix}-1 & 3 & 5\\ 0 & 2 & -1\\ 0 & 0 & 4\end{pmatrix},\quad \boldsymbol{B}=\begin{pmatrix}2 & 0 & -1 & 3 & 5\\ 0 & 0 & 4 & 0 & 1\\ 0 & 0 & 0 & 0 & 0\end{pmatrix}$$

都是阶梯形矩阵；矩阵

$$\boldsymbol{C}=\begin{pmatrix}1 & 0 & 2\\ 0 & 1 & 3\\ 0 & 0 & 0\end{pmatrix},\quad \boldsymbol{D}=\begin{pmatrix}1 & 0 & 0 & 0 & -2\\ 0 & 1 & 0 & 0 & -1\\ 0 & 0 & 1 & 0 & 3\\ 0 & 0 & 0 & 1 & 2\end{pmatrix}$$

都是行简化阶梯形矩阵。

定理 2-3-1　任意一个矩阵 $\boldsymbol{A}=(a_{ij})_{m\times n}$经过有限次初等变换，可以转换为下列标准形矩阵：

$$\boldsymbol{D}=\begin{pmatrix}1 & & & & & \\ & \ddots & & & & \\ & & 1 & & & \\ & & & 0 & & \\ & & & & \ddots & \\ & & & & & 0\end{pmatrix}\begin{matrix} r\text{行}\end{matrix}$$

r 列

$$=\begin{pmatrix}\boldsymbol{I}_r & \boldsymbol{O}_{r\times(n-r)}\\ \boldsymbol{O}_{(m-r)\times r} & \boldsymbol{O}_{(m-r)\times(n-r)}\end{pmatrix}$$

其中，$0\leqslant r\leqslant \min(m,n)$。

证明　如果所有的 $a_{ij}=0$，则 $\boldsymbol{A}$ 为零矩阵，已经是 $\boldsymbol{D}$ 的形式，此时 $r=0$。

如果所有的 a_{ij} 中至少有一个不为 0，不失一般性，设 $a_{11}\neq 0$(若 $a_{11}=0$，可对 $\boldsymbol{A}$ 施以第一种初等变换，将非零元素变换至 a_{11})，用$-\dfrac{a_{i1}}{a_{11}}(i=1,2,\cdots,m)$乘以第 1 行加到第 i 行；用$-\dfrac{a_{1j}}{a_{11}}(j=1,2,\cdots,n)$乘以第 1 列加到第 j 列上；然后用$\dfrac{1}{a_{11}}$乘以第 1 行，于是 $\boldsymbol{A}$ 可转换为

$$A=\begin{pmatrix}1 & 0 & \cdots & 0\\ 0 & a'_{22} & \cdots & a'_{2n}\\ \vdots & \vdots & & \vdots\\ 0 & a'_{m2} & \cdots & a'_{mn}\end{pmatrix}=\begin{pmatrix}1 & \boldsymbol{O}\\ \boldsymbol{O} & \boldsymbol{B}_1\end{pmatrix}$$

如果 $\boldsymbol{B}_1=\boldsymbol{O}$,则 $\boldsymbol{A}$ 已转换成标准形矩阵 $\boldsymbol{D}$；如果 $\boldsymbol{B}_1\neq\boldsymbol{O}$,则按上面的转换方法继续下去,最终可将 $\boldsymbol{A}$ 转换为标准形矩阵 $\boldsymbol{D}$。证毕。

有以下几种特殊情况：

(1) 当 $r=m$ 时,$\boldsymbol{A}$ 的标准形矩阵为$[\boldsymbol{I}_m\quad \boldsymbol{O}]$；

(2) 当 $r=n$ 时,$\boldsymbol{A}$ 的标准形矩阵为$\begin{pmatrix}\boldsymbol{I}_n\\ \boldsymbol{O}\end{pmatrix}$；

(3) 当 $r=m=n$ 时,$\boldsymbol{A}$ 的标准形矩阵为单位矩阵 $\boldsymbol{I}_n$。

注：n 阶可逆矩阵的标准形矩阵为单位矩阵。

例 2-3-1　将 $\boldsymbol{A}=\begin{pmatrix}1 & 1 & 1 & 4\\ 1 & -1 & 3 & -2\\ 2 & 1 & 3 & 5\\ 3 & 1 & 5 & 4\end{pmatrix}$转换为阶梯形矩阵和行简化阶梯形矩阵。

解　
$$\boldsymbol{A}=\begin{pmatrix}1 & 1 & 1 & 4\\ 1 & -1 & 3 & -2\\ 2 & 1 & 3 & 5\\ 3 & 1 & 5 & 4\end{pmatrix}\xrightarrow[r_4-3r_1]{\substack{r_2-r_1\\ r_3-2r_1}}\begin{pmatrix}1 & 1 & 1 & 4\\ 0 & -2 & 2 & -6\\ 0 & -1 & 1 & -3\\ 0 & -2 & 2 & -8\end{pmatrix}$$

$$\xrightarrow{r_2\times\left(-\frac{1}{2}\right)}\begin{pmatrix}1 & 1 & 1 & 4\\ 0 & 1 & -1 & 3\\ 0 & -1 & 1 & -3\\ 0 & -2 & 2 & -8\end{pmatrix}\xrightarrow{\substack{r_3+r_2\\ r_4+2r_2}}\begin{pmatrix}1 & 1 & 1 & 4\\ 0 & 1 & -1 & 3\\ 0 & 0 & 0 & 0\\ 0 & 0 & 0 & -2\end{pmatrix}$$

$$\xrightarrow{r_3\leftrightarrow r_4}\begin{pmatrix}1 & 1 & 1 & 4\\ 0 & 1 & -1 & 3\\ 0 & 0 & 0 & -2\\ 0 & 0 & 0 & 0\end{pmatrix}$$

此矩阵是阶梯形矩阵。

$$\begin{pmatrix}1 & 1 & 1 & 4\\ 0 & 1 & -1 & 3\\ 0 & 0 & 0 & -2\\ 0 & 0 & 0 & 0\end{pmatrix}\xrightarrow{\substack{r_1-r_2\\ r_3\times\left(-\frac{1}{2}\right)}}\begin{pmatrix}1 & 0 & 2 & 1\\ 0 & 1 & -1 & 3\\ 0 & 0 & 0 & 1\\ 0 & 0 & 0 & 0\end{pmatrix}\xrightarrow{\substack{r_1-r_3\\ r_2-3r_3}}\begin{pmatrix}1 & 0 & 2 & 0\\ 0 & 1 & -1 & 0\\ 0 & 0 & 0 & 1\\ 0 & 0 & 0 & 0\end{pmatrix}$$

此时矩阵为行简化阶梯形矩阵。

2.3.2 初等矩阵

定义 2-3-5　对单位矩阵 $\boldsymbol{I}$ 施以一次初等变换得到的矩阵称为**初等矩阵**。

3 种初等变换分别对应 3 种初等矩阵。

(1) $\boldsymbol{I}$ 的第 i,j 行(列)互换得到的矩阵如下：

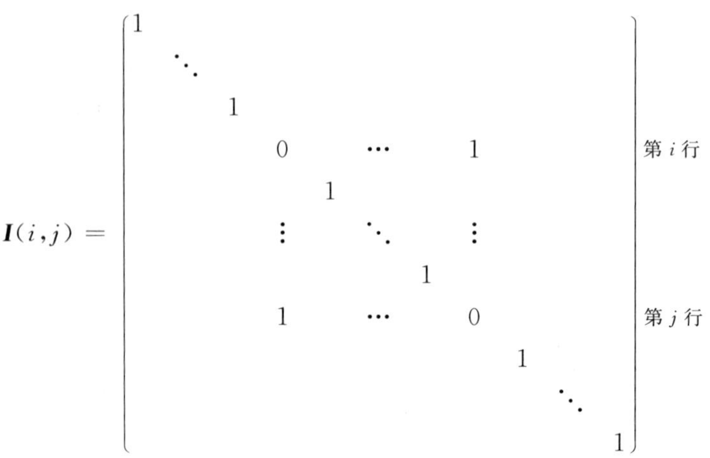

(2) $\boldsymbol{I}$ 的第 i 行(列)乘以非零数 k 得到的矩阵如下：

$$\boldsymbol{I}(i(k))=\begin{pmatrix}1 & & & & \\ & \ddots & & & \\ & & k & & \\ & & & \ddots & \\ & & & & 1\end{pmatrix}\begin{matrix} \\ \\ \text{第 } i \text{ 行} \\ \\ \\ \end{matrix}$$

$$\text{第 } i \text{ 列}$$

(3) $\boldsymbol{I}$ 的第 j 行乘以数 k 加到第 i 行上，或 $\boldsymbol{I}$ 的第 i 列乘以数 k 加到第 j 列上得到的矩阵

$$\boldsymbol{I}(ij(k))=\begin{pmatrix}1 & & & & & & \\ & \ddots & & & & & \\ & & 1 & \cdots & k & & \\ & & & \ddots & \vdots & & \\ & & & & 1 & & \\ & & & & & \ddots & \\ & & & & & & 1\end{pmatrix}\begin{matrix} \\ \\ \text{第 } i \text{ 行} \\ \\ \text{第 } j \text{ 行} \\ \\ \\ \end{matrix}$$

$$\text{第 } i \text{ 列}\quad\text{第 } j \text{ 列}$$

定理 2-3-2　设 $\boldsymbol{A}$ 是一个 $m\times n$ 矩阵，对 $\boldsymbol{A}$ 施行一次某种初等行(列)变换，相当于用同种的 $m(n)$ 阶初等矩阵左(右)乘 $\boldsymbol{A}$。

习题 2-3

1. 将矩阵 $\boldsymbol{A}=\begin{pmatrix}1 & 2 & 3 & 2 & -1\\ -1 & -2 & -2 & 1 & 2\\ 2 & 4 & 8 & 12 & 4\end{pmatrix}$ 转换为阶梯形矩阵和行简化阶梯形矩阵。

2. 把下列矩阵转换为行简化阶梯形矩阵。

(1) $\begin{pmatrix} 1 & 0 & 2 & -1 \\ 2 & 0 & 3 & 1 \\ 3 & 0 & 4 & -3 \end{pmatrix}$　　(2) $\begin{pmatrix} 0 & 2 & -3 & 1 \\ 0 & 3 & -4 & 3 \\ 0 & 4 & -7 & -1 \end{pmatrix}$

(3) $\begin{pmatrix} 1 & -1 & 3 & -4 & 3 \\ 3 & -3 & 5 & -4 & 1 \\ 2 & -2 & 3 & -2 & 0 \\ 3 & -3 & 4 & -2 & -1 \end{pmatrix}$　　(4) $\begin{pmatrix} 2 & 3 & 1 & -3 & -7 \\ 1 & 2 & 0 & -2 & -4 \\ 3 & -2 & 8 & 3 & 0 \\ 2 & -3 & 7 & 4 & 3 \end{pmatrix}$

2.4 逆矩阵

2.4.1 逆矩阵的概念

定义 2-4-1　对于 n 阶方阵 $\boldsymbol{A}$,如果存在 n 阶方阵 $\boldsymbol{B}$,使得

$$\boldsymbol{AB} = \boldsymbol{BA} = \boldsymbol{I}$$

则称方阵 $\boldsymbol{A}$ 为可逆矩阵,$\boldsymbol{B}$ 称为 $\boldsymbol{A}$ 的逆矩阵,记作 $\boldsymbol{A}^{-1}$。

定理 2-4-1　如果方阵 $\boldsymbol{A}$ 是可逆的,那么 $\boldsymbol{A}$ 的逆矩阵是唯一的。

证明　设 $\boldsymbol{B}_1$,$\boldsymbol{B}_2$ 都是 $\boldsymbol{A}$ 的逆矩阵,则有

$$\boldsymbol{B}_1 = \boldsymbol{B}_1\boldsymbol{I} = \boldsymbol{B}_1(\boldsymbol{AB}_2) = (\boldsymbol{B}_1\boldsymbol{A})\boldsymbol{B}_2 = \boldsymbol{IB}_2 = \boldsymbol{B}_2$$

所以,$\boldsymbol{A}$ 的逆矩阵是唯一的。证毕。

显然,单位矩阵 $\boldsymbol{I}$ 是可逆的,且 $\boldsymbol{I}^{-1}=\boldsymbol{I}$;零矩阵是不可逆的。

逆矩阵还有下面的性质:

(1) 若 $\boldsymbol{A}$ 可逆,则 $\boldsymbol{A}^{-1}$ 也可逆,且$(\boldsymbol{A}^{-1})^{-1}=\boldsymbol{A}$;

(2) 若 $\boldsymbol{A}$ 可逆,数 $\lambda\neq0$,则 $\lambda\boldsymbol{A}$ 可逆,且$(\lambda\boldsymbol{A})^{-1}=\frac{1}{\lambda}\boldsymbol{A}^{-1}$;

(3) 若 $\boldsymbol{A}$,$\boldsymbol{B}$ 为同阶方阵且均可逆,则 $\boldsymbol{AB}$ 也可逆,且$(\boldsymbol{AB})^{-1}=\boldsymbol{B}^{-1}\boldsymbol{A}^{-1}$;

(4) 若 $\boldsymbol{A}$ 可逆,则 $\boldsymbol{A}^{\mathrm{T}}$ 也可逆,且$(\boldsymbol{A}^{\mathrm{T}})^{-1}=(\boldsymbol{A}^{-1})^{\mathrm{T}}$;

(5) 若 $\boldsymbol{A}$ 可逆,则$|\boldsymbol{A}^{-1}|=\frac{1}{|\boldsymbol{A}|}$。

下面要解决的问题是:在什么条件下矩阵 $\boldsymbol{A}$ 是可逆的?如果 $\boldsymbol{A}$ 可逆,如何求 $\boldsymbol{A}^{-1}$?

2.4.2 可逆矩阵的判定及其逆矩阵的求法

1. 可逆矩阵的判定及伴随矩阵

定义 2-4-2　若 n 阶方阵 $\boldsymbol{A}$ 的行列式$|\boldsymbol{A}|\neq0$,则称 $\boldsymbol{A}$ 为非奇异矩阵(或非退化矩阵),否则称为奇异矩阵(或退化矩阵)。

定理 2-4-2　若方阵 $\boldsymbol{A}$ 可逆,则 $\boldsymbol{A}$ 为非奇异矩阵($|\boldsymbol{A}|\neq0$)。

证明　$\boldsymbol{A}$ 可逆,即存在 $\boldsymbol{A}^{-1}$,使 $\boldsymbol{AA}^{-1}=\boldsymbol{I}$,故$|\boldsymbol{A}||\boldsymbol{A}^{-1}|=|\boldsymbol{I}|=1$,所以$|\boldsymbol{A}|\neq0$。证毕。

定义 2-4-3 设 A_{ij} 是矩阵 $\boldsymbol{A}=\begin{pmatrix} a_{11} & a_{12} & \cdots & a_{1n} \\ a_{21} & a_{22} & \cdots & a_{2n} \\ \vdots & \vdots & & \vdots \\ a_{n1} & a_{n2} & \cdots & a_{nn} \end{pmatrix}$ 中元素 a_{ij} 的代数余子式,矩阵

$$\boldsymbol{A}^* = \begin{pmatrix} A_{11} & A_{21} & \cdots & A_{n1} \\ A_{12} & A_{22} & \cdots & A_{n2} \\ \vdots & \vdots & & \vdots \\ A_{1n} & A_{2n} & \cdots & A_{nn} \end{pmatrix}$$

称为 $\boldsymbol{A}$ 的**伴随矩阵**。

由行列式按行(列)展开定理得

$$\boldsymbol{AA}^* = \boldsymbol{A}^*\boldsymbol{A} = \begin{pmatrix} |\boldsymbol{A}| & 0 & \cdots & 0 \\ 0 & |\boldsymbol{A}| & \cdots & 0 \\ \vdots & \vdots & & \vdots \\ 0 & 0 & \cdots & |\boldsymbol{A}| \end{pmatrix} = |\boldsymbol{A}|\boldsymbol{I}$$

即

$$\boldsymbol{AA}^* = \boldsymbol{A}^*\boldsymbol{A} = |\boldsymbol{A}|\boldsymbol{I}$$

定理 2-4-3 若方阵 $\boldsymbol{A}$ 有 $|\boldsymbol{A}|\neq 0$,则方阵 $\boldsymbol{A}$ 可逆,且 $\boldsymbol{A}^{-1}=\dfrac{\boldsymbol{A}^*}{|\boldsymbol{A}|}$,其中 $\boldsymbol{A}^*$ 为矩阵 $\boldsymbol{A}$ 的伴随矩阵。

证明 由 $\boldsymbol{AA}^*=\boldsymbol{A}^*\boldsymbol{A}=|\boldsymbol{A}|\boldsymbol{I}$ 及 $|\boldsymbol{A}|\neq 0$,可得

$$\boldsymbol{A}\left(\frac{1}{|\boldsymbol{A}|}\boldsymbol{A}^*\right) = \left(\frac{1}{|\boldsymbol{A}|}\boldsymbol{A}^*\right)\boldsymbol{A} = \boldsymbol{I}$$

所以,按逆矩阵的定义知 $\boldsymbol{A}$ 可逆,且 $\boldsymbol{A}^{-1}=\dfrac{\boldsymbol{A}^*}{|\boldsymbol{A}|}$。证毕。

由定理 2-4-2 和定理 2-4-3 可知:方阵 $\boldsymbol{A}$ 可逆的充分必要条件是 $\boldsymbol{A}$ 为非奇异矩阵。

推论 2-4-1 对于 n 阶方阵 $\boldsymbol{A},\boldsymbol{B}$,如果 $\boldsymbol{AB}=\boldsymbol{I}$(或 $\boldsymbol{BA}=\boldsymbol{I}$),那么 $\boldsymbol{A},\boldsymbol{B}$ 都是可逆的,且它们互为逆矩阵。

证明 $|\boldsymbol{A}|\cdot|\boldsymbol{B}|=|\boldsymbol{I}|=1$,故 $|\boldsymbol{A}|\neq 0$,$|\boldsymbol{B}|\neq 0$,因而 $\boldsymbol{A}^{-1},\boldsymbol{B}^{-1}$ 存在,于是

$$\boldsymbol{B} = \boldsymbol{IB} = (\boldsymbol{A}^{-1}\boldsymbol{A})\boldsymbol{B} = \boldsymbol{A}^{-1}(\boldsymbol{AB}) = \boldsymbol{A}^{-1}\boldsymbol{I} = \boldsymbol{A}^{-1}$$

或

$$\boldsymbol{A} = \boldsymbol{IA} = (\boldsymbol{B}^{-1}\boldsymbol{B})\boldsymbol{A} = \boldsymbol{B}^{-1}(\boldsymbol{BA}) = \boldsymbol{B}^{-1}\boldsymbol{I} = \boldsymbol{B}^{-1}$$

例 2-4-1 设方阵 $\boldsymbol{A}=\begin{pmatrix} 1 & 0 & 0 \\ 2 & 3 & 0 \\ 5 & 6 & 4 \end{pmatrix}$,求 $\boldsymbol{A}^{-1}$。

解 由 $|\boldsymbol{A}|=12\neq 0$ 知,$\boldsymbol{A}$ 是可逆的,即 $\boldsymbol{A}^{-1}$ 存在。计算 $|\boldsymbol{A}|$ 中每个元素的代数余子式,得

$$\begin{aligned} &A_{11} = 12, \quad A_{21} = 0, \quad A_{31} = 0 \\ &A_{12} = -8, \quad A_{22} = 4, \quad A_{32} = 0 \\ &A_{13} = -3, \quad A_{23} = -6, \quad A_{33} = 3 \end{aligned}$$

于是有

$$\boldsymbol{A}^{-1}=\frac{1}{|\boldsymbol{A}|}\boldsymbol{A}^{*}=\frac{1}{12}\begin{pmatrix}12 & 0 & 0\\ -8 & 4 & 0\\ -3 & -6 & 3\end{pmatrix}=\begin{pmatrix}1 & 0 & 0\\ -\frac{2}{3} & \frac{1}{3} & 0\\ -\frac{1}{4} & -\frac{1}{2} & \frac{1}{4}\end{pmatrix}$$

2. 用初等变换求逆矩阵

用伴随矩阵法求逆矩阵，需要计算众多的代数余子式，对高阶可逆矩阵来讲，这将是非常困难的。下面寻求应用初等行变换求逆矩阵的方法。

定理 2-4-4　n 阶矩阵 $\boldsymbol{A}$ 可逆的充分必要条件是它可以表示为一些初等矩阵的乘积。

证明　必要性。由定理 2-4-3 知，若 $\boldsymbol{A}$ 可逆，则必有

$$\boldsymbol{A}\xrightarrow{\text{若干次初等变换}}\boldsymbol{D}=\boldsymbol{I}_n$$

再由定理 2-4-2 知，必存在初等矩阵 $\boldsymbol{P}_1,\cdots,\boldsymbol{P}_l$；$\boldsymbol{Q}_1,\cdots,\boldsymbol{Q}_t$，使 $\boldsymbol{P}_1\boldsymbol{P}_2\cdots\boldsymbol{P}_l\boldsymbol{A}\boldsymbol{Q}_1\boldsymbol{Q}_2\cdots\boldsymbol{Q}_t=\boldsymbol{I}$。又因为初等矩阵都是可逆的，其逆矩阵仍是初等矩阵，所以

$$\begin{aligned}\boldsymbol{A}&=\boldsymbol{P}_l^{-1}\boldsymbol{P}_{l-1}^{-1}\cdots\boldsymbol{P}_1^{-1}\boldsymbol{I}\boldsymbol{Q}_t^{-1}\cdots\boldsymbol{Q}_2^{-1}\boldsymbol{Q}_1^{-1}\\&=\boldsymbol{P}_l^{-1}\boldsymbol{P}_{l-1}^{-1}\cdots\boldsymbol{P}_1^{-1}\boldsymbol{Q}_t^{-1}\cdots\boldsymbol{Q}_2^{-1}\boldsymbol{Q}_1^{-1}\end{aligned}$$

即 $\boldsymbol{A}$ 可以表示成一些初等矩阵的乘积。

充分性。若 $\boldsymbol{A}$ 可以表示成一些初等矩阵的乘积，因初等矩阵可逆，所以其乘积也可逆，因此 $\boldsymbol{A}$ 可逆。

证毕。

设 $\boldsymbol{A}$ 是一 n 阶可逆矩阵，由于 n 阶可逆矩阵的标准形为单位矩阵，则存在一系列初等矩阵 $\boldsymbol{P}_1,\cdots,\boldsymbol{P}_m$，使

$$\boldsymbol{P}_m\cdots\boldsymbol{P}_1\boldsymbol{A}=\boldsymbol{I}\tag{2-4-1}$$

由式(2-4-1)可得

$$\boldsymbol{A}^{-1}=\boldsymbol{P}_m\cdots\boldsymbol{P}_1=\boldsymbol{P}_m\cdots\boldsymbol{P}_1\boldsymbol{I}\tag{2-4-2}$$

式(2-4-1)与式(2-4-2)说明：如果用一系列初等行变换把可逆矩阵 $\boldsymbol{A}$ 转换为单位矩阵，那么同样地用这一系列初等行变换去化单位矩阵，就能得到 $\boldsymbol{A}^{-1}$。

把 $\boldsymbol{A},\boldsymbol{I}$ 这两个 $n\times n$ 矩阵凑在一起，做成 $n\times 2n$ 矩阵$(\boldsymbol{A}\,\vdots\,\boldsymbol{E})$，由分块矩阵的乘法，式(2-4-1)与式(2-4-2)可以合并写成

$$\boldsymbol{P}_m\cdots\boldsymbol{P}_1(\boldsymbol{A}\,\vdots\,\boldsymbol{I})=(\boldsymbol{P}_m\cdots\boldsymbol{P}_1\boldsymbol{A}\,\vdots\,\boldsymbol{P}_m\cdots\boldsymbol{P}_1\boldsymbol{I})=(\boldsymbol{I}\,\vdots\,\boldsymbol{A}^{-1})\tag{2-4-3}$$

式(2-4-3)提供了一个具体求逆矩阵的方法：作 $n\times 2n$ 矩阵$(\boldsymbol{A}\,\vdots\,\boldsymbol{I})$，用初等行变换把它的左边一半转换成 $\boldsymbol{I}$，这时右边的一半就是 $\boldsymbol{A}^{-1}$，即

$$(\boldsymbol{A}\,\vdots\,\boldsymbol{I})\xrightarrow{\text{初等行变换}}(\boldsymbol{I}\,\vdots\,\boldsymbol{A}^{-1})$$

同理，用初等列变换也可求 $\boldsymbol{A}$ 的逆矩阵，方法如下：

$$\begin{pmatrix}\boldsymbol{A}\\ \text{---}\\ \boldsymbol{I}\end{pmatrix}\xrightarrow{\text{初等列变换}}\begin{pmatrix}\boldsymbol{I}\\ \text{---}\\ \boldsymbol{A}^{-1}\end{pmatrix}$$

例 2-4-2 用初等行变换求方阵 $\boldsymbol{A}=\begin{pmatrix}0&2&1\\-1&1&4\\2&-1&-3\end{pmatrix}$ 的逆矩阵。

解
$$(\boldsymbol{A}\vdots\boldsymbol{I})=\left(\begin{array}{ccc:ccc}0&2&1&1&0&0\\-1&1&4&0&1&0\\2&-1&-3&0&0&1\end{array}\right)\xrightarrow{r_1\leftrightarrow r_2}\left(\begin{array}{ccc:ccc}-1&1&4&0&1&0\\0&2&1&1&0&0\\2&-1&-3&0&0&1\end{array}\right)$$

$$\xrightarrow{r_1\times(-1)}\left(\begin{array}{ccc:ccc}1&-1&-4&0&-1&0\\0&2&1&1&0&0\\2&-1&-3&0&0&1\end{array}\right)\xrightarrow{r_3-2r_1}\left(\begin{array}{ccc:ccc}1&-1&-4&0&-1&0\\0&2&1&1&0&0\\0&1&5&0&2&1\end{array}\right)$$

$$\xrightarrow[\substack{r_1+r_2\\ r_3-r_2}]{r_2\times\frac{1}{2}}\left(\begin{array}{ccc:ccc}1&0&-\frac{7}{2}&\frac{1}{2}&-1&0\\0&1&\frac{1}{2}&\frac{1}{2}&0&0\\0&0&\frac{9}{2}&-\frac{1}{2}&2&1\end{array}\right)$$

$$\xrightarrow[\substack{r_2-\frac{1}{9}r_3\\ r_3\times\frac{2}{9}}]{r_1+\frac{7}{9}r_3}\left(\begin{array}{ccc:ccc}1&0&0&\frac{1}{9}&\frac{5}{9}&\frac{7}{9}\\0&1&0&\frac{5}{9}&-\frac{2}{9}&-\frac{1}{9}\\0&0&1&-\frac{1}{9}&\frac{4}{9}&\frac{2}{9}\end{array}\right)=(\boldsymbol{I}\vdots\boldsymbol{A}^{-1})$$

即

$$\boldsymbol{A}^{-1}=\frac{1}{9}\begin{pmatrix}1&5&7\\5&-2&-1\\-1&4&2\end{pmatrix}$$

注: 在利用初等行变换求 $\boldsymbol{A}$ 的逆矩阵时,并不要求判断 $\boldsymbol{A}$ 的行列式是否为 0,只须对 $(\boldsymbol{A}\vdots\boldsymbol{I})$ 施以初等行变换即可。如果 $\boldsymbol{A}$ 不能转换成 $\boldsymbol{I}$,则 $\boldsymbol{A}$ 不可逆。在计算过程中不允许用列变换。

例 2-4-3 设 $\boldsymbol{AXB}+3\boldsymbol{C}-\boldsymbol{D}=0$,其中

$$\boldsymbol{A}=\begin{pmatrix}2&1&-1\\1&1&1\\3&2&1\end{pmatrix},\quad \boldsymbol{B}=\begin{pmatrix}1&0&0\\0&0&1\\0&1&0\end{pmatrix},\quad \boldsymbol{C}=\begin{pmatrix}-1&0&-\sqrt{2}\\0&2&-1\\\sqrt{2}&-\frac{2}{3}&-3\end{pmatrix},\quad \boldsymbol{D}=\begin{pmatrix}-2&0&-3\sqrt{2}\\0&7&-3\\3\sqrt{2}&-2&-8\end{pmatrix}$$

求 $\boldsymbol{X}$。

解 因 $\boldsymbol{AXB}+3\boldsymbol{C}-\boldsymbol{D}=0$,所以 $\boldsymbol{AXB}=\boldsymbol{D}-3\boldsymbol{C}$。

若 $\boldsymbol{A}^{-1},\boldsymbol{B}^{-1}$ 存在,则由 $\boldsymbol{A}^{-1}$ 左乘 $\boldsymbol{AXB}=\boldsymbol{D}-3\boldsymbol{C}$,$\boldsymbol{B}^{-1}$ 右乘 $\boldsymbol{AXB}=\boldsymbol{D}-3\boldsymbol{C}$,得 $\boldsymbol{A}^{-1}(\boldsymbol{AXB})\boldsymbol{B}^{-1}=\boldsymbol{A}^{-1}(\boldsymbol{D}-3\boldsymbol{C})\boldsymbol{B}^{-1}$,即 $\boldsymbol{X}=\boldsymbol{A}^{-1}(\boldsymbol{D}-3\boldsymbol{C})\boldsymbol{B}^{-1}$。

由 $|\boldsymbol{A}|=\begin{vmatrix}2&1&-1\\1&1&1\\3&2&1\end{vmatrix}=1\neq0$,$|\boldsymbol{B}|=\begin{vmatrix}1&0&0\\0&0&1\\0&1&0\end{vmatrix}=-1\neq0$,故 $\boldsymbol{A},\boldsymbol{B}$ 都可逆,因此

$$\boldsymbol{X}=\boldsymbol{A}^{-1}(\boldsymbol{D}-3\boldsymbol{C})\boldsymbol{B}^{-1}$$

用初等行变换求出 $\boldsymbol{A}^{-1}$，$\boldsymbol{B}^{-1}$ 得

$$\boldsymbol{A}^{-1}=\begin{pmatrix}-1&-3&2\\2&5&-3\\-1&-1&1\end{pmatrix},\quad \boldsymbol{B}^{-1}=\begin{pmatrix}1&0&0\\0&0&1\\0&1&0\end{pmatrix}$$

$$\boldsymbol{D}-3\boldsymbol{C}=\begin{pmatrix}1&0&0\\0&1&0\\0&0&1\end{pmatrix}=\boldsymbol{I}_3$$

故

$$\begin{aligned}\boldsymbol{X}&=\boldsymbol{A}^{-1}(\boldsymbol{D}-3\boldsymbol{C})\boldsymbol{B}^{-1}=\boldsymbol{A}^{-1}\boldsymbol{B}^{-1}\\&=\begin{pmatrix}-1&-3&2\\2&5&-3\\-1&-1&1\end{pmatrix}\begin{pmatrix}1&0&0\\0&0&1\\0&1&0\end{pmatrix}=\begin{pmatrix}-1&2&-3\\2&-3&5\\-1&1&-1\end{pmatrix}\end{aligned}$$

习题 2-4

1. 求下列矩阵的逆矩阵。

(1) $\begin{pmatrix}1&2\\2&5\end{pmatrix}$　　(2) $\begin{pmatrix}\cos\theta&-\sin\theta\\\sin\theta&\cos\theta\end{pmatrix}$

(3) $\begin{pmatrix}1&2&-1\\3&4&-2\\5&-4&1\end{pmatrix}$　　(4) $\begin{pmatrix}a_1&&&\boldsymbol{O}\\&a_2&&\\\boldsymbol{O}&&\ddots&\\&&&a_n\end{pmatrix}(a_1a_2\cdots a_n\neq 0)$

2. 解下列矩阵方程。

(1) $\begin{pmatrix}2&5\\1&3\end{pmatrix}\boldsymbol{X}=\begin{pmatrix}4&-6\\2&1\end{pmatrix}$　　(2) $\boldsymbol{X}\begin{pmatrix}2&1&-1\\2&1&0\\1&-1&1\end{pmatrix}=\begin{pmatrix}1&-1&3\\4&3&2\end{pmatrix}$

(3) $\begin{pmatrix}1&4\\-1&2\end{pmatrix}\boldsymbol{X}\begin{pmatrix}2&0\\-1&1\end{pmatrix}=\begin{pmatrix}3&1\\0&-1\end{pmatrix}$

(4) $\begin{pmatrix}0&1&0\\1&0&0\\0&0&1\end{pmatrix}\boldsymbol{X}\begin{pmatrix}1&0&0\\0&0&1\\0&1&0\end{pmatrix}=\begin{pmatrix}1&-4&3\\2&0&-1\\1&-2&0\end{pmatrix}$

3. 设 $\boldsymbol{A}^k=\boldsymbol{O}$（$k$ 为正整数），证明：$(\boldsymbol{I}-\boldsymbol{A})^{-1}=\boldsymbol{I}+\boldsymbol{A}+\boldsymbol{A}^2+\cdots+\boldsymbol{A}^{k-1}$。

4. 设方阵 $\boldsymbol{A}$ 满足 $\boldsymbol{A}^2-\boldsymbol{A}-2\boldsymbol{I}=\boldsymbol{O}$，证明 $\boldsymbol{A}$ 及 $\boldsymbol{A}+2\boldsymbol{I}$ 都可逆，并求 $\boldsymbol{A}^{-1}$ 及 $(\boldsymbol{A}+2\boldsymbol{I})^{-1}$。

5. 设 $\boldsymbol{A}$ 为 3 阶矩阵，$|\boldsymbol{A}|=\dfrac{1}{2}$，求 $|(2\boldsymbol{A})^{-1}-3\boldsymbol{A}^*|$。

6. 设矩阵 $\boldsymbol{A}$ 可逆，证明其伴随矩阵 $\boldsymbol{A}^*$ 也可逆，且 $(\boldsymbol{A}^*)^{-1}=(\boldsymbol{A}^{-1})^*$。

7. 设 n 阶矩阵 $\boldsymbol{A}$ 的伴随矩阵为 $\boldsymbol{A}^*$，证明：

(1) 若 $|\boldsymbol{A}|=0$，则 $|\boldsymbol{A}^*|=0$；

(2) $|A^*|=|A|^{n-1}$。

8. 设 $A=\begin{pmatrix} 0 & 3 & 3 \\ 1 & 1 & 0 \\ -1 & 2 & 3 \end{pmatrix}$，$AB=A+2B$，求 B。

9. 设 $A=\begin{pmatrix} 1 & 0 & 1 \\ 0 & 2 & 0 \\ 1 & 0 & 1 \end{pmatrix}$，且 $AB+I=A^2+B$，求 B。

2.5 矩阵的秩

2.5.1 矩阵秩的概念

定义 2-5-1 在一个 $m\times n$ 矩阵 $\mathbf{A}$ 中任意选定 k 行和 k 列($k\leqslant\min\{m,n\}$)，位于这些选定的行和列的交点上的 k^2 个元素按原来的相对次序所组成的 k 阶行列式，称为 **k 阶子式**。

例如，在矩阵 $\mathbf{A}=\begin{pmatrix} 1 & 3 & 2 & 0 \\ 2 & 0 & 6 & 5 \\ 1 & 0 & 1 & 4 \\ 0 & 0 & 0 & -1 \end{pmatrix}$ 中，选第 1、3 行和第 3、4 列，它们交点上的元素所构成的 2 阶行列式 $\begin{vmatrix} 2 & 0 \\ 1 & 4 \end{vmatrix}$ 就是一个 2 阶子式；又如选第 1、2、3 行和第 2、3、4 列，相应的 3 阶子式就是 $\begin{vmatrix} 3 & 2 & 0 \\ 0 & 6 & 5 \\ 0 & 1 & 4 \end{vmatrix}$。

由于行和列的选法有多种，所以 k 阶子式也是不唯一的。

定义 2-5-2 设矩阵 $\mathbf{A}$ 中不为零的子式最高阶数为 r，即存在一个 r 阶子式 $\boldsymbol{D}$ 不为零，而所有的 $r+1$ 阶子式(如果存在)全为零，则称 r 为矩阵 $\mathbf{A}$ 的**秩**，记作 $r(\mathbf{A})=r$，并规定零矩阵的秩为零。

由矩阵的定义可以得到矩阵秩的第一种求法，即求矩阵不为零的子式的最高阶数。

例 2-5-1 求下列矩阵的秩。

(1) $\mathbf{A}=\begin{pmatrix} 1 & 2 & 3 & 0 \\ 0 & 1 & 2 & 1 \\ 2 & 4 & 6 & 0 \end{pmatrix}$　　(2) $\boldsymbol{B}=\begin{pmatrix} 1 & 0 & 1 \\ 2 & 1 & 0 \\ -3 & 2 & -5 \end{pmatrix}$

解 (1) $\mathbf{A}$ 的所有 3 阶子式如下：

$$\begin{vmatrix} 2 & 3 & 0 \\ 1 & 2 & 1 \\ 4 & 6 & 0 \end{vmatrix}=0,\quad \begin{vmatrix} 1 & 2 & 3 \\ 0 & 1 & 2 \\ 2 & 4 & 6 \end{vmatrix}=0,\quad \begin{vmatrix} 1 & 2 & 0 \\ 0 & 1 & 1 \\ 2 & 4 & 0 \end{vmatrix}=0,\quad \begin{vmatrix} 1 & 3 & 0 \\ 0 & 2 & 1 \\ 2 & 6 & 0 \end{vmatrix}=0$$

而 2 阶子式 $\begin{vmatrix} 1 & 2 \\ 0 & 1 \end{vmatrix}=1\neq 0$，所以 $r(\mathbf{A})=2$。

(2) 因为 $|\boldsymbol{B}|=\begin{vmatrix} 1 & 0 & 1 \\ 2 & 1 & 0 \\ -3 & 2 & -5 \end{vmatrix}=2\neq 0$，所以 $r(\boldsymbol{B})=3$。

例 2-5-1 中，因为 $|\boldsymbol{B}|\neq 0$，所以 $\boldsymbol{B}$ 为可逆矩阵。由此可知，可逆矩阵的秩与方阵的阶数相等。

2.5.2　利用初等行变换求矩阵的秩

根据定义求行数、列数都较大的矩阵的秩，计算量是很大的。下面研究用初等变换求矩阵的秩，为此，给出下面两个定理，因证明较繁，故略去不证。

定理 2-5-1　矩阵 $\boldsymbol{A}$ 经初等变换后，其秩不变。

定理 2-5-2　任意一个矩阵经过一系列初等变换总能变成阶梯形矩阵。

注：阶梯形矩阵的秩就等于其中非零行的行数。

由以上两个定理可以得出矩阵秩的另一种求法，即将矩阵 $\boldsymbol{A}$ 通过初等变换化为阶梯形矩阵 $\boldsymbol{B}$，则矩阵 $\boldsymbol{A}$ 的秩 $r(\boldsymbol{A})$ 等于阶梯形矩阵 $\boldsymbol{B}$ 的非零行的行数。

例 2-5-2　求矩阵 $\boldsymbol{A}=\begin{pmatrix} 1 & 1 & 2 & 3 \\ 1 & 2 & 3 & 5 \\ 0 & 1 & 1 & 2 \end{pmatrix}$ 的秩。

解　$$\boldsymbol{A}=\begin{pmatrix} 1 & 1 & 2 & 3 \\ 1 & 2 & 3 & 5 \\ 0 & 1 & 1 & 2 \end{pmatrix}\xrightarrow{r_2-r_1}\begin{pmatrix} 1 & 1 & 2 & 3 \\ 0 & 1 & 1 & 2 \\ 0 & 1 & 1 & 2 \end{pmatrix}\xrightarrow{r_3-r_2}\begin{pmatrix} 1 & 1 & 2 & 3 \\ 0 & 1 & 1 & 2 \\ 0 & 0 & 0 & 0 \end{pmatrix}$$

因为 $\boldsymbol{A}$ 转换为阶梯形矩阵后只有两个非零行，所以 $r(\boldsymbol{A})=2$。

在用初等变换求矩阵秩时，有时不一定非要转换出阶梯形矩阵，可对矩阵作一次或两次初等变换，得到一个易于判断秩的简化矩阵，再用矩阵秩的定义或性质求解。

例 2-5-3　求矩阵 $\boldsymbol{A}=\begin{pmatrix} 14 & 12 & 6 & 8 & 2 \\ 7 & 6 & 3 & 4 & 1 \\ 2 & 3 & 5 & 6 & 8 \\ 21 & 18 & 9 & 12 & 5 \end{pmatrix}$ 的秩。

解　$$\boldsymbol{A}=\begin{pmatrix} 14 & 12 & 6 & 8 & 2 \\ 7 & 6 & 3 & 4 & 1 \\ 2 & 3 & 5 & 6 & 8 \\ 21 & 18 & 9 & 12 & 5 \end{pmatrix}\xrightarrow[r_4-3r_2]{r_1-2r_2}\begin{pmatrix} 0 & 0 & 0 & 0 & 0 \\ 7 & 6 & 3 & 4 & 1 \\ 2 & 3 & 5 & 6 & 8 \\ 0 & 0 & 0 & 0 & 2 \end{pmatrix}=\boldsymbol{A}_1$$

由于 $\begin{vmatrix} 3 & 4 & 1 \\ 5 & 6 & 8 \\ 0 & 0 & 2 \end{vmatrix}=-4\neq 0$，且所有 4 阶子式都为零，故 $r(\boldsymbol{A}_1)=3$，即 $r(\boldsymbol{A})=r(\boldsymbol{A}_1)=3$。

2.5.3　矩阵秩的性质

定义 2-5-3　设 $\boldsymbol{A}$ 为 n 阶方阵，若 $r(\boldsymbol{A})=n$，则称 $\boldsymbol{A}$ 为满秩方阵。

矩阵的秩有如下性质。

性质 2-5-1　若 $\boldsymbol{A}$ 为 $m\times n$ 矩阵，则 $r(\boldsymbol{A})\leqslant \min(m,n)$。

性质 2-5-2　若 $r(\boldsymbol{A})=0$，则 $\boldsymbol{A}=0$。

性质 2-5-3　若 $\boldsymbol{A}$ 为满秩方阵，则 $|\boldsymbol{A}|\neq 0$。

由例 2-5-1 中(2)的结论，可以得到以下性质。

性质 2-5-4　若 $\boldsymbol{A}$ 为方阵，且 $|\boldsymbol{A}|\neq 0$，则 $\boldsymbol{A}$ 为满秩方阵。

性质 2-5-5　若 $\boldsymbol{A}$ 为 $m\times n$ 矩阵，$r(\boldsymbol{A})=r$，则存在可逆阵 $\boldsymbol{P},\boldsymbol{Q}$，使 $\boldsymbol{PAQ}=\begin{pmatrix}\boldsymbol{I}_r & 0\\ 0 & 0\end{pmatrix}$，其中 $\boldsymbol{P}$ 为 m 阶方阵，$\boldsymbol{Q}$ 为 n 阶方阵。

性质 2-5-6　若 $\boldsymbol{A}$ 为 $m\times n$ 矩阵，对 $\boldsymbol{A}$ 进行初等变换，则矩阵 $\boldsymbol{A}$ 的秩不变，且当 $\boldsymbol{P}$ 为 m 阶，$\boldsymbol{Q}$ 为 n 阶可逆方阵时，$r(\boldsymbol{A})=r(\boldsymbol{PA})=r(\boldsymbol{AQ})=r(\boldsymbol{PAQ})$。

性质 2-5-7　设 $\boldsymbol{A}^{\mathrm{T}}$ 是 $\boldsymbol{A}$ 的转置矩阵，则 $r(\boldsymbol{A})=r(\boldsymbol{A}^{\mathrm{T}})$。

性质 2-5-8　设 $\boldsymbol{A}$ 可逆，$r(\boldsymbol{A})=n$，则 $r(\boldsymbol{A})=r(\boldsymbol{A}^{-1})=n$。

性质 2-5-9　设 $\boldsymbol{A},\boldsymbol{B}$ 为同型矩阵，则 $r(\boldsymbol{A}\pm\boldsymbol{B})\leqslant r(\boldsymbol{A})+r(\boldsymbol{B})$。

性质 2-5-10　设 $\boldsymbol{A}$ 为 $m\times s$ 矩阵，$\boldsymbol{B}$ 为 $s\times n$ 矩阵，则 $r(\boldsymbol{AB})\leqslant\min(r(\boldsymbol{A}),r(\boldsymbol{B}))$。

习题 2-5

1. 求下列矩阵的秩。

(1) $\begin{pmatrix}3 & 1 & 0 & 2\\ 1 & -1 & 2 & -1\\ 1 & 3 & -4 & 4\end{pmatrix}$　　(2) $\begin{pmatrix}1 & 3 & -4 & -4 & 1\\ 2 & -1 & 3 & 1 & -3\\ 7 & 0 & 5 & -1 & -8\end{pmatrix}$

(3) $\begin{pmatrix}2 & 1 & 8 & 3 & 7\\ 2 & -3 & 0 & 7 & -5\\ 3 & -2 & 5 & 8 & 0\\ 1 & 0 & 3 & 2 & 0\end{pmatrix}$　　(4) $\begin{pmatrix}1 & 2 & 2 & 11\\ 1 & 2 & -3 & -14\\ 3 & 1 & 1 & 3\\ 2 & 5 & 5 & 28\end{pmatrix}$

2. 判断矩阵 $\boldsymbol{A}=\begin{pmatrix}1 & 0 & 1\\ 2 & -1 & 1\\ -2 & 3 & -2\end{pmatrix}$ 是否为满秩矩阵。

*2.6　矩阵的分块运算

2.6.1　矩阵的分块

把一个规格较大的矩阵划分成若干小块，用分块方式来处理，把大矩阵的运算转化为小矩阵的运算，不仅能使运算较为简明，更重要的是使运用微型计算机来计算大矩阵成为可能。

定义 2-6-1　用一些纵、横虚线将矩阵 $\boldsymbol{A}$ 分割成若干小矩阵，以这些小矩阵为元素的矩阵称为**分块矩阵**，各个小矩阵称为 $\boldsymbol{A}$ 的**子块**。

例如：

$$\boldsymbol{A}=\left(\begin{array}{cc:cc}1 & 0 & 1 & 0\\ -1 & 2 & 0 & 1\\ \hdashline -2 & 4 & 3 & 3\\ -1 & 1 & 3 & 1\end{array}\right)=\begin{pmatrix}\boldsymbol{A}_{11} & \boldsymbol{I}\\ \boldsymbol{A}_{21} & \boldsymbol{A}_{22}\end{pmatrix}$$

其中，$\boldsymbol{A}_{11}=\begin{pmatrix}1 & 0\\ -1 & 2\end{pmatrix}$，$\boldsymbol{I}=\begin{pmatrix}1 & 0\\ 0 & 1\end{pmatrix}$，$\boldsymbol{A}_{21}=\begin{pmatrix}-2 & 4\\ -1 & 1\end{pmatrix}$，$\boldsymbol{A}_{22}=\begin{pmatrix}3 & 3\\ 3 & 1\end{pmatrix}$。

即可以按行分块：

$$\boldsymbol{A}=\left(\begin{array}{cccc}a_{11} & a_{12} & \cdots & a_{1n}\\ \hdashline a_{21} & a_{22} & \cdots & a_{2n}\\ \hdashline \vdots & \vdots & & \vdots\\ \hdashline a_{m1} & a_{m2} & \cdots & a_{mn}\end{array}\right)=\begin{pmatrix}\boldsymbol{A}_1\\ \boldsymbol{A}_2\\ \vdots\\ \boldsymbol{A}_m\end{pmatrix}$$

也可以按列分块：

$$\boldsymbol{A}=\left(\begin{array}{c:c:c:c}a_{11} & a_{12} & \cdots & a_{1n}\\ a_{21} & a_{22} & \cdots & a_{2n}\\ \vdots & \vdots & & \vdots\\ a_{m1} & a_{m2} & \cdots & a_{mn}\end{array}\right)=(\boldsymbol{B}_1\boldsymbol{B}_2\cdots\boldsymbol{B}_n)$$

矩阵的分块不仅使得矩阵的结构变得比较明显清楚，而且可以将矩阵的运算通过这些小矩阵的运算来进行。这样在很多情况下能够简化计算，并易于分析原始矩阵的部分结构对计算结果的影响。

2.6.2 分块矩阵的运算

对分块矩阵进行运算时，可以把每一个子块当作矩阵的一个元素来处理，但仍要保留其分块结构并保证运算的可行。

1. 分块矩阵的加法、数乘、转置

定义 2-6-2 设矩阵 $\boldsymbol{A}$、$\boldsymbol{B}$ 是两个同规格矩阵，且分块法一致，即

$$\boldsymbol{A}=\begin{pmatrix}\boldsymbol{A}_{11} & \boldsymbol{A}_{12} & \cdots & \boldsymbol{A}_{1r}\\ \boldsymbol{A}_{21} & \boldsymbol{A}_{22} & \cdots & \boldsymbol{A}_{2r}\\ \vdots & \vdots & & \vdots\\ \boldsymbol{A}_{s1} & \boldsymbol{A}_{s2} & \cdots & \boldsymbol{A}_{sr}\end{pmatrix},\quad \boldsymbol{B}=\begin{pmatrix}\boldsymbol{B}_{11} & \boldsymbol{B}_{12} & \cdots & \boldsymbol{B}_{1r}\\ \boldsymbol{B}_{21} & \boldsymbol{B}_{22} & \cdots & \boldsymbol{B}_{2r}\\ \vdots & \vdots & & \vdots\\ \boldsymbol{B}_{s1} & \boldsymbol{B}_{s2} & \cdots & \boldsymbol{B}_{sr}\end{pmatrix}$$

其中，每一 $\boldsymbol{A}_{ij}$ 与 $\boldsymbol{B}_{ij}$ 的规格都对应相同，则规定加法为

$$\boldsymbol{A}+\boldsymbol{B}=\begin{pmatrix}\boldsymbol{A}_{11}+\boldsymbol{B}_{11} & \boldsymbol{A}_{12}+\boldsymbol{B}_{12} & \cdots & \boldsymbol{A}_{1r}+\boldsymbol{B}_{1r}\\ \boldsymbol{A}_{21}+\boldsymbol{B}_{21} & \boldsymbol{A}_{22}+\boldsymbol{B}_{22} & \cdots & \boldsymbol{A}_{2r}+\boldsymbol{B}_{2r}\\ \vdots & \vdots & & \vdots\\ \boldsymbol{A}_{s1}+\boldsymbol{B}_{s1} & \boldsymbol{A}_{s2}+\boldsymbol{B}_{s2} & \cdots & \boldsymbol{A}_{sr}+\boldsymbol{B}_{sr}\end{pmatrix}$$

设 λ 为数,则规定数乘为

$$\lambda \boldsymbol{A} = \begin{pmatrix} \lambda \boldsymbol{A}_{11} & \lambda \boldsymbol{A}_{12} & \cdots & \lambda \boldsymbol{A}_{1r} \\ \lambda \boldsymbol{A}_{21} & \lambda \boldsymbol{A}_{22} & \cdots & \lambda \boldsymbol{A}_{2r} \\ \vdots & \vdots & & \vdots \\ \lambda \boldsymbol{A}_{s1} & \lambda \boldsymbol{A}_{s2} & \cdots & \lambda \boldsymbol{A}_{sr} \end{pmatrix}$$

此外,规定转置为

$$\boldsymbol{A}^{\mathrm{T}} = \begin{pmatrix} \boldsymbol{A}_{11}^{\mathrm{T}} & \boldsymbol{A}_{21}^{\mathrm{T}} & \cdots & \boldsymbol{A}_{s1}^{\mathrm{T}} \\ \boldsymbol{A}_{12}^{\mathrm{T}} & \boldsymbol{A}_{22}^{\mathrm{T}} & \cdots & \boldsymbol{A}_{s2}^{\mathrm{T}} \\ \vdots & \vdots & & \vdots \\ \boldsymbol{A}_{1r}^{\mathrm{T}} & \boldsymbol{A}_{2r}^{\mathrm{T}} & \cdots & \boldsymbol{A}_{sr}^{\mathrm{T}} \end{pmatrix}$$

2. 分块矩阵的乘法

定义 2-6-3 设 $\boldsymbol{A}$ 是 $m\times n$ 矩阵,$\boldsymbol{B}$ 是 $n\times p$ 矩阵。若将 $\boldsymbol{A}$ 分为 $r\times s$ 个子块$(\boldsymbol{a}_{ik})_{r\times s}$,将 $\boldsymbol{B}$ 分为 $s\times t$ 个子块$(\boldsymbol{b}_{kj})_{s\times t}$,且 $\boldsymbol{A}$ 的列与 $\boldsymbol{B}$ 的行分块法一致,则规定 $\boldsymbol{A}$ 与 $\boldsymbol{B}$ 的乘法为

$$\boldsymbol{AB} = \begin{pmatrix} \boldsymbol{a}_{11} & \boldsymbol{a}_{12} & \cdots & \boldsymbol{a}_{1s} \\ \boldsymbol{a}_{21} & \boldsymbol{a}_{22} & \cdots & \boldsymbol{a}_{2s} \\ \vdots & \vdots & & \vdots \\ \boldsymbol{a}_{r1} & \boldsymbol{a}_{r2} & \cdots & \boldsymbol{a}_{rs} \end{pmatrix} \begin{pmatrix} \boldsymbol{b}_{11} & \boldsymbol{b}_{12} & \cdots & \boldsymbol{b}_{1t} \\ \boldsymbol{b}_{21} & \boldsymbol{b}_{22} & \cdots & \boldsymbol{b}_{2t} \\ \vdots & \vdots & & \vdots \\ \boldsymbol{b}_{s1} & \boldsymbol{b}_{s2} & \cdots & \boldsymbol{b}_{st} \end{pmatrix} = \begin{pmatrix} \boldsymbol{c}_{11} & \boldsymbol{c}_{12} & \cdots & \boldsymbol{c}_{1t} \\ \boldsymbol{c}_{21} & \boldsymbol{c}_{22} & \cdots & \boldsymbol{c}_{2t} \\ \vdots & \vdots & & \vdots \\ \boldsymbol{c}_{r1} & \boldsymbol{c}_{r2} & \cdots & \boldsymbol{c}_{rt} \end{pmatrix}$$

其中,$\boldsymbol{c}_{ij} = \sum\limits_{k=1}^{s} \boldsymbol{a}_{ik}\boldsymbol{b}_{kj}\ (i=1,2,\cdots,r;\ j=1,2,\cdots,t)$。

例 2-6-1 设矩阵 $\boldsymbol{A}=\begin{pmatrix} 1 & 0 & 0 & 0 \\ 0 & 1 & 0 & 0 \\ -1 & 2 & 1 & 0 \\ 1 & 1 & 0 & 1 \end{pmatrix}$,$\boldsymbol{B}=\begin{pmatrix} 1 & 0 & 3 & 2 \\ -1 & 2 & 0 & 1 \\ 1 & 0 & 4 & 1 \\ -1 & -1 & 2 & 0 \end{pmatrix}$,求 $\boldsymbol{AB}$。

解 根据矩阵 $\boldsymbol{A}$ 的特点将 $\boldsymbol{A}$ 按下面方法分块:

$$\boldsymbol{A} = \begin{pmatrix} 1 & 0 & 0 & 0 \\ 0 & 1 & 0 & 0 \\ -1 & 2 & 1 & 0 \\ 1 & 1 & 0 & 1 \end{pmatrix} = \begin{pmatrix} \boldsymbol{I}_2 & \boldsymbol{O} \\ \boldsymbol{A}_1 & \boldsymbol{I}_2 \end{pmatrix}$$

其中,$\boldsymbol{I}_2$ 表示 2 阶单位矩阵,$\boldsymbol{A}_1=\begin{pmatrix} -1 & 2 \\ 1 & 1 \end{pmatrix}$,$\boldsymbol{O}=\begin{pmatrix} 0 & 0 \\ 0 & 0 \end{pmatrix}$。而矩阵 $\boldsymbol{B}$ 的分块要与 $\boldsymbol{A}$ 的分法一致,因此

$$\boldsymbol{B} = \begin{pmatrix} 1 & 0 & 3 & 2 \\ -1 & 2 & 0 & 1 \\ 1 & 0 & 4 & 1 \\ -1 & -1 & 2 & 0 \end{pmatrix} = \begin{pmatrix} \boldsymbol{B}_{11} & \boldsymbol{B}_{12} \\ \boldsymbol{B}_{21} & \boldsymbol{B}_{22} \end{pmatrix}$$

其中,$\boldsymbol{B}_{11}=\begin{pmatrix} 1 & 0 \\ -1 & 2 \end{pmatrix}$,$\boldsymbol{B}_{12}=\begin{pmatrix} 3 & 2 \\ 0 & 1 \end{pmatrix}$,$\boldsymbol{B}_{21}=\begin{pmatrix} 1 & 0 \\ -1 & -1 \end{pmatrix}$,$\boldsymbol{B}_{22}=\begin{pmatrix} 4 & 1 \\ 2 & 0 \end{pmatrix}$。

在计算 $\boldsymbol{AB}$ 时，把 $\boldsymbol{A},\boldsymbol{B}$ 都看成是由这些小矩阵组成的，即按 2 阶矩阵来运算，于是

$$\boldsymbol{AB}=\begin{pmatrix}\boldsymbol{I}_2 & \boldsymbol{O}\\ \boldsymbol{A}_1 & \boldsymbol{I}_2\end{pmatrix}\begin{pmatrix}\boldsymbol{B}_{11} & \boldsymbol{B}_{12}\\ \boldsymbol{B}_{21} & \boldsymbol{B}_{22}\end{pmatrix}=\begin{pmatrix}\boldsymbol{B}_{11} & \boldsymbol{B}_{12}\\ \boldsymbol{A}_1\boldsymbol{B}_{11}+\boldsymbol{B}_{21} & \boldsymbol{A}_1\boldsymbol{B}_{12}+\boldsymbol{B}_{22}\end{pmatrix}$$

其中：

$$\boldsymbol{A}_1\boldsymbol{B}_{11}+\boldsymbol{B}_{21}=\begin{pmatrix}-1 & 2\\ 1 & 1\end{pmatrix}\begin{pmatrix}1 & 0\\ -1 & 2\end{pmatrix}+\begin{pmatrix}1 & 0\\ -1 & -1\end{pmatrix}=\begin{pmatrix}-2 & 4\\ -1 & 1\end{pmatrix}$$

$$\boldsymbol{A}_1\boldsymbol{B}_{12}+\boldsymbol{B}_{22}=\begin{pmatrix}-1 & 2\\ 1 & 1\end{pmatrix}\begin{pmatrix}3 & 2\\ 0 & 1\end{pmatrix}+\begin{pmatrix}4 & 1\\ 2 & 0\end{pmatrix}=\begin{pmatrix}1 & 1\\ 5 & 3\end{pmatrix}$$

所以

$$\boldsymbol{AB}=\begin{pmatrix}1 & 0 & 3 & 2\\ -1 & 2 & 0 & 1\\ -2 & 4 & 1 & 1\\ -1 & 1 & 5 & 3\end{pmatrix}$$

2.6.3　分块对角矩阵

若 n 阶方阵 $\boldsymbol{A}$ 的一个分块形式只在主对角线上有非零子块，即 $\boldsymbol{A}=\operatorname{diag}(\boldsymbol{A}_1,\boldsymbol{A}_2,\cdots,\boldsymbol{A}_s)$，其中 $\boldsymbol{A}_i$ 是 r_i 阶小方阵（阶数可不同），$i=1,2,\cdots,s$，$\sum_{i=1}^{s} r_i=n$，而其余的非主对角子块都为零矩阵，则称为 $\boldsymbol{A}$ 的**分块对角矩阵**。

例如，若矩阵

$$\boldsymbol{A}=\left(\begin{array}{cc:ccc:cc}3 & 2 & 0 & 0 & 0 & 0 & 0\\ 1 & 4 & 0 & 0 & 0 & 0 & 0\\ \hdashline 0 & 0 & 5 & 1 & 0 & 0 & 0\\ 0 & 0 & 2 & 6 & 1 & 0 & 0\\ 0 & 0 & 4 & 1 & 5 & 0 & 0\\ \hdashline 0 & 0 & 0 & 0 & 0 & 4 & 1\\ 0 & 0 & 0 & 0 & 0 & 0 & 6\end{array}\right)=\begin{pmatrix}\boldsymbol{A}_1 & & \\ & \boldsymbol{A}_2 & \\ & & \boldsymbol{A}_3\end{pmatrix}$$

则 $\boldsymbol{A}_1=\begin{pmatrix}3 & 2\\ 1 & 4\end{pmatrix}$，$\boldsymbol{A}_2=\begin{pmatrix}5 & 1 & 0\\ 2 & 6 & 1\\ 4 & 1 & 5\end{pmatrix}$，$\boldsymbol{A}_3=\begin{pmatrix}4 & 1\\ 0 & 6\end{pmatrix}$。

定理 2-6-1　分块对角矩阵有以下性质：

(1) 若 $\boldsymbol{A}=\begin{pmatrix}\boldsymbol{A}_1 & & \\ & \ddots & \\ & & \boldsymbol{A}_s\end{pmatrix}$，则 $|\boldsymbol{A}|=|\boldsymbol{A}_1|\cdots|\boldsymbol{A}_s|=\prod_{i=1}^{s}|\boldsymbol{A}_i|$；

(2) 若 $\boldsymbol{A},\boldsymbol{B}$ 为同阶分块对角矩阵且分块法相同，即

$$\boldsymbol{A}=\begin{pmatrix}\boldsymbol{A}_1 & & \\ & \ddots & \\ & & \boldsymbol{A}_s\end{pmatrix},\quad \boldsymbol{B}=\begin{pmatrix}\boldsymbol{B}_1 & & \\ & \ddots & \\ & & \boldsymbol{B}_s\end{pmatrix}$$

则

$$\boldsymbol{A}+\boldsymbol{B}=\begin{pmatrix}\boldsymbol{A}_1+\boldsymbol{B}_1 & & \\ & \ddots & \\ & & \boldsymbol{A}_s+\boldsymbol{B}_s\end{pmatrix},\quad \boldsymbol{AB}=\begin{pmatrix}\boldsymbol{A}_1\boldsymbol{B}_1 & & \\ & \ddots & \\ & & \boldsymbol{A}_s\boldsymbol{B}_s\end{pmatrix}$$

(3) $k\boldsymbol{A}=\begin{pmatrix}k\boldsymbol{A}_1 & & \\ & \ddots & \\ & & k\boldsymbol{A}_s\end{pmatrix}$, $\boldsymbol{A}^{\mathrm{T}}=\begin{pmatrix}\boldsymbol{A}_1^{\mathrm{T}} & & \\ & \ddots & \\ & & \boldsymbol{A}_s^{\mathrm{T}}\end{pmatrix}$;

(4) 若每一$|\boldsymbol{A}_i|\neq0$,则有 $\boldsymbol{A}^{-1}=\begin{pmatrix}\boldsymbol{A}_1^{-1} & & \\ & \ddots & \\ & & \boldsymbol{A}_s^{-1}\end{pmatrix}$。

推论 2-6-1 对于分块上三角形矩阵

$$\boldsymbol{A}=\begin{pmatrix}\boldsymbol{A}_{11} & \boldsymbol{A}_{12} & \cdots & \boldsymbol{A}_{1r} \\ & \boldsymbol{A}_{22} & \cdots & \boldsymbol{A}_{2r} \\ & & \ddots & \vdots \\ & & & \boldsymbol{A}_{rr}\end{pmatrix}$$

其中,主对角子块 $\boldsymbol{A}_{ii}$ 均为方阵(未必同阶),则有 $|\boldsymbol{A}|=|\boldsymbol{A}_{11}||\boldsymbol{A}_{22}|\cdots|\boldsymbol{A}_{rr}|$。由此可知,分块三角形矩阵 $\boldsymbol{A}$ 可逆的充要条件是$|\boldsymbol{A}_{ii}|\neq0, i=1,\cdots,r$。

例 2-6-2 设 $\boldsymbol{A}=\begin{pmatrix}1 & a_1 & 1 & a_2 \\ 0 & 1 & 0 & 1 \\ 0 & 0 & 1 & a_3 \\ 0 & 0 & 0 & 1\end{pmatrix}$, $\boldsymbol{B}=\begin{pmatrix}1 & b_1 & 1 & b_2 \\ 0 & 1 & 0 & 1 \\ 0 & 0 & 1 & b_3 \\ 0 & 0 & 0 & 1\end{pmatrix}$,求 $\boldsymbol{AB}$。

解 令

$$\boldsymbol{A}_i=\begin{pmatrix}1 & a_i \\ 0 & 1\end{pmatrix},\quad \boldsymbol{B}_j=\begin{pmatrix}1 & b_j \\ 0 & 1\end{pmatrix}\quad (i,j=1,2,3)$$

则

$$\boldsymbol{A}=\begin{pmatrix}\boldsymbol{A}_1 & \boldsymbol{A}_2 \\ \boldsymbol{O} & \boldsymbol{A}_3\end{pmatrix},\quad \boldsymbol{B}=\begin{pmatrix}\boldsymbol{B}_1 & \boldsymbol{B}_2 \\ \boldsymbol{O} & \boldsymbol{B}_3\end{pmatrix}$$

于是

$$\boldsymbol{A}_i\boldsymbol{B}_j=\begin{pmatrix}1 & a_i+b_j \\ 0 & 1\end{pmatrix},\quad \boldsymbol{A}_1\boldsymbol{B}_2+\boldsymbol{A}_2\boldsymbol{B}_3=\begin{pmatrix}2 & a_1+b_2+a_2+b_3 \\ 0 & 2\end{pmatrix}$$

所以

$$\boldsymbol{AB}=\begin{pmatrix}\boldsymbol{A}_1\boldsymbol{B}_1 & \boldsymbol{A}_1\boldsymbol{B}_2+\boldsymbol{A}_2\boldsymbol{B}_3 \\ \boldsymbol{O} & \boldsymbol{A}_3\boldsymbol{B}_3\end{pmatrix}=\begin{pmatrix}1 & a_1+b_1 & 2 & a_1+a_2+b_2+b_3 \\ 0 & 1 & 0 & 2 \\ 0 & 0 & 1 & a_3+b_3 \\ 0 & 0 & 0 & 1\end{pmatrix}$$

例 2-6-3 设 $\boldsymbol{A}=\begin{pmatrix}5 & 0 & 0 \\ 0 & 3 & 1 \\ 0 & 2 & 1\end{pmatrix}$,求 $\boldsymbol{A}^{-1}$。

解 $(5)^{-1}=\left(\frac{1}{5}\right)$, $\begin{pmatrix}3 & 1 \\ 2 & 1\end{pmatrix}^{-1}=\begin{pmatrix}1 & -1 \\ -2 & 3\end{pmatrix}$

$$A^{-1}=\begin{pmatrix}\frac{1}{5} & 0 & 0\\ 0 & 1 & -1\\ 0 & -2 & 3\end{pmatrix}$$

*习题 2-6

1. 计算$\begin{pmatrix}1&2&1&0\\0&1&0&1\\0&0&2&1\\0&0&0&3\end{pmatrix}\begin{pmatrix}1&0&3&1\\0&1&2&-1\\0&0&-2&3\\0&0&0&-3\end{pmatrix}$。

2. 设$\boldsymbol{A}=\boldsymbol{B}=-\boldsymbol{C}=\boldsymbol{D}=\begin{pmatrix}1&0\\0&1\end{pmatrix}$，验证$\begin{vmatrix}\boldsymbol{A}&\boldsymbol{B}\\\boldsymbol{C}&\boldsymbol{D}\end{vmatrix}\neq\begin{vmatrix}|\boldsymbol{A}|&|\boldsymbol{B}|\\|\boldsymbol{C}|&|\boldsymbol{D}|\end{vmatrix}$。

3. 设$\boldsymbol{A}=\begin{pmatrix}3&4&&\\4&-3&\multicolumn{2}{c}{\boldsymbol{O}}\\&&2&0\\\multicolumn{2}{c}{\boldsymbol{O}}&2&2\end{pmatrix}$，求$|\boldsymbol{A}^8|$及$\boldsymbol{A}^4$。

4. 设n阶矩阵$\boldsymbol{A}$及s阶矩阵$\boldsymbol{B}$都可逆，求$\begin{pmatrix}\boldsymbol{O}&\boldsymbol{A}\\\boldsymbol{B}&\boldsymbol{O}\end{pmatrix}^{-1}$。

5. 求下列矩阵的逆矩阵。

(1) $\begin{pmatrix}5&2&0&0\\2&1&0&0\\0&0&8&3\\0&0&5&2\end{pmatrix}$　　(2) $\begin{pmatrix}1&0&0&0\\1&2&0&0\\2&1&3&0\\1&2&1&4\end{pmatrix}$

2.7 一般线性方程组的解

定义 2-7-1 一般线性方程组是指形如

$$\begin{cases}a_{11}x_1+a_{12}x_2+\cdots+a_{1n}x_n=b_1\\a_{21}x_1+a_{22}x_2+\cdots+a_{2n}x_n=b_2\\\qquad\vdots\\a_{m1}x_1+a_{m2}x_2+\cdots+a_{mn}x_n=b_m\end{cases}\tag{2-7-1}$$

的方程组。其中，$x_1,x_2,\cdots,x_n$代表n个未知量，m是方程的个数，则$a_{ij}(i=1,2,\cdots,m;j=1,2,\cdots,n)$称为方程组(2-7-1)的系数，$b_i(i=1,2,\cdots,m)$称为常数项。

方程组中未知量的个数n与方程的个数m不一定相等。系数a_{ij}的第一个下标i表示它在第i个方程，第二个下标j表示它是x_j的系数。

定义 2-7-2 如果两个方程组有相同的解集，就称这两个方程组是**同解**的。

在实际解线性方程组时，比较简便的方法是消元法。在中学代数中已经学过用消元法来解简单的线性方程组。先来看一个例子。

例 2-7-1　解线性方程组$\begin{cases}2x_1-x_2+3x_3=1\\4x_1+2x_2+5x_3=4\\2x_1+2x_3=6\end{cases}$。

解　用第 2 个方程式减去第 1 个方程式的 2 倍,第 3 个方程式减去第一个方程式,得

$$\begin{cases}2x_1-x_2+3x_3=1\\4x_2-x_3=2\\x_2-x_3=5\end{cases}$$

用第 2 个方程式减去第 3 个方程式的 4 倍,互换第 2 个和第 3 个方程式的次序,得

$$\begin{cases}2x_1-x_2+3x_3=1\\x_2-x_3=5\\3x_3=-18\end{cases}$$

这样,就容易求出方程组的解为$\begin{cases}x_1=9\\x_2=-1\\x_3=-6\end{cases}$。

这种解法称为**消元法**。消元法实际上是对方程施行了 3 种变换:

(1) 交换两个方程式的位置;

(2) 用一个非零的数乘以某一方程式;

(3) 用一个数乘以某个方程式后加到另一个方程式上。

这 3 种变换就称为线性方程组的**初等变换**。

消元法作为解线性方程组的重要方法,最早出现在我国的《九章算术》中。在该书的第八章“方程术”描述了如下问题。

今有上禾三秉,中禾二秉,下禾一秉,实三十九斗;上禾二秉,中禾三秉,下禾一秉,实三十四斗;上禾一秉,中禾二秉,下禾三秉,实二十六斗。问上、中、下禾实一秉各几何。

这里禾、秉、实分别为庄稼、捆、粮食之意。用现代符号表达,该问题相当于解如下的三元一次线性方程组。

$$\begin{cases}3x_1+2x_2+x_3=39\\3x_1+3x_2+x_3=34\\x_1+2x_2+3x_3=26\end{cases}$$

其中,x_1,x_2,x_3 分别表示上、中、下禾各一秉之实。在《九章算术》中,用算筹(一种带有颜色的竹签)将各个系数及常数在一个“计算板”上排列成一个长方阵,按照“遍乘直除”算法进行计算。这种方法传到世界各地后,算筹被数字取代,而“计算板”也被笔和纸取代。在欧洲,这个方法称为高斯消元法,以纪念伟大的数学家高斯。

高斯消元法是西方国家对行列式或方程组的上三角形化简的“尊称”。事实上,这种方法最早出现在公元一世纪前后我国的《九章算术》一书中,后来经日本传入欧洲。

定理 2-7-1　初等变换可以把一个线性方程组变为一个与它同解的线性方程组。

由例 2-7-1 可以看出,消元法就是对给定的线性方程组反复施以初等变换,来得到一个与原方程组同解的方程组,使得某些未知量在方程组中出现的次数逐渐减少。换句话说,消元法就是利用初等变换来化简方程组。

在消元法解线性方程组的过程中，实际上只是方程组未知量的系数和常数项在进行运算，因此方程组(2-7-1)有没有解以及有什么样的解完全决定于方程组(2-7-1)的系数和常数项。下面研究线性方程组(2-7-1)的系数和常数项。

定义 2-7-3　方程组(2-7-1)可用矩阵表示为

$$\boldsymbol{AX}=\boldsymbol{b}$$

其中，矩阵

$$\boldsymbol{A}=\begin{pmatrix} a_{11} & a_{12} & \cdots & a_{1n} \\ a_{21} & a_{22} & \cdots & a_{2n} \\ \vdots & \vdots & & \vdots \\ a_{m1} & a_{m2} & \cdots & a_{mn} \end{pmatrix}$$

称为线性方程组(2-7-1)的**系数矩阵**。

$$\boldsymbol{b}=(b_1 \quad b_2 \quad \cdots \quad b_m)^{\mathrm{T}}$$

称为**常数项矩阵**。

$$\boldsymbol{X}=(x_1 \quad x_2 \quad \cdots \quad x_n)^{\mathrm{T}}$$

称为**未知量矩阵**。

$$(\boldsymbol{A} \quad \boldsymbol{b})=\begin{pmatrix} a_{11} & a_{12} & \cdots & a_{1n} & b_1 \\ a_{21} & a_{22} & \cdots & a_{2n} & b_2 \\ \vdots & \vdots & & \vdots & \vdots \\ a_{m1} & a_{m2} & \cdots & a_{mn} & b_m \end{pmatrix}$$

称为线性方程组(2-7-1)的**增广矩阵**。

显然，用初等变换转换方程组(2-7-1)为阶梯形矩阵就相当于用初等行变换转换增广矩阵为阶梯形矩阵。因此，解线性方程组的第一步工作可以通过矩阵来进行，而从转换成的阶梯形矩阵就可以判别方程组有解还是无解。在有解的情况下，回到阶梯形方程组去解。因此，消元法解线性方程组的步骤如下。

(1) 消元：用初等行变换把线性方程组的增广矩阵转换为阶梯形矩阵。

(2) 回代：写出阶梯形矩阵所对应的线性方程组，并求解。

例 2-7-2　解线性方程组$\begin{cases} x_1+2x_2-3x_3=-11 \\ -x_1-x_2+2x_3=7 \\ 2x_1-3x_2+x_3=6 \\ -3x_1+x_2+2x_3=5 \end{cases}$。

解　利用初等行变换，将方程组的增广矩阵转换成阶梯形矩阵，再求解。由于

$$(\boldsymbol{A},\boldsymbol{b})=\begin{pmatrix} 1 & 2 & -3 & -11 \\ -1 & -1 & 2 & 7 \\ 2 & -3 & 1 & 6 \\ -3 & 1 & 2 & 5 \end{pmatrix} \to \begin{pmatrix} 1 & 2 & -3 & -11 \\ 0 & 1 & -1 & -4 \\ 0 & -7 & 7 & 28 \\ 0 & 7 & -7 & -28 \end{pmatrix} \to \begin{pmatrix} 1 & 2 & -3 & -11 \\ 0 & 1 & -1 & -4 \\ 0 & 0 & 0 & 0 \\ 0 & 0 & 0 & 0 \end{pmatrix}$$

因此，其等价方程组为

$$\begin{cases}x_1+2x_2-3x_3=-11\\x_2-x_3=-4\end{cases}$$

即方程组的一般解为

$$\begin{cases}x_1=x_3-3\\x_2=x_3-4\end{cases}$$

其中,x_3 为自由未知量。

事实上,可将上述阶梯形矩阵进一步转换为行最简形矩阵,即

$$\begin{pmatrix}1&2&-3&-11\\0&1&-1&-4\\0&0&0&0\\0&0&0&0\end{pmatrix}\to\begin{pmatrix}1&0&-1&-3\\0&1&-1&-4\\0&0&0&0\\0&0&0&0\end{pmatrix}$$

便可直接写出方程组的解为

$$\begin{cases}x_1=x_3-3\\x_2=x_3-4\end{cases}$$

其中,x_3 为自由未知量。

例 2-7-3 解线性方程组$\begin{cases}2x_1-x_2+3x_3=1\\4x_1-2x_2+5x_3=4\\2x_1-x_2+4x_3=0\end{cases}$。

解 $(\boldsymbol{A}\quad\boldsymbol{b})=\begin{pmatrix}2&-1&3&1\\4&-2&5&4\\2&-1&4&0\end{pmatrix}\to\begin{pmatrix}2&-1&3&1\\0&0&-1&2\\0&0&1&-1\end{pmatrix}\to\begin{pmatrix}2&-1&3&1\\0&0&-1&2\\0&0&0&1\end{pmatrix}$

该阶梯形矩阵对应方程组中的第三个方程 $0x_1+0x_2+0x_3=1$ 为矛盾方程,因此原方程组无解。

可见,例 2-7-1 的增广矩阵 $(\boldsymbol{A}\quad\boldsymbol{b})=\begin{pmatrix}2&-1&3&1\\4&2&5&4\\2&0&2&6\end{pmatrix}$ 转换为阶梯形矩阵为 $\begin{pmatrix}2&-1&3&1\\0&1&-1&5\\0&0&3&-18\end{pmatrix}$。

由例 2-7-1～例 2-7-3 可以看出:方程组有解或无解,以及解的个数与矩阵的秩有关。例 2-7-1 中,$r(\boldsymbol{A})=r(\boldsymbol{A}\quad\boldsymbol{b})=3$,等于未知数的个数 3,方程组有唯一解;例 2-7-2 中,$r(\boldsymbol{A})=r(\boldsymbol{A}\quad\boldsymbol{b})=2$,小于未知数的个数 3,方程组有无穷多个解;例 2-7-3 中,$r(\boldsymbol{A})\neq r(\boldsymbol{A}\quad\boldsymbol{b})$,方程组无解。

定理 2-7-2 线性方程组(2-7-1)有解的充分必要条件为系数矩阵的秩等于增广矩阵的秩,即 $r(\boldsymbol{A})=r(\boldsymbol{A}\quad\boldsymbol{b})$,且当 $r(\boldsymbol{A}\quad\boldsymbol{b})=n$ 时有唯一解。当 $r(\boldsymbol{A}\quad\boldsymbol{b})<n$ 时,有无穷多个解。

例 2-7-4 解线性方程组$\begin{cases}2x_1+2x_2-x_3+x_4=4\\2x_1-x_2+2x_3-3\\4x_1+x_2+x_3+x_4=7\end{cases}$。

解 对增广矩阵施行初等行变换如下：

$$(\boldsymbol{A}\quad \boldsymbol{b})=\begin{pmatrix}2 & 2 & -1 & 1 & 4\\2 & -1 & 2 & 0 & 3\\4 & 1 & 1 & 1 & 7\end{pmatrix}$$

$$\xrightarrow[\substack{r_3-2r_1\\r_3-r_2}]{r_2-r_1}\begin{pmatrix}2 & 2 & -1 & 1 & 4\\0 & -3 & 3 & -1 & -1\\0 & 0 & 0 & 0 & 0\end{pmatrix}$$

$$\xrightarrow[\substack{r_2\times\left(-\frac{1}{3}\right)\\r_1-r_2}]{r_1\times\frac{1}{2}}\begin{pmatrix}1 & 0 & \frac{1}{2} & \frac{5}{6} & \frac{5}{3}\\0 & 1 & -1 & \frac{1}{3} & \frac{1}{3}\\0 & 0 & 0 & 0 & 0\end{pmatrix}$$

由此得 $r(\boldsymbol{A})=r(\boldsymbol{B})=2<4$，所以原方程组有无穷多个解。其一般解为

$$\begin{cases}x_1=-\frac{1}{2}x_3-\frac{5}{6}x_4+\frac{5}{3}\\x_2=x_3-\frac{1}{3}x_4+\frac{1}{3}\end{cases}\quad(x_3,x_4\text{ 为自由未知量})$$

在线性方程组(2-7-1)中，若 $b_1=b_2=\cdots=b_m=0$，则方程组(2-7-1)称为**齐次线性方程组**。

对于齐次线性方程组

$$\begin{cases}a_{11}x_1+a_{12}x_2+\cdots+a_{1n}x_n=0\\a_{21}x_1+a_{22}x_2+\cdots+a_{2n}x_n=0\\\vdots\\a_{m1}x_1+a_{m2}x_2+\cdots+a_{mn}x_n=0\end{cases}\tag{2-7-2}$$

显然它的增广矩阵的秩与系数矩阵的秩是相等的，根据定理 2-7-2 可知，齐次线性方程组总是有解的。可以得到以下定理。

定理 2-7-3 齐次线性方程组(2-7-2)有非零解的充分必要条件是其系数矩阵 $\boldsymbol{A}$ 的秩 $r(\boldsymbol{A})<n$。

推论 2-7-1 当 $m<n$ 时，齐次线性方程组(2-7-2)有非零解。

对于有 n 个未知数，n 个方程式的齐次线性方程组，还可由定理 2-7-3 推得以下推论。

推论 2-7-2 当 $m=n$ 时，齐次线性方程组(2-7-2)有非零解的充分必要条件是其系数行列式 $|\boldsymbol{A}|=0$。

例 2-7-5 求齐次线性方程组$\begin{cases}x_1+x_2+x_3+x_4+x_5=0\\3x_1+2x_2+x_3+x_4-3x_5=0\\5x_1+4x_2+3x_3+3x_4-x_5=0\end{cases}$的解。

解　由于 $m=3<5=n$,所以方程组有无穷多个解。

对系数矩阵 $\boldsymbol{A}$ 施行初等行变换如下:

$$\boldsymbol{A}=\begin{pmatrix}1&1&1&1&1\\3&2&1&1&-3\\5&4&3&3&-1\end{pmatrix}$$

$$\xrightarrow[r_4-5r_1]{r_2-3r_1}\begin{pmatrix}1&1&1&1&1\\0&-1&-2&-2&-6\\0&-1&-2&-2&-6\end{pmatrix}$$

$$\xrightarrow[\substack{r_2\times(-1)\\r_1-r_2}]{r_3-r_2}\begin{pmatrix}1&0&-1&-1&-5\\0&1&2&2&6\\0&0&0&0&0\end{pmatrix}$$

所以原方程组的一般解为

$$\begin{cases}x_1=x_3+x_4+5x_5\\x_2=-2x_3-2x_4-6x_5\end{cases}\quad(x_3,x_4,x_5\text{ 是自由未知量})$$

习题 2-7

1. 求下列齐次线性方程组的解。

(1) $\begin{cases}3x+2y+3z=0\\2x+3y+3z=0\\3x+3y+8z=0\end{cases}$　　(2) $\begin{cases}x+y-z=0\\2x-8y+3z=0\\-8x+2y+3z=0\end{cases}$

2. 求下列非齐次线性方程的解。

(1) $\begin{cases}x_1-2x_2+3x_3-x_4=1\\3x_1-x_2+5x_3-3x_4=2\\2x_1+x_2+2x_3-2x_4=3\end{cases}$　　(2) $\begin{cases}2x_1-3x_2+x_3-x_4=3\\3x_1+x_2+x_3+x_4=0\\4x_1-x_2-x_3-x_4=7\\-2x_1-x_2+x_3+x_4=-5\end{cases}$

3. (1) 当 λ 取何值时,方程组 $\begin{cases}x_1+x_2-x_3=0\\x_1-x_2+x_3=0\\2x_2+\lambda x_3=0\end{cases}$ 有无穷多解?有唯一解?

(2) 当 a 取什么值时,方程组 $\begin{cases}x_1+x_2+x_3+x_4=1\\3x_1+2x_2+x_3-3x_4=a\\x_2+2x_3+6x_4=3\end{cases}$ 有解?并求出它的解。

第3章

向量组的线性相关性

3.1　向量组及其线性运算

在实际问题中，有许多研究对象需要用 n 元有序数组来表示。

n 元线性方程 $a_1x_1+a_2x_2+\cdots+a_nx_n=b$ 可以用一个 $n+1$ 元有序数组

$$(a_1,a_2,\cdots,a_n,b)$$

表示，n 元线性方程组的一个解也可以用 n 元有序数组表示。

定义 3-1-1　由实数域上的 n 个数 $a_1,a_2,\cdots,a_n$ 组成的有序数组，称为 **n 维向量**。一般用小写希腊字母 $\boldsymbol{\alpha},\boldsymbol{\beta},\boldsymbol{\gamma},\cdots$ 表示，记作

$$\boldsymbol{\alpha}=\begin{pmatrix}a_1\\a_2\\\vdots\\a_n\end{pmatrix}\quad \text{或}\quad \boldsymbol{\alpha}^{\mathrm{T}}=(a_1,a_2,\cdots,a_n)$$

其中，数 a_i 称为向量 $\boldsymbol{\alpha}$ 的第 $i(i=1,2,\cdots,n)$ 个分量；分量的个数称为向量 $\boldsymbol{\alpha}$ 的**维数**。

向量在书写形式上写成一列，称为**列向量**，如 $\begin{pmatrix}a_1\\a_2\\\vdots\\a_n\end{pmatrix}$；写成一行，称为**行向量**，如 $(a_1,a_2,\cdots,a_n)$，$(b_1,b_2,\cdots,b_n)$。

若用 $\boldsymbol{\alpha},\boldsymbol{\beta},\boldsymbol{\gamma}$ 等表示列向量，则 $\boldsymbol{\alpha}^{\mathrm{T}},\boldsymbol{\beta}^{\mathrm{T}},\boldsymbol{\gamma}^{\mathrm{T}}$ 等表示行向量。有时也可将列向量写成行向量的转置形式，例如：

$$\boldsymbol{\alpha}=\begin{pmatrix}a_1\\a_2\\\vdots\\a_n\end{pmatrix}=(a_1,a_2,\cdots,a_n)^{\mathrm{T}}$$

由若干个同维行（列）向量构成的一组向量称为一个**行（列）向量组**。

向量与矩阵有着密切的联系：$m\times n$ 矩阵

$$A=\begin{pmatrix} a_{11} & a_{12} & \cdots & a_{1n} \\ a_{21} & a_{22} & \cdots & a_{2n} \\ \vdots & \vdots & & \vdots \\ a_{m1} & a_{m2} & \cdots & a_{mn} \end{pmatrix}$$

中的每一行$(a_{i1},a_{i2},\cdots,a_{in})(i=1,2,\cdots,m)$都是一个 n 维行向量，称它们为矩阵 $\boldsymbol{A}$ 的行向量组；每一列$(a_{1j},a_{2j},\cdots,a_{mj})^{\mathrm{T}}(j=1,2,\cdots,n)$都是一个 m 维列向量，称它们为矩阵 $\boldsymbol{A}$ 的列向量组。

如 3×4 矩阵 $\boldsymbol{A}=\begin{pmatrix} 1 & 1 & 3 & 5 \\ 0 & 1 & 1 & 3 \\ -1 & 1 & -1 & 1 \end{pmatrix}$ 中的每一行都是一个四维行向量，把这 3 个四维向量$(1,1,3,5)$，$(0,1,1,3)$，$(-1,1,-1,1)$称为矩阵 $\boldsymbol{A}$ 的行向量。同样，矩阵 $\boldsymbol{A}$ 中的每一列都是一个三维列向量，把这 4 个三维向量 $\begin{pmatrix} 1 \\ 0 \\ -1 \end{pmatrix}$，$\begin{pmatrix} 1 \\ 1 \\ 1 \end{pmatrix}$，$\begin{pmatrix} 3 \\ 1 \\ -1 \end{pmatrix}$，$\begin{pmatrix} 5 \\ 3 \\ 1 \end{pmatrix}$ 称为矩阵 $\boldsymbol{A}$ 的列向量。

n 维行向量可看做 $1\times n$ 的矩阵，n 维列向量可看做 $n\times1$ 的矩阵。

定义 3-1-2 设有两个 n 维向量

$$\boldsymbol{\alpha}=(a_1,a_2,\cdots,a_n),\quad \boldsymbol{\beta}=(b_1,b_2,\cdots,b_n)$$

若它们的对应分量分别相等，即

$$a_i=b_i\quad(i=1,2,\cdots,n)$$

则称**向量 $\boldsymbol{\alpha}$ 与 $\boldsymbol{\beta}$ 相等**，记作 $\boldsymbol{\alpha}=\boldsymbol{\beta}$。

分量全部为零的向量，称为**零向量**，记作 $\boldsymbol{O}$，即 $\boldsymbol{O}=(0,0,\cdots,0)$ 或 $\boldsymbol{O}=(0,0,\cdots,0)^{\mathrm{T}}$。向量$(-a_1,-a_2,\cdots,-a_n)$称为向量 $\boldsymbol{\alpha}=(a_1,a_2,\cdots,a_n)$ 的**负向量**，记作 $-\boldsymbol{\alpha}$，即

$$-\boldsymbol{\alpha}=(-a_1,-a_2,\cdots,-a_n)$$

定义 3-1-3 设有两个 n 维向量

$$\boldsymbol{\alpha}=(a_1,a_2,\cdots,a_n),\quad \boldsymbol{\beta}=(b_1,b_2,\cdots,b_n)$$

则$(a_1+b_1,a_2+b_2,\cdots,a_n+b_n)$称为**向量 $\boldsymbol{\alpha}$，$\boldsymbol{\beta}$ 的和**，记作 $\boldsymbol{\alpha}+\boldsymbol{\beta}$，即

$$\boldsymbol{\alpha}+\boldsymbol{\beta}=(a_1+b_1,a_2+b_2,\cdots,a_n+b_n)$$

向量 $\boldsymbol{\alpha}$ 与向量 $\boldsymbol{\beta}$ 的负向量 $-\boldsymbol{\beta}$ 之和，称为**向量 $\boldsymbol{\alpha}$ 与 $\boldsymbol{\beta}$ 的差**，记作 $\boldsymbol{\alpha}-\boldsymbol{\beta}$，即

$$\boldsymbol{\alpha}-\boldsymbol{\beta}=\alpha+(-\beta)=(a_1-b_1,a_2-b_2,\cdots,a_n-b_n)$$

定义 3-1-4 设向量 $\boldsymbol{\alpha}=(a_1,a_2,\cdots,a_n)$，$k$ 是实数，则向量$(ka_1,ka_2,\cdots,ka_n)$称为**数 k 与向量 $\boldsymbol{\alpha}$ 的乘积**，记作 $k\boldsymbol{\alpha}$，即

$$k\boldsymbol{\alpha}=(ka_1,ka_2,\cdots,ka_n)$$

向量的加法、减法及数乘运算统称为向量的线性运算。设 $\boldsymbol{\alpha}=(a_1,a_2,\cdots,a_n)$，$\boldsymbol{\beta}=(b_1,b_2,\cdots,b_n)$，$\boldsymbol{\gamma}=(c_1,c_2,\cdots,c_n)$，$k,l$ 是实数，向量的线性运算满足以下运算律。

(1) $\boldsymbol{\alpha}+\boldsymbol{\beta}=\boldsymbol{\beta}+\boldsymbol{\alpha}$

(2) $(\boldsymbol{\alpha}+\boldsymbol{\beta})+\boldsymbol{\gamma}=\boldsymbol{\alpha}+(\boldsymbol{\beta}+\boldsymbol{\gamma})$

(3) $\boldsymbol{\alpha}+\boldsymbol{O}=\boldsymbol{\alpha}$

(4) $\boldsymbol{\alpha}+(-\boldsymbol{\alpha})=\boldsymbol{O}$

(5) $k(\boldsymbol{\alpha}+\boldsymbol{\beta})=k\boldsymbol{\alpha}+k\boldsymbol{\beta}$

(6) $(k+l)\boldsymbol{\alpha}=k\boldsymbol{\alpha}+l\boldsymbol{\alpha}$

(7) $k(l\boldsymbol{\alpha})=(kl)\boldsymbol{\alpha}$

(8) $1\boldsymbol{\alpha}=\boldsymbol{\alpha}$

定义 3-1-5　以实数为分量的全体 n 维向量的集合称为 **n 维向量空间**，记作 R^n。n 维向量也称为 n 维向量空间 R^n 中的点。

例 3-1-1　已知向量 $\boldsymbol{\alpha}_1=(1,1,0)$，$\boldsymbol{\alpha}_2=(0,1,1)$，$\boldsymbol{\alpha}_3=(3,4,0)$，求 $\boldsymbol{\alpha}_1+\boldsymbol{\alpha}_2$ 及 $\boldsymbol{\alpha}_1+3\boldsymbol{\alpha}_2-2\boldsymbol{\alpha}_3$。

解　$\boldsymbol{\alpha}_1+\boldsymbol{\alpha}_2=(1,1,0)+(0,1,1)=(1+0,1+1,0+1)=(1,2,1)$

$$\begin{aligned}\boldsymbol{\alpha}_1+3\boldsymbol{\alpha}_2-2\boldsymbol{\alpha}_3&=(1,1,0)+3(0,1,1)-2(3,4,0)\\&=(1+3\times0-2\times3,1+3\times1-2\times4,0+3\times1-2\times0)\\&=(-5,-4,3)\end{aligned}$$

例 3-1-2　已知 $\boldsymbol{\alpha}_1=(2,5,1,3)$，$\boldsymbol{\alpha}_2=(10,1,5,10)$，$\boldsymbol{\alpha}_3=(4,1,-1,1)$，且满足

$$3(\boldsymbol{\alpha}_1-\boldsymbol{\alpha})+2(\boldsymbol{\alpha}_2+\boldsymbol{\alpha})=5(\boldsymbol{\alpha}_3+\boldsymbol{\alpha})$$

求 $\boldsymbol{\alpha}$。

解　由 $3(\boldsymbol{\alpha}_1-\boldsymbol{\alpha})+2(\boldsymbol{\alpha}_2+\boldsymbol{\alpha})=5(\boldsymbol{\alpha}_3+\boldsymbol{\alpha})$ 整理得

$$\begin{aligned}\boldsymbol{\alpha}&=\frac{1}{6}(3\boldsymbol{\alpha}_1+2\boldsymbol{\alpha}_2-5\boldsymbol{\alpha}_3)\\&=\frac{1}{6}[3(2,5,1,3)+2(10,1,5,10)-5(4,1,-1,1)]\\&=(1,2,3,4)\end{aligned}$$

习题 3-1

1. 已知 $\boldsymbol{\alpha}=(0,1,-1,3)$，$\boldsymbol{\beta}=(10,2,0,8)$，求 $-\boldsymbol{\alpha}$，$-\boldsymbol{\beta}$，$\boldsymbol{\alpha}^{\mathrm{T}}$，$\boldsymbol{\beta}^{\mathrm{T}}$，$\boldsymbol{\beta}-\boldsymbol{\alpha}$，$2\boldsymbol{\alpha}+3\boldsymbol{\beta}$。

2. 已知 $\boldsymbol{\alpha}_1=(1,3,0,-1)$，$\boldsymbol{\alpha}_2=(2,5,3,1)$，$\boldsymbol{\alpha}_3=(3,-1,-2,1)$，求 $3(\boldsymbol{\alpha}_1-\boldsymbol{\alpha}_2)+2(\boldsymbol{\alpha}_2+\boldsymbol{\alpha}_3)$。

3. 已知矩阵 $\boldsymbol{A}=\begin{pmatrix}1&1&3&4\\0&-1&1&3\\2&1&-1&1\end{pmatrix}$，写出 $\boldsymbol{A}$ 的所有行向量和列向量。

4. 已知 $\boldsymbol{\alpha}_1=(1,2,3)$，$\boldsymbol{\alpha}_2=(1,0,2)$，$\boldsymbol{\beta}=(3,2,7)$，且 $\boldsymbol{\beta}=\boldsymbol{\alpha}_1+k\boldsymbol{\alpha}_2$，求 k。

5. 已知 $\boldsymbol{\alpha}_1=(2,1,-2)$，$\boldsymbol{\alpha}_2=(-4,2,3)$，$\boldsymbol{\alpha}_3=(-8,8,5)$，满足 $2\boldsymbol{\alpha}_1+k\boldsymbol{\alpha}_2-\boldsymbol{\alpha}_3=\boldsymbol{O}$，求 k。

3.2 向量组的线性相关性

3.2.1 线性组合

在线性方程组

$$\begin{cases} a_{11}x_1+a_{12}x_2+\cdots+a_{1n}x_n=b_1 \\ a_{21}x_1+a_{22}x_2+\cdots+a_{2n}x_n=b_2 \\ \vdots \\ a_{m1}x_1+a_{m2}x_2+\cdots+a_{mn}x_n=b_m \end{cases}$$

中,若记

$$\boldsymbol{\alpha}_i=\begin{pmatrix} a_{1i} \\ a_{2i} \\ \vdots \\ a_{mi} \end{pmatrix} \quad (i=1,2,\cdots,n), \quad \boldsymbol{\beta}=\begin{pmatrix} b_1 \\ b_2 \\ \vdots \\ b_m \end{pmatrix}$$

则线性方程组可用向量的线性运算表示:

$$x_1\boldsymbol{\alpha}_1+x_2\boldsymbol{\alpha}_2+\cdots+k_x\boldsymbol{\alpha}_n=\boldsymbol{\beta} \tag{3-2-1}$$

因此,方程组是否有解的问题就转化为是否存在一组数 $x_i=k_i(i=1,2,\cdots,n)$,使$\boldsymbol{\beta}$可用向量$\boldsymbol{\alpha}_1,\boldsymbol{\alpha}_2,\cdots,\boldsymbol{\alpha}_n$的线性运算表示,即关系式(3-2-1)成立。

定义 3-2-1 设有 n 维向量$\boldsymbol{\alpha}_1,\cdots,\boldsymbol{\alpha}_m,\boldsymbol{\beta}$,若存在一组数 $k_1,\cdots,k_m$,使得

$$\boldsymbol{\beta}=k_1\boldsymbol{\alpha}_1+k_2\boldsymbol{\alpha}_2+\cdots+k_m\boldsymbol{\alpha}_m$$

成立,称**向量$\boldsymbol{\beta}$为$\boldsymbol{\alpha}_1,\cdots,\boldsymbol{\alpha}_m$的线性组合**,或称**$\boldsymbol{\beta}$可由向量$\boldsymbol{\alpha}_1,\cdots,\boldsymbol{\alpha}_m$线性表示**。

例如,$\boldsymbol{\beta}_1=\begin{pmatrix} 1 \\ 0 \\ -1 \end{pmatrix},\boldsymbol{\beta}_2=\begin{pmatrix} 1 \\ 1 \\ 1 \end{pmatrix},\boldsymbol{\beta}_3=\begin{pmatrix} 3 \\ 1 \\ -1 \end{pmatrix},\boldsymbol{\beta}_4=\begin{pmatrix} 5 \\ 3 \\ 1 \end{pmatrix}$,因为$\boldsymbol{\beta}_4=0\boldsymbol{\beta}_1+2\boldsymbol{\beta}_2+1\boldsymbol{\beta}_3$,所以$\boldsymbol{\beta}_4$可由$\boldsymbol{\beta}_1,\boldsymbol{\beta}_2,\boldsymbol{\beta}_3$线性表示。

例 3-2-1 任一 n 维向量组$\boldsymbol{\alpha}=(a_1,a_2,\cdots,a_n)$都是向量组$\boldsymbol{\varepsilon}_1=(1,0,\cdots,0),\boldsymbol{\varepsilon}_2=(0,1,\cdots,0),\cdots,\boldsymbol{\varepsilon}_n=(0,0,\cdots,1)$的线性组合,$\boldsymbol{\alpha}=a_1\boldsymbol{\varepsilon}_1+a_2\boldsymbol{\varepsilon}_2+\cdots+a_n\boldsymbol{\varepsilon}_n$。

注:称向量组$\boldsymbol{\varepsilon}_1,\boldsymbol{\varepsilon}_2,\cdots,\boldsymbol{\varepsilon}_n$为 n 维单位向量组。

例 3-2-2 判断向量$\begin{pmatrix} -1 \\ 1 \end{pmatrix}$是否为向量组$\begin{pmatrix} 1 \\ 0 \end{pmatrix},\begin{pmatrix} -2 \\ 0 \end{pmatrix}$的线性组合。

解 因为对任意一组数 k_1,k_2,有

$$k_1\begin{pmatrix} 1 \\ 0 \end{pmatrix}+k_2\begin{pmatrix} -2 \\ 0 \end{pmatrix}=\begin{pmatrix} k_1-2k_2 \\ 0 \end{pmatrix}\neq\begin{pmatrix} -1 \\ 1 \end{pmatrix}$$

所以向量$\begin{pmatrix} -1 \\ 1 \end{pmatrix}$不是向量组$\begin{pmatrix} 1 \\ 0 \end{pmatrix},\begin{pmatrix} -2 \\ 0 \end{pmatrix}$的线性组合。

例 3-2-3 零向量是任一向量组$\boldsymbol{\alpha}_1,\boldsymbol{\alpha}_2,\cdots,\boldsymbol{\alpha}_m$的线性组合，因为$\boldsymbol{O}=0\cdot\boldsymbol{\alpha}_1+0\cdot\boldsymbol{\alpha}_2+\cdots+0\cdot\boldsymbol{\alpha}_m$。

例 3-2-4 向量组$\boldsymbol{\alpha}_1,\boldsymbol{\alpha}_2,\cdots,\boldsymbol{\alpha}_m$中任一向量$\boldsymbol{\alpha}_i$都是该向量组的线性组合，因为

$$\boldsymbol{\alpha}_i=0\cdot\boldsymbol{\alpha}_1+\cdots+1\cdot\boldsymbol{\alpha}_i+\cdots+0\cdot\boldsymbol{\alpha}_m\quad(i=1,2,\cdots,m)$$

3.2.2 线性相关与线性无关

齐次线性方程组$\boldsymbol{AX}=\boldsymbol{O}$也可用向量的线性运算表示：

$$x_1\boldsymbol{\alpha}_1+x_2\boldsymbol{\alpha}_2+\cdots+x_n\boldsymbol{\alpha}_n=\boldsymbol{O}$$

其中：

$$\boldsymbol{\alpha}_j=\begin{pmatrix}a_{1j}\\a_{2j}\\\vdots\\a_{mj}\end{pmatrix}\quad(j=1,2,\cdots,n),\quad \boldsymbol{O}=\begin{pmatrix}0\\0\\\vdots\\0\end{pmatrix}$$

因为零向量是任意向量组的线性组合，所以齐次线性方程组一定有零解，即$0\cdot\boldsymbol{\alpha}_1+0\cdot\boldsymbol{\alpha}_2+\cdots+0\cdot\boldsymbol{\alpha}_m=\boldsymbol{O}$总是成立的。而齐次线性方程组$\boldsymbol{AX}=\boldsymbol{O}$是否有非零解的问题就转化为：是否存在一组不全为零的数$x_i=k_i$，使关系式$k_1\boldsymbol{\alpha}_1+k_2\boldsymbol{\alpha}_2+\cdots+k_n\boldsymbol{\alpha}_n=\boldsymbol{O}$成立。

定义 3-2-2 设有n维向量$\boldsymbol{\alpha}_1,\boldsymbol{\alpha}_2,\cdots,\boldsymbol{\alpha}_m$，若存在一组不全为零的数$k_1,k_2,\cdots,k_m$，使得

$$k_1\boldsymbol{\alpha}_1+k_2\boldsymbol{\alpha}_2+\cdots+k_m\boldsymbol{\alpha}_m=\boldsymbol{O}$$

成立，称**向量组$\boldsymbol{\alpha}_1,\boldsymbol{\alpha}_2,\cdots,\boldsymbol{\alpha}_m$线性相关**，否则称**向量组$\boldsymbol{\alpha}_1,\boldsymbol{\alpha}_2,\cdots,\boldsymbol{\alpha}_m$线性无关**。

即仅当数组$k_1,k_2,\cdots,k_m$全为0时，才有$k_1\boldsymbol{\alpha}_1+k_2\boldsymbol{\alpha}_2+\cdots+k_m\boldsymbol{\alpha}_m=\boldsymbol{O}$，这时向量组$\boldsymbol{\alpha}_1,\boldsymbol{\alpha}_2,\cdots,\boldsymbol{\alpha}_m$线性无关。

例如，向量组$\boldsymbol{\alpha}_1=\begin{pmatrix}3\\-6\end{pmatrix},\boldsymbol{\alpha}_2=\begin{pmatrix}-2\\4\end{pmatrix}$线性相关，因为除有关系式$0\boldsymbol{\alpha}_1+0\boldsymbol{\alpha}_2=\boldsymbol{O}$之外，还有关系式$2\boldsymbol{\alpha}_1+3\boldsymbol{\alpha}_2=\boldsymbol{O}$等关系；而向量组$\boldsymbol{\beta}_1=\begin{pmatrix}1\\2\end{pmatrix},\boldsymbol{\beta}_2=\begin{pmatrix}-1\\1\end{pmatrix}$线性无关，因为仅有关系式$0\boldsymbol{\beta}_1+0\boldsymbol{\beta}_2=\boldsymbol{O}$。

一个向量组不是线性相关，就是线性无关，两者必居其一。

注：

(1) 一个零向量线性相关，而一个非零向量线性无关。

因为当$\boldsymbol{\alpha}=\boldsymbol{O}$时，对任意$k\neq0$，都有$k\boldsymbol{\alpha}=\boldsymbol{O}$成立；而当$\boldsymbol{\alpha}\neq\boldsymbol{O}$时，当且仅当$k=0$时，$k\boldsymbol{\alpha}=\boldsymbol{O}$才成立。

(2) 两个n维向量$\boldsymbol{\alpha},\boldsymbol{\beta}$线性相关，当且仅当其对应分量成比例。

因为$\boldsymbol{\alpha},\boldsymbol{\beta}$线性相关等价于存在一组不全为零的数$k_1,k_2$(不妨设$k_2\neq0$)，使得$k_1\boldsymbol{\alpha}+k_2\boldsymbol{\beta}=\boldsymbol{O}$；而$k_1\boldsymbol{\alpha}+k_2\boldsymbol{\beta}=\boldsymbol{O}$等价于$\boldsymbol{\beta}=-\dfrac{k_1}{k_2}\boldsymbol{\alpha}$，也等价于$\boldsymbol{\alpha},\boldsymbol{\beta}$的分量成比例。

(3) 若向量组中有一部分向量(称为部分组)线性相关，则整个向量组线性相关；若向量组线性无关，则其任一部分组皆线性无关。

因为设$\boldsymbol{\alpha}_1,\cdots,\boldsymbol{\alpha}_r,\boldsymbol{\alpha}_{r+1},\cdots,\boldsymbol{\alpha}_m$中的部分组$\boldsymbol{\alpha}_1,\cdots,\boldsymbol{\alpha}_r$线性相关,则存在不全为零的数$k_1,\cdots,k_r$,使得

$$k_1\boldsymbol{\alpha}_1+\cdots+k_r\boldsymbol{\alpha}_r=\boldsymbol{O}$$

因而存在不全为零的数$k_1,\cdots,k_r,0,\cdots,0$,使得

$$k_1\boldsymbol{\alpha}_1+\cdots+k_r\boldsymbol{\alpha}_r+0\boldsymbol{\alpha}_{r+1}+\cdots+0\boldsymbol{\alpha}_m=\boldsymbol{O}$$

成立,即$\boldsymbol{\alpha}_1,\cdots,\boldsymbol{\alpha}_r,\boldsymbol{\alpha}_{r+1},\cdots,\boldsymbol{\alpha}_m$线性相关。

这一结论的第二部分用反证法易证。

(4) 含有零向量的向量组$\boldsymbol{O},\boldsymbol{\alpha}_1,\boldsymbol{\alpha}_2,\cdots,\boldsymbol{\alpha}_m$,线性相关。

因为$k\boldsymbol{O}+0\boldsymbol{\alpha}_1+0\boldsymbol{\alpha}_2+\cdots+0\boldsymbol{\alpha}_m=\boldsymbol{O}$,其中$k\neq0$,所以向量组$\boldsymbol{O},\boldsymbol{\alpha}_1,\boldsymbol{\alpha}_2,\cdots,\boldsymbol{\alpha}_m$线性相关。

例 3-2-5 判断向量组$\boldsymbol{\varepsilon}_1=(1,0,0,\cdots,0)^{\mathrm{T}},\boldsymbol{\varepsilon}_2=(0,1,0,\cdots,0)^{\mathrm{T}},\cdots,\boldsymbol{\varepsilon}_n=(0,0,0,\cdots,1)^{\mathrm{T}}$的线性相关性。

解 设$k_1\boldsymbol{\varepsilon}_1+k_2\boldsymbol{\varepsilon}_2+\cdots+k_n\boldsymbol{\varepsilon}_n=\boldsymbol{O}$,即

$$k_1\begin{pmatrix}1\\0\\\vdots\\0\end{pmatrix}+k_2\begin{pmatrix}0\\1\\\vdots\\0\end{pmatrix}+\cdots+k_n\begin{pmatrix}0\\0\\\vdots\\1\end{pmatrix}=\begin{pmatrix}0\\0\\\vdots\\0\end{pmatrix}$$

也就是

$$\begin{pmatrix}k_1\\k_2\\\vdots\\k_n\end{pmatrix}=\begin{pmatrix}0\\0\\\vdots\\0\end{pmatrix}$$

由此可解得$k_1=0,k_2=0,\cdots,k_n=0$,故$\boldsymbol{\varepsilon}_1,\boldsymbol{\varepsilon}_2,\cdots,\boldsymbol{\varepsilon}_n$线性无关。

例 3-2-6 已知向量组$\boldsymbol{\alpha}_1,\boldsymbol{\alpha}_2,\boldsymbol{\alpha}_3$线性无关,证明向量组$\boldsymbol{\alpha}_1+\boldsymbol{\alpha}_2,\boldsymbol{\alpha}_2+\boldsymbol{\alpha}_3,\boldsymbol{\alpha}_3+\boldsymbol{\alpha}_1$线性无关。

证明 设$k_1(\boldsymbol{\alpha}_1+\boldsymbol{\alpha}_2)+k_2(\boldsymbol{\alpha}_2+\boldsymbol{\alpha}_3)+k_3(\boldsymbol{\alpha}_3+\boldsymbol{\alpha}_1)=\boldsymbol{O}$,则有

$$(k_1+k_3)\boldsymbol{\alpha}_1+(k_1+k_2)\boldsymbol{\alpha}_2+(k_2+k_3)\boldsymbol{\alpha}_3=\boldsymbol{O}$$

因为$\boldsymbol{\alpha}_1,\boldsymbol{\alpha}_2,\boldsymbol{\alpha}_3$线性无关,所以

$$\begin{cases}k_1+k_3=0\\k_1+k_2=0\\k_2+k_3=0\end{cases}$$

即

$$\begin{pmatrix}1&0&1\\1&1&0\\0&1&1\end{pmatrix}\begin{pmatrix}k_1\\k_2\\k_3\end{pmatrix}=\begin{pmatrix}0\\0\\0\end{pmatrix}$$

由于系数行列式$\begin{vmatrix}1&0&1\\1&1&0\\0&1&1\end{vmatrix}=2\neq0$,该齐次方程组只有零解。故向量组$\boldsymbol{\alpha}_1+\boldsymbol{\alpha}_2,\boldsymbol{\alpha}_2+\boldsymbol{\alpha}_3,$

$\boldsymbol{\alpha}_3+\boldsymbol{\alpha}_1$ 线性无关。证毕。

3.2.3 向量间线性关系定理

定理 3-2-1 n 个 n 维向量 $\boldsymbol{\alpha}_i=(a_{i1},a_{i2},\cdots,a_{in})(i=1,2,\cdots,n)$ 线性相关的充分必要条件是行列式

$$\det \boldsymbol{A}=\begin{vmatrix} a_{11} & a_{12} & \cdots & a_{1n} \\ a_{21} & a_{22} & \cdots & a_{2n} \\ \vdots & \vdots & & \vdots \\ a_{n1} & a_{n2} & \cdots & a_{nn} \end{vmatrix}=0$$

证明 向量组 $\boldsymbol{\alpha}_1,\boldsymbol{\alpha}_2,\cdots,\boldsymbol{\alpha}_n$ 的线性相关等价于有一组不全为零的数 $k_1,k_2,\cdots,k_n$，使得

$$k_1\boldsymbol{\alpha}_1+k_2\boldsymbol{\alpha}_2+\cdots+k_n\boldsymbol{\alpha}_n=\boldsymbol{O}$$

即齐次线性方程组 $\begin{cases} a_{11}x_1+a_{12}x_2+\cdots+a_{1n}x_n=0 \\ a_{21}x_1+a_{22}x_2+\cdots+a_{2n}x_n=0 \\ \vdots \\ a_{n1}x_1+a_{n2}x_2+\cdots+a_{nn}x_n=0 \end{cases}$ 有非零解。

而齐次线性方程组有非零解等价于系数行列式

$$\det \boldsymbol{A}^{\mathrm{T}}=\begin{vmatrix} a_{11} & a_{21} & \cdots & a_{n1} \\ a_{12} & a_{22} & \cdots & a_{n2} \\ \vdots & \vdots & & \vdots \\ a_{1n} & a_{2n} & \cdots & a_{nn} \end{vmatrix}=0$$

即 $\det \boldsymbol{A}=\det \boldsymbol{A}^{\mathrm{T}}=0$。证毕。

推论 3-2-1 n 阶方阵 $\boldsymbol{A}$ 的 n 个行(列)向量线性无关的充分必要条件是矩阵 $\boldsymbol{A}$ 为非奇异矩阵，即 $\det \boldsymbol{A}\neq 0$。

例 3-2-7 因为 $\det \boldsymbol{I}_n=1\neq 0$，所以 n 维单位向量组 $\boldsymbol{\varepsilon}_1,\boldsymbol{\varepsilon}_2,\cdots,\boldsymbol{\varepsilon}_n$ 线性无关。

例 3-2-8 讨论向量组 $\boldsymbol{\alpha}_1=(1,1,0)$，$\boldsymbol{\alpha}_2=(0,1,1)$，$\boldsymbol{\alpha}_3=(0,4,1)$ 的线性相关性。

解 因为行列式 $\begin{vmatrix} 1 & 1 & 0 \\ 0 & 1 & 1 \\ 0 & 4 & 1 \end{vmatrix}=-3\neq 0$，所以向量组 $\boldsymbol{\alpha}_1,\boldsymbol{\alpha}_2,\boldsymbol{\alpha}_3$ 线性无关。

定理 3-2-2 向量组 $\boldsymbol{\alpha}_1,\boldsymbol{\alpha}_2,\cdots,\boldsymbol{\alpha}_m$ 线性相关的充分必要条件是向量组中至少有一个向量是其余 $m-1$ 个向量的线性组合。

证明

(1) 必要性。因为向量组 $\boldsymbol{\alpha}_1,\boldsymbol{\alpha}_2,\cdots,\boldsymbol{\alpha}_m$ 线性相关，则必有一组不全为零的数 k_1，$k_2,\cdots,k_m$，使得

$$k_1\boldsymbol{\alpha}_1+k_2\boldsymbol{\alpha}_2+\cdots+k_m\boldsymbol{\alpha}_m=\boldsymbol{O}$$

不妨设 $k_1\neq 0$，于是

$$\boldsymbol{\alpha}_1=\left(-\frac{k_2}{k_1}\right)\boldsymbol{\alpha}_2+\cdots+\left(-\frac{k_m}{k_1}\right)\boldsymbol{\alpha}_m$$

即$\boldsymbol{\alpha}_1$是其余的 $m-1$ 个向量$\boldsymbol{\alpha}_2,\cdots,\boldsymbol{\alpha}_m$的线性组合。

(2) 充分性。不妨设$\boldsymbol{\alpha}_1=k_2\boldsymbol{\alpha}_2+\cdots+k_m\boldsymbol{\alpha}_m$,则有

$$(-1)\boldsymbol{\alpha}_1+k_2\boldsymbol{\alpha}_2+\cdots+k_m\boldsymbol{\alpha}_m=\boldsymbol{O}$$

因为$(-1),k_2,\cdots,k_m$ 不全为零,所以$\boldsymbol{\alpha}_1,\boldsymbol{\alpha}_2,\cdots,\boldsymbol{\alpha}_m$线性相关。

证毕。

定理 3-2-3 若向量组$\boldsymbol{\alpha}_1,\boldsymbol{\alpha}_2,\cdots,\boldsymbol{\alpha}_m,\boldsymbol{\beta}$线性相关,且$\boldsymbol{\alpha}_1,\boldsymbol{\alpha}_2,\cdots,\boldsymbol{\alpha}_m$线性无关,则$\boldsymbol{\beta}$可由$\boldsymbol{\alpha}_1,\boldsymbol{\alpha}_2,\cdots,\boldsymbol{\alpha}_m$线性表示,且表示式唯一。

证明 因为$\boldsymbol{\alpha}_1,\cdots,\boldsymbol{\alpha}_m,\boldsymbol{\beta}$线性相关,所以必存在不全为零的一组数 $k_1,\cdots,k_m,k$,使得

$$k_1\boldsymbol{\alpha}_1+\cdots+k_m\boldsymbol{\alpha}_m+k\boldsymbol{\beta}=\boldsymbol{O}$$

若 $k=0$,则有 $k_1\boldsymbol{\alpha}_1+\cdots+k_m\boldsymbol{\alpha}_m=\boldsymbol{O}$。因为$\boldsymbol{\alpha}_1,\boldsymbol{\alpha}_2,\cdots,\boldsymbol{\alpha}_m$线性无关,可得 $k_1=0,\cdots,k_m=0$,则向量组$\boldsymbol{\alpha}_1,\boldsymbol{\alpha}_2,\cdots,\boldsymbol{\alpha}_m,\boldsymbol{\beta}$线性无关,与已知矛盾。

故 $k\neq0$,从而有$\boldsymbol{\beta}=\left(-\frac{k_1}{k}\right)\boldsymbol{\alpha}_1+\cdots+\left(-\frac{k_m}{k}\right)\boldsymbol{\alpha}_m$。

下面证明表示式唯一。若

$$\boldsymbol{\beta}=k_1\boldsymbol{\alpha}_1+\cdots+k_m\boldsymbol{\alpha}_m,\quad \boldsymbol{\beta}=l_1\boldsymbol{\alpha}_1+\cdots+l_m\boldsymbol{\alpha}_m$$

则有

$$(k_1-l_1)\boldsymbol{\alpha}_1+\cdots+(k_m-l_m)\boldsymbol{\alpha}_m=\boldsymbol{O}$$

因为$\boldsymbol{\alpha}_1,\boldsymbol{\alpha}_2,\cdots,\boldsymbol{\alpha}_m$线性无关,所以

$$k_1-l_1=0,\cdots,k_m-l_m=0$$

即

$$k_1=l_1,\cdots,k_m=l_m$$

所以$\boldsymbol{\beta}$由$\boldsymbol{\alpha}_1,\boldsymbol{\alpha}_2,\cdots,\boldsymbol{\alpha}_m$线性表示的表示式唯一。

证毕。

定义 3-2-3 设有两个向量组:(A) $\boldsymbol{\alpha}_1,\boldsymbol{\alpha}_2,\cdots,\boldsymbol{\alpha}_s$及(B) $\boldsymbol{\beta}_1,\boldsymbol{\beta}_2,\cdots,\boldsymbol{\beta}_t$,如果(A)中每一向量都可由向量组(B)线性表示,则称**向量组(A)可由向量组(B)线性表示**。向量组(A)与向量组(B)可以互相线性表示,则称**向量组(A)与向量组(B)是等价的向量组**。

向量组的等价关系具有以下性质。

(1) 反身性:向量组(A)与向量组(A)自身等价。

(2) 对称性:若向量组(A)与向量组(B)等价,则向量组(B)与向量组(A)等价。

(3) 传递性:若向量组(A)与向量组(B)等价,向量组(B)与向量组(C)等价,则向量组(A)与向量组(C)等价。

定理 3-2-4 若向量组(A)线性无关,且可由向量组(B)线性表示,则 $s\leqslant t$。

推论 3-2-2 若向量组(A)可由向量组(B)线性表示,且 $s>t$,则向量组(A)线性相关。

推论 3-2-3 等价的线性无关的向量组所含向量个数相同。

推论 3-2-4 任意 $n+1$ 个 n 维向量线性相关。

例 3-2-9 判断向量组$\boldsymbol{\alpha}_1=(1,3,2),\boldsymbol{\alpha}_2=(-1,2,1),\boldsymbol{\alpha}_3=(6,-5,4),\boldsymbol{\alpha}_4=(8,7,-6)$的相关性。

解 由推论 3-2-4 可知,4 个 3 维向量一定是线性相关的,所以向量组$\boldsymbol{\alpha}_1,\boldsymbol{\alpha}_2,\boldsymbol{\alpha}_3$,

$\boldsymbol{\alpha}_4$线性相关。

定理 3-2-5　如果向量组$\boldsymbol{\alpha}_1,\boldsymbol{\alpha}_2,\cdots,\boldsymbol{\alpha}_m$线性无关，其中$\boldsymbol{\alpha}_i=(a_{i1},a_{i2},\cdots,a_{in})(i=1,2,\cdots,m)$，那么在每个向量上任意添加一个分量得到的$n+1$维向量组$\boldsymbol{\beta}_1,\boldsymbol{\beta}_2,\cdots,\boldsymbol{\beta}_m$也线性无关。

其中，$\boldsymbol{\beta}_i=(a_{i1},a_{i2},\cdots,a_{in},b_i)(i=1,2,\cdots,m)$，$b_i$可以是任意一个位置的分量。

推论 3-2-5　如果n维向量组$\boldsymbol{\alpha}_1,\boldsymbol{\alpha}_2,\cdots,\boldsymbol{\alpha}_m$线性无关，在每个向量上添加$k$个分量，所得的$m$个$k+n$维向量仍是线性无关的。

习题 3-2

1. 设$\boldsymbol{b}_1=\boldsymbol{a}_1+\boldsymbol{a}_2,\boldsymbol{b}_2=\boldsymbol{a}_2+\boldsymbol{a}_3,\boldsymbol{b}_3=\boldsymbol{a}_3+\boldsymbol{a}_4,\boldsymbol{b}_4=\boldsymbol{a}_4+\boldsymbol{a}_1$，证明向量组$\boldsymbol{b}_1,\boldsymbol{b}_2,\boldsymbol{b}_3,\boldsymbol{b}_4$线性相关。

2. 设$\boldsymbol{b}_1=\boldsymbol{a}_1,\boldsymbol{b}_2=\boldsymbol{a}_1+\boldsymbol{a}_2,\cdots,\boldsymbol{b}_r=\boldsymbol{a}_1+\boldsymbol{a}_2+\cdots+\boldsymbol{a}_r$，且向量组$\boldsymbol{a}_1,\boldsymbol{a}_2,\cdots,\boldsymbol{a}_r$线性无关，证明向量组$\boldsymbol{b}_1,\boldsymbol{b}_2,\cdots,\boldsymbol{b}_r$线性无关。

3. 判定向量组$\boldsymbol{\alpha}_1=(2,-1,0),\boldsymbol{\alpha}_2=(3,4,0),\boldsymbol{\alpha}_3=(0,0,2)$的线性相关性。

4. 讨论向量组$\boldsymbol{\alpha}_1=(a,1,1),\boldsymbol{\alpha}_2=(1,a,-1),\boldsymbol{\alpha}_3=(-1,-1,a)$的线性相关性。

5. 已知$\boldsymbol{\alpha}_1=(1,1,1),\boldsymbol{\alpha}_2=(0,2,5),\boldsymbol{\alpha}_3=(2,4,7)$，讨论向量组$\boldsymbol{\alpha}_1,\boldsymbol{\alpha}_2$及向量组$\boldsymbol{\alpha}_1,\boldsymbol{\alpha}_2,\boldsymbol{\alpha}_3$的线性相关性。

6. 讨论向量组$\boldsymbol{\alpha}_1=(1,1,1),\boldsymbol{\alpha}_2=(1,2,3),\boldsymbol{\alpha}_3=(1,3,t)$的线性相关性。

3.3　向量组的秩

对任意给定的一个n维向量组，在讨论其线性问题时，如何找尽可能少的向量去表示全体向量组呢？这就是本节要讨论的问题。

3.3.1　极大无关组

一个线性相关向量组的部分向量组可能线性无关。

例如，向量组$\boldsymbol{\alpha}_1=\begin{pmatrix}1\\0\end{pmatrix},\boldsymbol{\alpha}_2=\begin{pmatrix}0\\1\end{pmatrix},\boldsymbol{\alpha}_3=\begin{pmatrix}1\\1\end{pmatrix},\boldsymbol{\alpha}_4=\begin{pmatrix}2\\2\end{pmatrix}$中，由一个向量构成的部分组线性无关。由两个向量构成的部分组$\boldsymbol{\alpha}_1,\boldsymbol{\alpha}_2$、$\boldsymbol{\alpha}_1,\boldsymbol{\alpha}_3$、$\boldsymbol{\alpha}_2,\boldsymbol{\alpha}_3$等也是线性无关的，不难验证由三四个向量构成的部分组均线性相关。取部分组$\boldsymbol{\alpha}_1,\boldsymbol{\alpha}_2$，有$\boldsymbol{\alpha}_3=\boldsymbol{\alpha}_1+\boldsymbol{\alpha}_2,\boldsymbol{\alpha}_4=2\boldsymbol{\alpha}_1+2\boldsymbol{\alpha}_2$，即$\boldsymbol{\alpha}_1,\boldsymbol{\alpha}_2,\boldsymbol{\alpha}_3,\boldsymbol{\alpha}_4$中的每个向量都可由$\boldsymbol{\alpha}_1,\boldsymbol{\alpha}_2$线性表示。在一个向量组中具有这样性质的部分组极为重要，为此先给出下面的定义。

定义 3-3-1　若向量组$\boldsymbol{\alpha}_1,\boldsymbol{\alpha}_2,\cdots,\boldsymbol{\alpha}_s$的一个部分组$\boldsymbol{\alpha}_1,\boldsymbol{\alpha}_2,\cdots,\boldsymbol{\alpha}_r(r\leqslant s)$满足：

(1) $\boldsymbol{\alpha}_1,\boldsymbol{\alpha}_2,\cdots,\boldsymbol{\alpha}_r$线性无关；

(2) 在$\boldsymbol{\alpha}_1,\boldsymbol{\alpha}_2,\cdots,\boldsymbol{\alpha}_r$中再添加原向量组中任何一个向量所得到的向量组都线性相关，

则称$\boldsymbol{\alpha}_1,\boldsymbol{\alpha}_2,\cdots,\boldsymbol{\alpha}_r$是向量组$\boldsymbol{\alpha}_1,\boldsymbol{\alpha}_2,\cdots,\boldsymbol{\alpha}_s$的一个**极大无关部分组**，简称**极大无关组**。

注：向量组的极大无关组可能不止一个，如上例中，$\boldsymbol{\alpha}_1,\boldsymbol{\alpha}_2$、$\boldsymbol{\alpha}_1,\boldsymbol{\alpha}_3$都是向量组$\boldsymbol{\alpha}_1,\boldsymbol{\alpha}_2,$

$\boldsymbol{\alpha}_3,\boldsymbol{\alpha}_4$的极大无关组,但它们所含向量的个数相等,都是两个。

全部由零向量构成的向量组没有极大无关组。除此之外,任何一个向量组都存在极大无关组(至少存在一个非零向量组线性无关)。特别地,当向量组线性无关时,其极大无关组就是该向量组本身。

定理 3-3-1 任一向量组与其极大无关组等价。

证明 设向量组$\boldsymbol{\alpha}_1,\boldsymbol{\alpha}_2,\cdots,\boldsymbol{\alpha}_m$中的一个极大无关组为$\boldsymbol{\alpha}_1,\boldsymbol{\alpha}_2,\cdots,\boldsymbol{\alpha}_r$,若 $r=m$ 结论显然成立。

设 $r<m$,显然向量组$\boldsymbol{\alpha}_1,\boldsymbol{\alpha}_2,\cdots,\boldsymbol{\alpha}_r$可由$\boldsymbol{\alpha}_1,\boldsymbol{\alpha}_2,\cdots,\boldsymbol{\alpha}_m$线性表示;另外,由于$\boldsymbol{\alpha}_i$可由向量组$\boldsymbol{\alpha}_1,\boldsymbol{\alpha}_2,\cdots,\boldsymbol{\alpha}_r(i=1,2,\cdots,r)$线性表示,又由于$\boldsymbol{\alpha}_1,\boldsymbol{\alpha}_2,\cdots,\boldsymbol{\alpha}_r$是极大无关组,因此向量组$\boldsymbol{\alpha}_1,\boldsymbol{\alpha}_2,\cdots,\boldsymbol{\alpha}_r,\boldsymbol{\alpha}_j(j=r+1,\cdots,m)$线性相关,可知$\boldsymbol{\alpha}_j$可由$\boldsymbol{\alpha}_1,\boldsymbol{\alpha}_2,\cdots,\boldsymbol{\alpha}_r$线性表示。从而,$\boldsymbol{\alpha}_1,\boldsymbol{\alpha}_2,\cdots,\boldsymbol{\alpha}_m$可由$\boldsymbol{\alpha}_1,\boldsymbol{\alpha}_2,\cdots,\boldsymbol{\alpha}_r$线性表示,故它们等价。证毕。

推论 3-3-1 向量组的任意两个极大无关组等价。

定理 3-3-2 向量组的极大无关组所含向量个数相同。

3.3.2 向量组秩的定义及求法

定义 3-3-2 向量组$\boldsymbol{\alpha}_1,\boldsymbol{\alpha}_2,\cdots,\boldsymbol{\alpha}_m$的极大无关组所含向量的个数,称为**向量组的秩**,记作

$$r(\boldsymbol{\alpha}_1,\boldsymbol{\alpha}_2,\cdots,\boldsymbol{\alpha}_m)$$

特别地,规定:由零向量组成的向量组的秩为零。

由定义知,向量组$\boldsymbol{\alpha}_1,\boldsymbol{\alpha}_2,\cdots,\boldsymbol{\alpha}_m$的秩满足如下不等式:

$$0\leqslant r(\boldsymbol{\alpha}_1,\boldsymbol{\alpha}_2,\cdots,\boldsymbol{\alpha}_m)\leqslant m$$

并且,①$r(\boldsymbol{\alpha}_1,\boldsymbol{\alpha}_2,\cdots,\boldsymbol{\alpha}_m)<m\Leftrightarrow$向量组$\boldsymbol{\alpha}_1,\boldsymbol{\alpha}_2,\cdots,\boldsymbol{\alpha}_m$线性相关;②$r(\boldsymbol{\alpha}_1,\boldsymbol{\alpha}_2,\cdots,\boldsymbol{\alpha}_m)=m\Leftrightarrow$向量组$\boldsymbol{\alpha}_1,\boldsymbol{\alpha}_2,\cdots,\boldsymbol{\alpha}_m$线性无关。

定理 3-3-3 等价的向量组有相同的秩。

任给 m 个 n 维向量$\boldsymbol{\alpha}_1,\boldsymbol{\alpha}_2,\cdots,\boldsymbol{\alpha}_m$,可以得到一个矩阵 $\boldsymbol{A}$:

$$\boldsymbol{A}=\begin{pmatrix}\boldsymbol{\alpha}_1\\ \boldsymbol{\alpha}_2\\ \vdots\\ \boldsymbol{\alpha}_m\end{pmatrix}=\begin{pmatrix}a_{11} & a_{12} & \cdots & a_{1n}\\ a_{21} & a_{22} & \cdots & a_{2n}\\ \vdots & \vdots & & \vdots\\ a_{m1} & a_{m2} & \cdots & a_{mn}\end{pmatrix}$$

或

$$\boldsymbol{A}^{\mathrm{T}}=(\boldsymbol{\alpha}_1,\boldsymbol{\alpha}_2,\cdots,\boldsymbol{\alpha}_m)=\begin{pmatrix}a_{11} & a_{21} & \cdots & a_{m1}\\ a_{12} & a_{22} & \cdots & a_{m2}\\ \vdots & \vdots & & \vdots\\ a_{1n} & a_{2n} & \cdots & a_{mn}\end{pmatrix}$$

从而可得向量组与矩阵的如下关系。

定理 3-3-4 矩阵 $\boldsymbol{A}$ 的秩等于矩阵 $\boldsymbol{A}$ 的行(列)向量组的秩。

一个矩阵行(列)向量组的秩称为该矩阵的**行(列)秩**。

由定理 3-3-3 可得，矩阵的秩、矩阵的行秩、矩阵的列秩相等。因此求向量组的秩，判别向量组是否线性相关都可以利用矩阵的秩确定。

例 3-3-1　求以下向量组的秩。

$$\boldsymbol{\alpha}_1=(2,1,3,-1)^{\mathrm{T}}$$
$$\boldsymbol{\alpha}_2=(3,-1,2,0)^{\mathrm{T}}$$
$$\boldsymbol{\alpha}_3=(1,3,4,-2)^{\mathrm{T}}$$
$$\boldsymbol{\alpha}_4=(4,-3,1,1)^{\mathrm{T}}$$

解　由

$$(\boldsymbol{\alpha}_1,\boldsymbol{\alpha}_2,\boldsymbol{\alpha}_3,\boldsymbol{\alpha}_4)=\begin{pmatrix}2&3&1&4\\1&-1&3&-3\\3&2&4&1\\-1&0&-2&1\end{pmatrix}\xrightarrow{r_1\leftrightarrow r_2}\begin{pmatrix}1&-1&3&-3\\2&3&1&4\\3&2&4&1\\-1&0&-2&1\end{pmatrix}$$

$$\xrightarrow[r_4+r_1]{\substack{r_2-2r_1\\r_3-3r_1}}\begin{pmatrix}1&-1&3&-3\\0&5&-5&10\\0&5&-5&10\\0&-1&1&-2\end{pmatrix}\xrightarrow{r_2\times\frac{1}{5}}\begin{pmatrix}1&-1&3&-3\\0&1&-1&2\\0&5&-5&10\\0&-1&1&-2\end{pmatrix}$$

$$\xrightarrow{\substack{r_3-5r_2\\r_4+r_2}}\begin{pmatrix}1&-1&3&-3\\0&1&-1&2\\0&0&0&0\\0&0&0&0\end{pmatrix}$$

可知，$r(\boldsymbol{\alpha}_1,\boldsymbol{\alpha}_2,\boldsymbol{\alpha}_3,\boldsymbol{\alpha}_4)=2$。

例 3-3-2　讨论向量组$\boldsymbol{\alpha}_1=\begin{pmatrix}1\\3\\2\\0\end{pmatrix}$，$\boldsymbol{\alpha}_2=\begin{pmatrix}-2\\-1\\1\\5\end{pmatrix}$，$\boldsymbol{\alpha}_3=\begin{pmatrix}3\\5\\2\\-4\end{pmatrix}$，$\boldsymbol{\alpha}_4=\begin{pmatrix}-1\\-3\\-2\\5\end{pmatrix}$的线性相关性。

解　由

$$(\boldsymbol{\alpha}_1,\boldsymbol{\alpha}_2,\boldsymbol{\alpha}_3,\boldsymbol{\alpha}_4)=\begin{pmatrix}1&-2&3&-1\\3&-1&5&-3\\2&1&2&-2\\0&5&-4&5\end{pmatrix}\xrightarrow{\substack{r_2-3r_1\\r_3-2r_1}}\begin{pmatrix}1&-2&3&-1\\0&5&-4&0\\0&5&-4&0\\0&5&-4&5\end{pmatrix}$$

$$\xrightarrow{\substack{r_3-r_2\\r_4-r_2}}\begin{pmatrix}1&-2&3&-1\\0&5&-4&0\\0&0&0&0\\0&0&0&5\end{pmatrix}\xrightarrow{r_3\leftrightarrow r_4}\begin{pmatrix}1&-2&3&-1\\0&5&-4&0\\0&0&0&5\\0&0&0&0\end{pmatrix}$$

可知，$r(\boldsymbol{\alpha}_1,\boldsymbol{\alpha}_2,\boldsymbol{\alpha}_3,\boldsymbol{\alpha}_4)=3<4$，所以向量组$\boldsymbol{\alpha}_1,\boldsymbol{\alpha}_2,\boldsymbol{\alpha}_3,\boldsymbol{\alpha}_4$线性相关。

利用矩阵及初等变换可以求向量组的秩、判别向量组的线性相关性、求向量组的极大无关组，以及将其余向量用极大无关组线性表示等。具体方法如下。

（1）将向量组中各向量写成列向量，构成矩阵 $\mathbf{A}=(\boldsymbol{\alpha}_1,\boldsymbol{\alpha}_2,\cdots,\boldsymbol{\alpha}_m)$。

(2) 对所构成的矩阵施行行初等变换,将矩阵转换为行简化阶梯形矩阵。

(3) 在行简化阶梯形矩阵中,每行第一个非零元所在列对应的向量是向量组的一个极大无关组。

(4) 其余列向量均可由极大无关组线性表示。线性表示式的系数就是该向量对应于行简化阶梯形矩阵中列向量的分量。

例 3-3-3 求向量组$\boldsymbol{\alpha}_1=(2\quad 4\quad 2)$,$\boldsymbol{\alpha}_2=(1\quad 1\quad 0)$,$\boldsymbol{\alpha}_3=(2\quad 3\quad 1)$,$\boldsymbol{\alpha}_4=(3\quad 5\quad 2)$的秩及一个极大无关组,并将其余向量用该极大无关组线性表示。

解 以$\boldsymbol{\alpha}_1,\boldsymbol{\alpha}_2,\boldsymbol{\alpha}_3,\boldsymbol{\alpha}_4$为列向量的矩阵的秩,就是该向量组的秩。

$$(\boldsymbol{\alpha}_1,\boldsymbol{\alpha}_2,\boldsymbol{\alpha}_3,\boldsymbol{\alpha}_4)=\begin{pmatrix}2&1&2&3\\4&1&3&5\\2&0&1&2\end{pmatrix}\xrightarrow[r_3-r_1]{r_2-2r_1}\begin{pmatrix}2&1&2&3\\0&-1&-1&-1\\0&-1&-1&-1\end{pmatrix}$$

$$\xrightarrow{r_3-r_2}\begin{pmatrix}2&1&2&3\\0&-1&-1&-1\\0&0&0&0\end{pmatrix}\xrightarrow{r_2\times(-1)}\begin{pmatrix}2&1&2&3\\0&1&1&1\\0&0&0&0\end{pmatrix}$$

$$\xrightarrow{r_1-r_2}\begin{pmatrix}2&0&1&2\\0&1&1&1\\0&0&0&0\end{pmatrix}\xrightarrow{r_1\times\frac{1}{2}}\begin{pmatrix}1&0&\frac{1}{2}&1\\0&1&1&1\\0&0&0&0\end{pmatrix}$$

所以,$r(\boldsymbol{\alpha}_1,\boldsymbol{\alpha}_2,\boldsymbol{\alpha}_3,\boldsymbol{\alpha}_4)=2$,且$\boldsymbol{\alpha}_1,\boldsymbol{\alpha}_2$为其中的一个极大无关组。此外还有

$$\boldsymbol{\alpha}_3=\frac{1}{2}\boldsymbol{\alpha}_1+\boldsymbol{\alpha}_2,\quad \boldsymbol{\alpha}_4=\boldsymbol{\alpha}_1+\boldsymbol{\alpha}_2$$

习题 3-3

1. 计算下列向量组的秩,并判断该向量组是否线性相关。

(1) $\boldsymbol{\alpha}_1=(1,-1,2,3,4)^{\mathrm{T}}$,$\boldsymbol{\alpha}_2=(3,-7,8,9,13)^{\mathrm{T}}$,$\boldsymbol{\alpha}_3=(-1,-3,0,-3,-3)^{\mathrm{T}}$,
$\boldsymbol{\alpha}_4=(1,-9,6,3,6)^{\mathrm{T}}$。

(2) $\boldsymbol{\beta}_1=(1,-3,2,-1)^{\mathrm{T}}$,$\boldsymbol{\beta}_2=(-2,1,5,3)^{\mathrm{T}}$,$\boldsymbol{\beta}_3=(4,-3,7,1)^{\mathrm{T}}$,
$\boldsymbol{\beta}_4=(-1,-11,8,-3)^{\mathrm{T}}$,$\boldsymbol{\beta}_5=(2,-12,30,6)^{\mathrm{T}}$。

2. 设$\boldsymbol{\alpha}_1=(1,2,-1)^{\mathrm{T}}$,$\boldsymbol{\alpha}_2=(2,4,\lambda)^{\mathrm{T}}$,$\boldsymbol{\alpha}_3=(1,\lambda,1)^{\mathrm{T}}$。

(1) λ取何值时,$\boldsymbol{\alpha}_1,\boldsymbol{\alpha}_2,\boldsymbol{\alpha}_3$线性相关? λ取何值时,$\boldsymbol{\alpha}_1,\boldsymbol{\alpha}_2,\boldsymbol{\alpha}_3$线性无关? 为什么?

(2) λ取何值时,$\boldsymbol{\alpha}_3$能由$\boldsymbol{\alpha}_1,\boldsymbol{\alpha}_2$线性表示?

3. 求下列向量组的秩与一个极大线性无关组。

(1) $\boldsymbol{\alpha}_1=(1,1,1,1)^{\mathrm{T}}$,$\boldsymbol{\alpha}_2=(1,1,-1,-1)^{\mathrm{T}}$,$\boldsymbol{\alpha}_3=(1,-1,-1,1)^{\mathrm{T}}$,
$\boldsymbol{\alpha}_4=(-1,-1,-1,1)^{\mathrm{T}}$。

(2) $\boldsymbol{\alpha}_1=(1,-1,2,4)^{\mathrm{T}}$,$\boldsymbol{\alpha}_2=(0,3,1,2)^{\mathrm{T}}$,$\boldsymbol{\alpha}_3=(3,0,7,14)^{\mathrm{T}}$,$\boldsymbol{\alpha}_4=(1,-1,2,0)^{\mathrm{T}}$,
$\boldsymbol{\alpha}_5=(2,1,5,6)^{\mathrm{T}}$。

3.4 线性方程组解的结构

在方程组有解的情况下，特别是无穷多解的情况下，如何去求解？这些解之间有怎样的内在关系？如何去表述这些解？这就是本节要讨论的方程组解的结构问题。

3.4.1 齐次线性方程组解的结构

齐次线性方程组

$$\begin{cases} a_{11}x_1 + a_{12}x_2 + \cdots + a_{1n}x_n = 0 \\ a_{21}x_1 + a_{22}x_2 + \cdots + a_{2n}x_n = 0 \\ \vdots \\ a_{m1}x_1 + a_{m2}x_2 + \cdots + a_{mn}x_n = 0 \end{cases}$$

的矩阵形式为 $\boldsymbol{AX}=\boldsymbol{O}$，其中：

$$\boldsymbol{A} = \begin{bmatrix} a_{11} & a_{12} & \cdots & a_{1n} \\ a_{21} & a_{22} & \cdots & a_{2n} \\ \vdots & \vdots & & \vdots \\ a_{m1} & a_{m2} & \cdots & a_{mn} \end{bmatrix}, \quad \boldsymbol{X} = \begin{bmatrix} x_1 \\ x_2 \\ \vdots \\ x_n \end{bmatrix}, \quad \boldsymbol{O} = \begin{bmatrix} 0 \\ 0 \\ \vdots \\ 0 \end{bmatrix}$$

它的解具有下述性质。

(1) 若 $\boldsymbol{X}_1,\boldsymbol{X}_2$ 是齐次线性方程组 $\boldsymbol{AX}=\boldsymbol{O}$ 的解，则 $\boldsymbol{X}_1+\boldsymbol{X}_2$ 也是方程组 $\boldsymbol{AX}=\boldsymbol{O}$ 的解。

证明 因为 $\boldsymbol{X}_1,\boldsymbol{X}_2$ 是齐次线性方程组 $\boldsymbol{AX}=\boldsymbol{O}$ 的解，即 $\boldsymbol{AX}_1=\boldsymbol{O},\boldsymbol{AX}_2=\boldsymbol{O}$，则

$$\boldsymbol{A}(\boldsymbol{X}_1+\boldsymbol{X}_2) = \boldsymbol{AX}_1 + \boldsymbol{AX}_2 = \boldsymbol{O}+\boldsymbol{O} = \boldsymbol{O}$$

所以，$\boldsymbol{X}_1+\boldsymbol{X}_2$ 是方程组 $\boldsymbol{AX}=\boldsymbol{O}$ 的解。证毕。

(2) 若 $\boldsymbol{X}_1$ 是齐次线性方程组 $\boldsymbol{AX}=\boldsymbol{O}$ 的解，c 是任意常数，则 $c\boldsymbol{X}_1$ 也是方程组 $\boldsymbol{AX}=\boldsymbol{O}$ 的解。

证明 因为 $\boldsymbol{X}_1$ 是齐次线性方程组 $\boldsymbol{AX}=\boldsymbol{O}$ 的解，即 $\boldsymbol{AX}_1=\boldsymbol{O}$，则

$$\boldsymbol{A}(c\boldsymbol{X}_1) = c\boldsymbol{AX}_1 = c\boldsymbol{O} = \boldsymbol{O}$$

所以 $c\boldsymbol{X}_1$ 是方程 $\boldsymbol{AX}=\boldsymbol{O}$ 的解。证毕。

(3) 若 $\boldsymbol{X}_1,\boldsymbol{X}_2,\cdots,\boldsymbol{X}_m$ 是齐次线性方程组 $\boldsymbol{AX}=\boldsymbol{O}$ 的解，则其线性组合 $k_1\boldsymbol{X}_1+k_2\boldsymbol{X}_2+\cdots+k_m\boldsymbol{X}_m$ 也是方程组 $\boldsymbol{AX}=\boldsymbol{O}$ 的解，其中 $k_i(i=1,2,\cdots,m)$是任意常数。

由以上性质知，齐次线性方程组 $\boldsymbol{AX}=\boldsymbol{O}$ 的解的任意线性组合仍是它的解。因此，当方程组 $\boldsymbol{AX}=\boldsymbol{O}$ 有非零解时，则必有无穷多个解，这无穷多个解构成了方程组 $\boldsymbol{AX}=\boldsymbol{O}$ 的解向量组。如果能够求出解向量组的一个极大无关组，则方程组 $\boldsymbol{AX}=\boldsymbol{O}$ 的全部解就可由该极大无关组线性表示，由此引出基础解系的概念。

定义 3-4-1 如果 $\boldsymbol{X}_1,\boldsymbol{X}_2,\cdots,\boldsymbol{X}_s$ 是齐次线性方程组 $\boldsymbol{AX}=\boldsymbol{O}$ 的解向量组的一个极大无关组，则称 $\boldsymbol{X}_1,\boldsymbol{X}_2,\cdots,\boldsymbol{X}_s$ 是方程组 $\boldsymbol{AX}=\boldsymbol{O}$ 的一个基础解系。

定理 3-4-1 如果齐次线性方程组 $\boldsymbol{AX}=\boldsymbol{O}$ 有非零解，则它一定有基础解系，并且基础解系所含解向量的个数等于 $n-r$，其中 $r(\boldsymbol{A})=r<n$，n 是未知量的个数。

证明 设 $r(\boldsymbol{A})=r$,不妨设 $\boldsymbol{A}$ 的前 r 列向量线性无关,于是 $\boldsymbol{A}$ 经过初等行变换化为的行最简形矩阵为

$$\begin{pmatrix} 1 & \cdots & 0 & b_{11} & \cdots & b_{1,n-r} \\ \vdots & & \vdots & \vdots & & \vdots \\ 0 & \cdots & 1 & b_{r1} & \cdots & b_{r,n-r} \\ 0 & & & \cdots & & 0 \\ \vdots & & & & & \vdots \\ 0 & & & \cdots & & 0 \end{pmatrix}$$

对应的同解方程组为

$$\begin{cases} x_1 = -b_{11}x_{r+1} - \cdots - b_{1,n-r}x_n \\ \vdots \\ x_r = -b_{r1}x_{r+1} - \cdots - b_{r,n-r}x_n \end{cases} \tag{3-4-1}$$

取

$$\begin{pmatrix} x_{r+1} \\ x_{r+2} \\ \vdots \\ x_n \end{pmatrix} = \begin{pmatrix} 1 \\ 0 \\ \vdots \\ 0 \end{pmatrix}, \begin{pmatrix} 0 \\ 1 \\ \vdots \\ 0 \end{pmatrix}, \cdots, \begin{pmatrix} 0 \\ 0 \\ \vdots \\ 1 \end{pmatrix}$$

由方程组(3-4-1)得

$$\begin{pmatrix} x_1 \\ \vdots \\ x_r \end{pmatrix} = \begin{pmatrix} -b_{11} \\ \vdots \\ -b_{r1} \end{pmatrix}, \begin{pmatrix} -b_{12} \\ \vdots \\ -b_{r2} \end{pmatrix}, \begin{pmatrix} -b_{1,n-r} \\ \vdots \\ -b_{r,n-r} \end{pmatrix}$$

从而得方程组 $\boldsymbol{AX}=\boldsymbol{O}$ 的 $n-r$ 个解:

$$\boldsymbol{X}_1 = \begin{pmatrix} -b_{11} \\ \vdots \\ -b_{r1} \\ 1 \\ 0 \\ \vdots \\ 0 \end{pmatrix}, \boldsymbol{X}_2 = \begin{pmatrix} -b_{12} \\ \vdots \\ -b_{r2} \\ 0 \\ 1 \\ \vdots \\ 0 \end{pmatrix}, \cdots, \boldsymbol{X}_{n-r} = \begin{pmatrix} -b_{1,n-r} \\ \vdots \\ -b_{r,n-r} \\ 0 \\ 0 \\ \vdots \\ 1 \end{pmatrix}$$

下面证明 $\boldsymbol{X}_1,\boldsymbol{X}_2,\cdots,\boldsymbol{X}_{n-r}$ 就是方程组 $\boldsymbol{AX}=\boldsymbol{O}$ 的解向量组的基础解系。

首先,由于 $\begin{pmatrix} 1 \\ 0 \\ \vdots \\ 0 \end{pmatrix}, \begin{pmatrix} 0 \\ 1 \\ \vdots \\ 0 \end{pmatrix}, \cdots, \begin{pmatrix} 0 \\ 0 \\ \vdots \\ 1 \end{pmatrix}$ 线性无关,所以在每个向量的前面添加 r 个分量得到的 $n-r$ 个 n 维向量 $\boldsymbol{X}_1,\boldsymbol{X}_2,\cdots,\boldsymbol{X}_{n-r}$ 也线性无关。

其次,方程组 $\boldsymbol{AX}=\boldsymbol{O}$ 的任一解

$$\boldsymbol{X}=\begin{pmatrix}\lambda_1\\ \vdots\\ \lambda_r\\ \lambda_{r+1}\\ \vdots\\ \lambda_n\end{pmatrix}$$

应该满足方程组(3-4-1)，即

$$\begin{cases}\lambda_1=-b_{11}\lambda_{r+1}-\cdots-b_{1,n-r}\lambda_n\\ \lambda_2=-b_{21}\lambda_{r+1}-\cdots-b_{2,n-r}\lambda_n\\ \vdots\\ \lambda_r=-b_{r1}\lambda_{r+1}-\cdots-b_{r,n-r}\lambda_n\end{cases}$$

于是，$\boldsymbol{X}$ 可表示为

$$\boldsymbol{X}=\begin{pmatrix}-b_{11}\lambda_{r+1} & \cdots & -b_{1,n-r}\lambda_n\\ -b_{21}\lambda_{r+1} & \cdots & -b_{2,n-r}\lambda_n\\ \vdots & & \vdots\\ -b_{r1}\lambda_{r+1} & \cdots & -b_{r,n-r}\lambda_n\\ \lambda_{r+1} & & \vdots\\ & & \lambda_n\end{pmatrix}=\lambda_{r+1}\begin{pmatrix}-b_{11}\\ -b_{21}\\ \vdots\\ -b_{r1}\\ 1\\ 0\\ \vdots\\ 0\end{pmatrix}+\lambda_{r+2}\begin{pmatrix}-b_{12}\\ -b_{22}\\ \vdots\\ -b_{r2}\\ 0\\ 1\\ \vdots\\ 0\end{pmatrix}+\cdots+\lambda_n\begin{pmatrix}-b_{1,n-r}\\ -b_{2,n-r}\\ \vdots\\ -b_{r,n-r}\\ 0\\ 0\\ \vdots\\ 1\end{pmatrix}$$

$$=\lambda_{r+1}X_1+\lambda_{r+2}X_2+\cdots+\lambda_nX_{n-r}$$

因此，方程组 $\boldsymbol{AX}=\boldsymbol{O}$ 的任一解都可由 $\boldsymbol{X}_1,\boldsymbol{X}_2,\cdots,\boldsymbol{X}_{n-r}$ 线性表示。即 $\boldsymbol{X}_1,\boldsymbol{X}_2,\cdots,\boldsymbol{X}_{n-r}$ 就是方程组 $\boldsymbol{AX}=\boldsymbol{O}$ 的一个基础解系，且方程组 $\boldsymbol{AX}=\boldsymbol{O}$ 的全部解(又称通解)为

$$c_1\boldsymbol{X}_1+c_2\boldsymbol{X}_2+\cdots+c_{n-r}\boldsymbol{X}_{n-r}\quad(c_1,c_2,\cdots,c_{n-r}\text{ 是任意常数})$$

证毕。

此定理的证明给出了求齐次线性方程组的基础解系及全部解的方法。

例 3-4-1　解齐次线性方程组

$$\begin{cases}2x_1-x_2+3x_3=0\\ 4x_1+2x_2+5x_3=0\\ 2x_1+5x_3=0\end{cases}$$

解　对系数矩阵 $\boldsymbol{A}$ 进行一系列初等行变换：

$$\boldsymbol{A}=\begin{pmatrix}2 & -1 & 3\\ 4 & 2 & 5\\ 2 & 0 & 5\end{pmatrix}\xrightarrow[r_3-r_1]{r_2-2r_1}\begin{pmatrix}2 & -1 & 3\\ 0 & 4 & -1\\ 0 & 1 & 2\end{pmatrix}\xrightarrow{r_2\leftrightarrow r_3}\begin{pmatrix}2 & -1 & 3\\ 0 & 1 & 2\\ 0 & 4 & -1\end{pmatrix}$$

$$\xrightarrow{r_3-4r_2}\begin{pmatrix}2 & -1 & 3\\ 0 & 1 & 2\\ 0 & 0 & -9\end{pmatrix}\xrightarrow{r_3\times\left(-\frac{1}{9}\right)}\begin{pmatrix}2 & -1 & 3\\ 0 & 1 & 2\\ 0 & 0 & 1\end{pmatrix}\xrightarrow[r_2-2r_3]{r_1-3r_3}\begin{pmatrix}2 & -1 & 0\\ 0 & 1 & 0\\ 0 & 0 & 1\end{pmatrix}$$

$$\xrightarrow{r_1+r_2}\begin{pmatrix}2&0&0\\0&1&0\\0&0&1\end{pmatrix}\xrightarrow{r_1\times\frac{1}{2}}\begin{pmatrix}1&0&0\\0&1&0\\0&0&1\end{pmatrix}$$

易见原方程组只有零解,即

$$\begin{cases}x_1=0\\x_2=0\\x_3=0\end{cases}$$

为原方程组的解。

例 3-4-2 解齐次线性方程组

$$\begin{cases}x_1+x_2+x_3+x_4+x_5=0\\3x_1+2x_2+x_3+x_4-3x_5=0\\x_2+2x_3+2x_4+6x_5=0\\5x_1+4x_2+3x_3+3x_4-x_5=0\end{cases}$$

的基础解系与通解。

解 对系数矩阵 $\boldsymbol{A}$ 进行一系列初等行变换:

$$\boldsymbol{A}=\begin{pmatrix}1&1&1&1&1\\3&2&1&1&-3\\0&1&2&2&6\\5&4&3&3&-1\end{pmatrix}\xrightarrow[r_4-5r_1]{r_2-3r_1}\begin{pmatrix}1&1&1&1&1\\0&-1&-2&-2&-6\\0&1&2&2&6\\0&-1&-2&-2&-6\end{pmatrix}$$

$$\xrightarrow[\substack{r_4-r_2\\r_2\times(-1)}]{r_3+r_2}\begin{pmatrix}1&1&1&1&1\\0&1&2&2&6\\0&0&0&0&0\\0&0&0&0&0\end{pmatrix}\xrightarrow{r_1-r_2}\begin{pmatrix}1&0&-1&-1&-5\\0&1&2&2&6\\0&0&0&0&0\\0&0&0&0&0\end{pmatrix}$$

因为 $r(\boldsymbol{A})=2<5$,方程组有非零解(其中有 $5-2=3$ 个自由未知量)。对应的方程组为

$$\begin{cases}x_1-x_3-x_4-5x_5=0\\x_2+2x_3+2x_4+6x_5=0\end{cases}$$

选取 x_3,x_4,x_5 为自由未知量,得原方程组的同解方程组为

$$\begin{cases}x_1=x_3+x_4+5x_5\\x_2=-2x_3-2x_4-6x_5\end{cases}$$

取 $(x_3,x_4,x_5)^{\mathrm{T}}$ 分别为 $(1,0,0)^{\mathrm{T}},(0,1,0)^{\mathrm{T}},(0,0,1)^{\mathrm{T}}$ 得到原方程组的一个基础解系为

$$\boldsymbol{X}_1=\begin{pmatrix}1\\-2\\1\\0\\0\end{pmatrix},\quad\boldsymbol{X}_2=\begin{pmatrix}1\\-2\\0\\1\\0\end{pmatrix},\quad\boldsymbol{X}_3=\begin{pmatrix}5\\-6\\0\\0\\1\end{pmatrix}$$

通解为

$$\boldsymbol{X}=c_1\boldsymbol{X}_1+c_2\boldsymbol{X}_2+c_3\boldsymbol{X}_3=c_1\begin{pmatrix}1\\-2\\1\\0\\0\end{pmatrix}+c_2\begin{pmatrix}1\\-2\\0\\1\\0\end{pmatrix}+c_3\begin{pmatrix}5\\-6\\0\\0\\1\end{pmatrix}\quad(c_1,c_2,c_3\text{ 为任意常数})$$

3.4.2　非齐次线性方程组解的结构

非齐次线性方程组

$$\begin{cases}a_{11}x_1+a_{12}x_2+\cdots+a_{1n}x_n=b_1\\a_{21}x_1+a_{22}x_2+\cdots+a_{2n}x_n=b_2\\\vdots\\a_{m1}x_1+a_{m2}x_2+\cdots+a_{mn}x_n=b_m\end{cases}$$

的矩阵形式为 $\boldsymbol{AX}=\boldsymbol{b}$。其中：

$$\boldsymbol{A}=\begin{pmatrix}a_{11}&a_{12}&\cdots&a_{1n}\\a_{21}&a_{22}&\cdots&a_{2n}\\\vdots&\vdots&&\vdots\\a_{m1}&a_{m2}&\cdots&a_{mn}\end{pmatrix},\quad \boldsymbol{X}=\begin{pmatrix}x_1\\x_2\\\vdots\\x_n\end{pmatrix},\quad \boldsymbol{b}=\begin{pmatrix}b_1\\b_2\\\vdots\\b_m\end{pmatrix}\neq\boldsymbol{O}$$

将 $\boldsymbol{b}$ 改为 $\boldsymbol{O}$ 时，得到相应的齐次线性方程组 $\boldsymbol{AX}=\boldsymbol{O}$ 称之为非齐次线性方程组 $\boldsymbol{AX}=\boldsymbol{b}$ 的导出组。非齐次线性方程组的解与其导出组的解有着密切的关系。

(1) 如果 $\boldsymbol{X}_1,\boldsymbol{X}_2$ 是非齐次线性方程组 $\boldsymbol{AX}=\boldsymbol{b}$ 的两个解，则 $\boldsymbol{X}_1-\boldsymbol{X}_2$ 是其导出组的解。

证明　因为 $\boldsymbol{X}_1,\boldsymbol{X}_2$ 是非齐次线性方程组 $\boldsymbol{AX}=\boldsymbol{b}$ 的解，即 $\boldsymbol{AX}_1=\boldsymbol{b},\boldsymbol{AX}_2=\boldsymbol{b}$，则

$$\boldsymbol{A}(\boldsymbol{X}_1-\boldsymbol{X}_2)=\boldsymbol{AX}_1-\boldsymbol{AX}_2=\boldsymbol{b}-\boldsymbol{b}=\boldsymbol{O}$$

所以 $\boldsymbol{X}_1-\boldsymbol{X}_2$ 是其导出组 $\boldsymbol{AX}=\boldsymbol{O}$ 的解。证毕。

(2) 如果 $\boldsymbol{X}_1$ 是非齐次线性方程组 $\boldsymbol{AX}=\boldsymbol{b}$ 的解，$\boldsymbol{X}_0$ 是其导出组的解，则 $\boldsymbol{X}_1+\boldsymbol{X}_0$ 是方程组 $\boldsymbol{AX}=\boldsymbol{b}$ 的解。

证明　因为 $\boldsymbol{X}_1$ 是非齐次线性方程组 $\boldsymbol{AX}=\boldsymbol{b}$ 的解，$\boldsymbol{X}_0$ 是其导出组的解，即

$$\boldsymbol{AX}_1=\boldsymbol{b},\quad \boldsymbol{AX}_0=\boldsymbol{O}$$

则

$$\boldsymbol{A}(\boldsymbol{X}_1+\boldsymbol{X}_0)=\boldsymbol{AX}_1+\boldsymbol{AX}_0=\boldsymbol{b}+\boldsymbol{O}=\boldsymbol{b}$$

所以 $\boldsymbol{X}_1+\boldsymbol{X}_0$ 是方程组 $\boldsymbol{AX}=\boldsymbol{b}$ 的解。证毕。

定理 3-4-2　非齐次线性方程组 $\boldsymbol{AX}=\boldsymbol{b}$ 的任一个解 $\boldsymbol{X}$ 都可以表示成

$$\boldsymbol{X}=\boldsymbol{X}^*+\boldsymbol{X}_0$$

其中，$\boldsymbol{X}_0$ 是导出组 $\boldsymbol{AX}=\boldsymbol{O}$ 的全部解，$\boldsymbol{X}^*$ 是非齐次线性方程组 $\boldsymbol{AX}=\boldsymbol{b}$ 一个解（通常称 $\boldsymbol{X}^*$ 是 $\boldsymbol{AX}=\boldsymbol{b}$ 的特解）。

证明　设 $\boldsymbol{X}$ 是非齐次线性方程组 $\boldsymbol{AX}=\boldsymbol{b}$ 的任一个解，显然

$$\boldsymbol{X}=\boldsymbol{X}^*+(\boldsymbol{X}-\boldsymbol{X}^*)$$

由性质(2)知，$\boldsymbol{X}-\boldsymbol{X}^*$ 是其导出组的一个解。令

$$\boldsymbol{X}_0=\boldsymbol{X}-\boldsymbol{X}^*$$

则

$$\boldsymbol{X}=\boldsymbol{X}^*+\boldsymbol{X}_0$$

证毕。

定理 3-4-2 说明了非齐次线性方程组的任一个解都可以表示成本身的一个特解与其导出组的解的和,为了找出一线性方程组的全部解,只要找出它的一个特解以及它的导出组的全部解就行。导出组是一个齐次线性方程组,一个齐次线性方程组的解的全体可以用基础解系来表示。因此,根据定理可以用导出组的基础解系来表示出一般线性方程组的一般解。如果 $\boldsymbol{X}^*$ 是线性方程组 $\boldsymbol{AX}=\boldsymbol{b}$ 的一个特解,$\boldsymbol{X}_1,\boldsymbol{X}_2,\cdots,\boldsymbol{X}_{n-r}$ 是其导出组的一个基础解系,那么 $\boldsymbol{AX}=\boldsymbol{b}$ 的任一个解 $\boldsymbol{X}$ 都可以表示为

$$\boldsymbol{X}=\boldsymbol{X}^*+c_1\boldsymbol{X}_1+c_2\boldsymbol{X}_2+\cdots+c_{n-r}\boldsymbol{X}_{n-r}\quad(c_1,c_2,\cdots,c_{n-r}\text{ 是任意常数})$$

其中,n 为未知量的个数,r 为系数矩阵的秩。

推论 3-4-1 在线性方程组 $\boldsymbol{AX}=\boldsymbol{b}$ 有解的条件下,解是唯一的充要条件是它的导出组 $\boldsymbol{AX}=\boldsymbol{O}$ 只有零解。

例 3-4-3 解线性方程组 $\begin{cases}x_1+x_2+x_3=1\\-x_1+2x_2-4x_3=2\\2x_1+5x_2-x_3=3\end{cases}$。

解 利用初等行变换,将方程组的增广矩阵$(\boldsymbol{A}\quad\boldsymbol{b})$转换为阶梯形矩阵,再求解。即

$$(\boldsymbol{A}\quad\boldsymbol{b})=\begin{pmatrix}1&1&1&1\\-1&2&-4&2\\2&5&-1&3\end{pmatrix}\xrightarrow[r_3-2r_1]{r_2+r_1}\begin{pmatrix}1&1&1&1\\0&3&-3&3\\0&3&-3&1\end{pmatrix}\xrightarrow{r_3-r_2}\begin{pmatrix}1&1&1&1\\0&3&-3&3\\0&0&0&-2\end{pmatrix}$$

易见 $r(\boldsymbol{A})=2<r(\boldsymbol{A}\quad\boldsymbol{b})=3$,所以原方程组无解。

例 3-4-4 解线性方程组 $\begin{cases}x_1+2x_2-3x_3=4\\2x_1+3x_2-5x_3=7\\4x_1+3x_2-9x_3=9\\2x_1+5x_2-8x_3=8\end{cases}$。

解 利用初等行变换,将方程组的增广矩阵$(\boldsymbol{A}\quad\boldsymbol{b})$转换为阶梯形矩阵,再求解。即

$$(\boldsymbol{A}\quad\boldsymbol{b})=\begin{pmatrix}1&2&-3&4\\2&3&-5&7\\4&3&-9&9\\2&5&-8&8\end{pmatrix}\xrightarrow[r_4-2r_1]{\substack{r_2-2r_1\\r_3-4r_1}}\begin{pmatrix}1&2&-3&4\\0&-1&1&-1\\0&-5&3&-7\\0&1&-2&0\end{pmatrix}$$

$$\xrightarrow[r_4+r_2]{r_3-5r_2}\begin{pmatrix}1&2&-3&4\\0&-1&1&-1\\0&0&-2&-2\\0&0&-1&-1\end{pmatrix}\xrightarrow{r_3\times\left(-\frac{1}{2}\right)}\begin{pmatrix}1&2&-3&4\\0&-1&1&-1\\0&0&1&1\\0&0&-1&-1\end{pmatrix}$$

$$\xrightarrow{r_4+r_3}\begin{pmatrix}1&2&-3&4\\0&-1&1&-1\\0&0&1&1\\0&0&0&0\end{pmatrix}\xrightarrow[r_2-r_3]{r_1+3r_3}\begin{pmatrix}1&2&0&7\\0&-1&0&-2\\0&0&1&1\\0&0&0&0\end{pmatrix}$$

$$\xrightarrow{r_2\times(-1)}\begin{pmatrix}1&2&0&7\\0&1&0&2\\0&0&1&1\\0&0&0&0\end{pmatrix}\xrightarrow{r_1-2r_2}\begin{pmatrix}1&0&0&3\\0&1&0&2\\0&0&1&1\\0&0&0&0\end{pmatrix}$$

易见 $r(\boldsymbol{A})=r(\boldsymbol{A}\quad \boldsymbol{b})=3=n$，所以原方程组有唯一解为

$$\boldsymbol{X}=\begin{pmatrix}x_1\\x_2\\x_3\end{pmatrix}=\begin{pmatrix}3\\2\\1\end{pmatrix}$$

例 3-4-5　解方程组 $\begin{cases}x_1-x_2-x_3+x_4=0\\x_1-x_2+x_3-3x_4=1\\x_1-x_2-2x_3+3x_4=-\dfrac{1}{2}\end{cases}$。

解　利用初等行变换，将方程组的增广矩阵 $(\boldsymbol{A}\quad \boldsymbol{b})$ 转换为阶梯形矩阵，再求解。即

$$(\boldsymbol{A}\quad \boldsymbol{b})=\begin{pmatrix}1&-1&-1&1&0\\1&-1&1&-3&1\\1&-1&-2&3&-\dfrac{1}{2}\end{pmatrix}\xrightarrow[r_3-r_1]{r_2-r_1}\begin{pmatrix}1&-1&-1&1&0\\0&0&2&-4&1\\0&0&-1&2&-\dfrac{1}{2}\end{pmatrix}$$

$$\xrightarrow{r_2\times\frac{1}{2}}\begin{pmatrix}1&-1&-1&1&0\\0&0&1&-2&\dfrac{1}{2}\\0&0&-1&2&-\dfrac{1}{2}\end{pmatrix}\xrightarrow[r_3+r_2]{r_1+r_2}\begin{pmatrix}1&-1&0&-1&\dfrac{1}{2}\\0&0&1&-2&\dfrac{1}{2}\\0&0&0&0&0\end{pmatrix}$$

易见 $r(\boldsymbol{A})=r(\boldsymbol{A}\quad \boldsymbol{b})=2<4$，所以原方程组有无穷多解，且原方程组的一般解为

$$\begin{cases}x_1=x_2+x_4+\dfrac{1}{2}\\x_3=2x_4+\dfrac{1}{2}\end{cases}$$

取 $(x_2,x_4)^{\mathrm{T}}$ 为 $(0,0)^{\mathrm{T}}$，得方程组的一个解为

$$\boldsymbol{X}^*=\left(\frac{1}{2},0,\frac{1}{2},0\right)^{\mathrm{T}}$$

对应导出方程组的一般解为

$$\begin{cases}x_1=x_2+x_4\\x_3=2x_4\end{cases}$$

取 $(x_2,x_4)^{\mathrm{T}}$ 分别为 $(1,0)^{\mathrm{T}},(0,1)^{\mathrm{T}}$，得导出方程组的一个基础解系为

$$\boldsymbol{X}_1=\begin{pmatrix}1\\1\\0\\0\end{pmatrix},\quad \boldsymbol{X}_2=\begin{pmatrix}1\\0\\2\\1\end{pmatrix}$$

从而求得原方程组的通解为

$$\begin{pmatrix}x_1\\x_2\\x_3\\x_4\end{pmatrix}=\begin{pmatrix}\dfrac{1}{2}\\0\\\dfrac{1}{2}\\0\end{pmatrix}+c_1\begin{pmatrix}1\\1\\0\\0\end{pmatrix}+c_2\begin{pmatrix}1\\0\\2\\1\end{pmatrix}$$

其中,c_1,c_2 为任意常数。

可以把原方程组的一般解改写为

$$\begin{cases} x_1 = x_2 + x_4 + \dfrac{1}{2} \\ x_2 = x_2 + 0x_4 + 0 \\ x_3 = 0x_2 + 2x_4 + \dfrac{1}{2} \\ x_4 = 0x_2 + x_4 + 0 \end{cases}$$

即

$$\begin{pmatrix} x_1 \\ x_2 \\ x_3 \\ x_4 \end{pmatrix} = \begin{pmatrix} 1 \\ 1 \\ 0 \\ 0 \end{pmatrix} x_2 + \begin{pmatrix} 1 \\ 0 \\ 2 \\ 1 \end{pmatrix} x_4 + \begin{pmatrix} \dfrac{1}{2} \\ 0 \\ \dfrac{1}{2} \\ 0 \end{pmatrix}$$

从而求得原方程组的通解为

$$\begin{pmatrix} x_1 \\ x_2 \\ x_3 \\ x_4 \end{pmatrix} = \begin{pmatrix} \dfrac{1}{2} \\ 0 \\ \dfrac{1}{2} \\ 0 \end{pmatrix} + c_1 \begin{pmatrix} 1 \\ 1 \\ 0 \\ 0 \end{pmatrix} + c_2 \begin{pmatrix} 1 \\ 0 \\ 2 \\ 1 \end{pmatrix}$$

其中,c_1,c_2 为任意常数。

习题 3-4

1. 求下列齐次线性方程组的一个基础解系,并用基础解系表示出全部解。

(1) $\begin{cases} x_1 + x_2 - x_3 - x_4 = 0 \\ 2x_1 - 5x_2 + 3x_3 + 2x_4 = 0 \\ 7x_1 - 7x_2 + 3x_3 + x_4 = 0 \end{cases}$

(2) $\begin{cases} x_1 + x_2 + x_3 + 4x_4 - 3x_5 = 0 \\ 2x_1 + x_2 + 3x_3 + 5x_4 - 5x_5 = 0 \\ x_1 - x_2 + 3x_3 - 2x_4 - x_5 = 0 \\ 3x_1 + x_2 + 5x_3 + 6x_4 - 7x_5 = 0 \end{cases}$

2. 求解下列方程组。

(1) $\begin{cases} x_1 + x_2 + x_3 + x_4 + x_5 = 7 \\ 3x_1 + x_2 + 2x_3 + x_4 - 3x_5 = -2 \\ 2x_2 + x_3 + 2x_4 + 6x_5 = 23 \\ 8x_1 + 3x_2 + 4x_3 + 3x_4 - x_5 = 4 \end{cases}$

(2) $\begin{cases} x_1 + x_2 + x_3 + x_4 + x_5 = 2 \\ 2x_1 + 3x_2 + x_3 + x_4 - 3x_5 = 0 \\ x_1 + 2x_3 + 2x_4 + 6x_5 = 6 \\ 4x_1 + 5x_2 + 3x_3 + 3x_4 - x_5 = 4 \end{cases}$

(3) $\begin{cases} x_1 + 2x_2 - x_3 + 3x_4 = 2 \\ 2x_1 + 4x_2 - 2x_3 + 5x_4 = 1 \\ -x_1 - 2x_2 + x_3 - x_4 = 4 \end{cases}$

第4章

相似矩阵及二次型

4.1 向量的内积、长度及正交性

4.1.1 向量的内积

用 R^n 表示 n 维行向量空间，即

$$R^n = \{\boldsymbol{x} = (x_1, x_2, \cdots, x_n) \mid \forall x_i \in R\}$$

定义 4-1-1 两个 n 维行向量 $\boldsymbol{x}=(x_1,x_2,\cdots,x_n)$，$\boldsymbol{y}=(y_1,y_2,\cdots,y_n)$的向量内积为

$$(\boldsymbol{x},\boldsymbol{y}) = \sum_{i=1}^{n} x_i y_i$$

两个同维向量的内积是对应的分量的乘积之和，它是一个实数。

显然，两个 n 维行向量 $\boldsymbol{x}=(x_1,x_2,\cdots,x_n)$，$\boldsymbol{y}=(y_1,y_2,\cdots,y_n)$的向量内积为$(\boldsymbol{x},\boldsymbol{y})=\boldsymbol{x}\boldsymbol{y}^{\mathrm{T}}$。

两个 n 维列向量 $\boldsymbol{x}=(x_1,x_2,\cdots,x_n)^{\mathrm{T}}$，$\boldsymbol{y}=(y_1,y_2,\cdots,y_n)^{\mathrm{T}}$ 的向量内积为$(\boldsymbol{x},\boldsymbol{y})=\boldsymbol{x}^{\mathrm{T}}\boldsymbol{y}$。

例 4-1-1 求向量$\boldsymbol{\alpha}=(-1,-3,-2,7)$与$\boldsymbol{\beta}=(4,-2,1,0)$的向量内积。

解 $(\boldsymbol{\alpha},\boldsymbol{\beta})=(-1)\times4+(-3)\times(-2)+(-2)\times1+7\times0=0$

对于任取的 $k,l\in R$，$\boldsymbol{x},\boldsymbol{y},\boldsymbol{z}\in R^n$，向量内积有以下基本性质。

(1) 对称性：$(\boldsymbol{x},\boldsymbol{y})=(\boldsymbol{y},\boldsymbol{x})$。

(2) 线性性：$(k\boldsymbol{x},\boldsymbol{y})=(\boldsymbol{x},k\boldsymbol{y})=k(\boldsymbol{x},\boldsymbol{y})$，$(\boldsymbol{x}+\boldsymbol{y},\boldsymbol{z})=(\boldsymbol{x},\boldsymbol{z})+(\boldsymbol{y},\boldsymbol{z})$。

(3) 正定性：$(\boldsymbol{x},\boldsymbol{x})\geqslant0$，而且$(\boldsymbol{x},\boldsymbol{x})=0\Leftrightarrow\boldsymbol{x}=\boldsymbol{O}$。

(4) 施瓦茨(Schwarz)不等式：$(\boldsymbol{x},\boldsymbol{y})^2\leqslant(\boldsymbol{x},\boldsymbol{x})(\boldsymbol{y},\boldsymbol{y})$。

4.1.2 向量的长度与夹角

定义 4-1-2 设向量 $\boldsymbol{x}=(x_1,x_2,\cdots,x_n)$，令

$$\|\boldsymbol{x}\| = \sqrt{(\boldsymbol{x},\boldsymbol{x})} = \sqrt{\sum_{i=1}^{n} x_i^2}$$

$\|\boldsymbol{x}\|$ 称为 n 维行向量 $\boldsymbol{x}$ 的**向量长度**(或**向量范数**)。

当 $\|\boldsymbol{x}\|=1$ 时,称 $\boldsymbol{x}$ 为**单位向量**。

向量长度有以下 3 条基本性质。

(1) 非负性：$\|\boldsymbol{x}\|\geqslant 0$,且 $\|\boldsymbol{x}\|=0 \Leftrightarrow \boldsymbol{x}=\boldsymbol{O}$。

(2) 齐次性：$\|k\boldsymbol{x}\|=\sqrt{(k\boldsymbol{x},k\boldsymbol{x})}=\sqrt{k^2(\boldsymbol{x},\boldsymbol{x})}=|k|\times\|\boldsymbol{x}\|$。这里,$|k|$是数 k 的绝对值。

(3) 三角不等式：$\|\boldsymbol{x}+\boldsymbol{y}\|\leqslant\|\boldsymbol{x}\|+\|\boldsymbol{y}\|$。

性质(1)和性质(2)是显然的,下面证明三角不等式。

用施瓦茨不等式

$$(\boldsymbol{x},\boldsymbol{y})^2 \leqslant (\boldsymbol{x},\boldsymbol{x})(\boldsymbol{y},\boldsymbol{y}) = \|\boldsymbol{x}\|^2 \cdot \|\boldsymbol{y}\|^2$$

即

$$|(\boldsymbol{x},\boldsymbol{y})| \leqslant \|\boldsymbol{x}\| \cdot \|\boldsymbol{y}\|$$

可以得到不等式

$$\begin{aligned}\|\boldsymbol{x}+\boldsymbol{y}\|^2 &= (\boldsymbol{x}+\boldsymbol{y},\boldsymbol{x}+\boldsymbol{y}) = (\boldsymbol{x},\boldsymbol{x})+(\boldsymbol{y},\boldsymbol{y})+2(\boldsymbol{x},\boldsymbol{y}) \\ &\leqslant \|\boldsymbol{x}\|^2+\|\boldsymbol{y}\|^2+2\|\boldsymbol{x}\|\cdot\|\boldsymbol{y}\| = (\|\boldsymbol{x}\|+\|\boldsymbol{y}\|)^2\end{aligned}$$

对不等式两边开方,即得所需的三角不等式。

当 $\boldsymbol{x}\neq\boldsymbol{O},\boldsymbol{y}\neq\boldsymbol{O}$ 时,称

$$\theta = \arccos\frac{(\boldsymbol{x},\boldsymbol{y})}{\|\boldsymbol{x}\|\cdot\|\boldsymbol{y}\|}$$

为向量 $\boldsymbol{x}$ 与 $\boldsymbol{y}$ 的夹角。两个向量的夹角总介于 0 与 π 之间。

4.1.3　规范正交基

定义 4-1-3　设 V 为向量空间,如果 r 个向量$\boldsymbol{\alpha}_1,\boldsymbol{\alpha}_2,\cdots,\boldsymbol{\alpha}_r\in V$,且满足：

(1) $\boldsymbol{\alpha}_1,\boldsymbol{\alpha}_2,\cdots,\boldsymbol{\alpha}_r$线性无关；

(2) V 中任一向量都可由$\boldsymbol{\alpha}_1,\boldsymbol{\alpha}_2,\cdots,\boldsymbol{\alpha}_r$线性表示,

则向量组$\boldsymbol{\alpha}_1,\boldsymbol{\alpha}_2,\cdots,\boldsymbol{\alpha}_r$称为向量空间 V 的一个基,r 称为向量空间 V 的维数,并称 V 为 r 维向量空间。

定义 4-1-4　设 $\boldsymbol{x}=(x_1,x_2,\cdots,x_n),\boldsymbol{y}=(y_1,y_2,\cdots,y_n)\in R^n$。如果$(\boldsymbol{x},\boldsymbol{y})=0$,则称 $\boldsymbol{x}$ 与 $\boldsymbol{y}$ 正交。记作 $\boldsymbol{x}\perp\boldsymbol{y}$。

显然,零向量与任意同维向量都正交。

定义 4-1-5　如果一个向量组中不含零向量,且其中任意两个向量都是正交的(简称为**两两正交**),则称这个向量组为**正交向量组**。

定义 4-1-6　设 $S=\{\boldsymbol{e}_1,\boldsymbol{e}_2,\cdots,\boldsymbol{e}_m\}(2\leqslant m\leqslant n)$是 R^n 中的一个正交向量组,且其中每个向量都是单位向量,则称这个向量组为**标准正交向量组**。若向量空间的一个基是正交向量组,则称这个基是**正交基**。若向量空间的一个基是标准正交向量组,则称这个基是**标准正交基**或**规范正交基**。

常把标准正交向量组所满足的两个条件合并写成内积等式

$$(\boldsymbol{\alpha}_i,\boldsymbol{\alpha}_j)=\delta_{ij}=\begin{cases}1 & i=j\\0 & i\neq j\end{cases}$$

定理 4-1-1 正交向量组一定是线性无关组。

证明 设 $\boldsymbol{x}_1,\boldsymbol{x}_2,\cdots,\boldsymbol{x}_m,m\geqslant 2$ 是一个正交向量组。如果有向量等式

$$k_1\boldsymbol{x}_1+k_2\boldsymbol{x}_2+\cdots+k_m\boldsymbol{x}_m=\boldsymbol{O}$$

则由向量之间的两两正交性知道，对于任意一个 $1\leqslant i\leqslant m$，必有

$$(k_1\boldsymbol{x}_1+\cdots+k_i\boldsymbol{x}_i+\cdots+k_m\boldsymbol{x}_m,\boldsymbol{x}_i)=(\boldsymbol{O},x_i)=0$$

$$k_1(\boldsymbol{x}_1,\boldsymbol{x}_i)+\cdots+k_i(\boldsymbol{x}_i,\boldsymbol{x}_i)+\cdots+k_m(\boldsymbol{x}_m,\boldsymbol{x}_i)=k_i(\boldsymbol{x}_i,\boldsymbol{x}_i)=0$$

由 $\boldsymbol{x}_i\neq\boldsymbol{O}$ 和 $(\boldsymbol{x}_i,\boldsymbol{x}_i)\neq 0$ 知 $k_i=0(i=1,2,\cdots,m)$。于是，$\boldsymbol{x}_1,\boldsymbol{x}_2,\cdots,\boldsymbol{x}_m$ 为线性无关组。证毕。

例 4-1-2 在 R^3 中，$\boldsymbol{e}_1=(1,0,0),\boldsymbol{e}_2=(0,1,0),\boldsymbol{e}_3=(0,0,1)$ 显然是标准正交向量组。不难直接验证以下 3 个三维向量也是 R^3 中的标准正交向量组。

$$\boldsymbol{\alpha}_1=\frac{1}{3}(2,-1,2),\quad \boldsymbol{\alpha}_2=\frac{1}{3}(2,2,-1),\quad \boldsymbol{\alpha}_3=\frac{1}{3}(1,-2,-2)$$

例 4-1-3 已知三维空间 R^3 中的两个向量

$$\boldsymbol{x}=\begin{pmatrix}1\\1\\1\end{pmatrix},\quad \boldsymbol{y}=\begin{pmatrix}1\\-2\\1\end{pmatrix}$$

正交，试求一个非零向量 $\boldsymbol{z}$，使 $\boldsymbol{x},\boldsymbol{y},\boldsymbol{z}$ 两两正交。

解 记

$$\boldsymbol{A}=\begin{pmatrix}\boldsymbol{x}^{\mathrm{T}}\\\boldsymbol{y}^{\mathrm{T}}\end{pmatrix}=\begin{pmatrix}1 & 1 & 1\\1 & -2 & 1\end{pmatrix}$$

解线性方程组

$$\begin{pmatrix}1 & 1 & 1\\1 & -2 & 1\end{pmatrix}\begin{pmatrix}x_1\\x_2\\x_3\end{pmatrix}=\begin{pmatrix}0\\0\end{pmatrix}$$

由

$$\begin{pmatrix}1 & 1 & 1\\1 & -2 & 1\end{pmatrix}\rightarrow\begin{pmatrix}1 & 0 & 1\\0 & 1 & 0\end{pmatrix}$$

得等价线性方程组

$$\begin{cases}x_1=-x_3\\x_2=0\end{cases}$$

从而得基础解系 $\begin{pmatrix}-1\\0\\1\end{pmatrix}$，取 $\boldsymbol{z}=\begin{pmatrix}-1\\0\\1\end{pmatrix}$ 即可。

4.1.4 施密特正交化方法

因为线性无关向量组未必是正交向量组,所以自然会提出问题:如何根据已给的线性无关向量组,构造出与它等价的正交向量组。为此,下面介绍**施密特(Schmidt)正交化方法**。

如果已经给出含有 m 个向量的线性无关向量组

$$S=\{\boldsymbol{\alpha}_1,\boldsymbol{\alpha}_2,\cdots,\boldsymbol{\alpha}_m\}$$

那么一定可以按以下步骤得到正交向量组

$$T=\{\boldsymbol{\beta}_1,\boldsymbol{\beta}_2,\cdots,\boldsymbol{\beta}_m\}$$

它的计算步骤如下,利用向量内积可依次求出所需的向量:

$$\boldsymbol{\beta}_1=\boldsymbol{\alpha}_1$$

$$\boldsymbol{\beta}_2=\boldsymbol{\alpha}_2-\frac{(\boldsymbol{\alpha}_2,\boldsymbol{\beta}_1)}{(\boldsymbol{\beta}_1,\boldsymbol{\beta}_1)}\boldsymbol{\beta}_1$$

$$\boldsymbol{\beta}_3=\boldsymbol{\alpha}_3-\frac{(\boldsymbol{\alpha}_3,\boldsymbol{\beta}_1)}{(\boldsymbol{\beta}_1,\boldsymbol{\beta}_1)}\boldsymbol{\beta}_1-\frac{(\boldsymbol{\alpha}_3,\boldsymbol{\beta}_2)}{(\boldsymbol{\beta}_2,\boldsymbol{\beta}_2)}\boldsymbol{\beta}_2$$

$$\vdots$$

$$\boldsymbol{\beta}_k=\boldsymbol{\alpha}_k-\frac{(\boldsymbol{\alpha}_k,\boldsymbol{\beta}_1)}{(\boldsymbol{\beta}_1,\boldsymbol{\beta}_1)}\boldsymbol{\beta}_1-\frac{(\boldsymbol{\alpha}_k,\boldsymbol{\beta}_2)}{(\boldsymbol{\beta}_2,\boldsymbol{\beta}_2)}\boldsymbol{\beta}_2-\cdots-\frac{(\boldsymbol{\alpha}_k,\boldsymbol{\beta}_{k-1})}{(\boldsymbol{\beta}_{k-1},\boldsymbol{\beta}_{k-1})}\boldsymbol{\beta}_{k-1}$$

$$\vdots$$

$$\boldsymbol{\beta}_m=\boldsymbol{\alpha}_m-\frac{(\boldsymbol{\alpha}_m,\boldsymbol{\beta}_1)}{(\boldsymbol{\beta}_1,\boldsymbol{\beta}_1)}\boldsymbol{\beta}_1-\frac{(\boldsymbol{\alpha}_m,\boldsymbol{\beta}_2)}{(\boldsymbol{\beta}_2,\boldsymbol{\beta}_2)}\boldsymbol{\beta}_2-\cdots-\frac{(\boldsymbol{\alpha}_m,\boldsymbol{\beta}_{m-1})}{(\boldsymbol{\beta}_{m-1},\boldsymbol{\beta}_{m-1})}\boldsymbol{\beta}_{m-1}$$

定理 4-1-2 $S=\{\boldsymbol{\alpha}_1,\boldsymbol{\alpha}_2,\cdots,\boldsymbol{\alpha}_m\}$与 $T=\{\boldsymbol{\beta}_1,\boldsymbol{\beta}_2,\cdots,\boldsymbol{\beta}_m\}$是两个等价的向量组。

证明 首先根据向量组 $T=\{\boldsymbol{\beta}_1,\boldsymbol{\beta}_2,\cdots,\boldsymbol{\beta}_m\}$的构造方法知 $T=\{\boldsymbol{\beta}_1,\boldsymbol{\beta}_2,\cdots,\boldsymbol{\beta}_m\}$,可由 $S=\{\boldsymbol{\alpha}_1,\boldsymbol{\alpha}_2,\cdots,\boldsymbol{\alpha}_m\}$线性表示。反之,$S=\{\boldsymbol{\alpha}_1,\boldsymbol{\alpha}_2,\cdots,\boldsymbol{\alpha}_m\}$也可由 $T=\{\boldsymbol{\beta}_1,\boldsymbol{\beta}_2,\cdots,\boldsymbol{\beta}_m\}$线性表示。例如:

$$\boldsymbol{\beta}_1=\boldsymbol{\alpha}_1$$

$$\boldsymbol{\beta}_2=\boldsymbol{\alpha}_2-a_{21}\boldsymbol{\beta}_1=\boldsymbol{\alpha}_2-a_{21}\boldsymbol{\alpha}_1$$

$$\boldsymbol{\beta}_3=\boldsymbol{\alpha}_3-a_{31}\boldsymbol{\beta}_1-a_{32}\boldsymbol{\beta}_2=\boldsymbol{\alpha}_3-a_{31}\boldsymbol{\alpha}_1-a_{32}(\boldsymbol{\alpha}_2-a_{21}\boldsymbol{\alpha}_1)$$

$$=\boldsymbol{\alpha}_3-a_{32}\boldsymbol{\alpha}_2-(a_{31}-a_{32}a_{21})\boldsymbol{\alpha}_1$$

$$\cdots$$

从中容易得到每一个$\boldsymbol{\alpha}_i$表示成$\boldsymbol{\beta}_1,\boldsymbol{\beta}_2,\cdots,\boldsymbol{\beta}_i$的线性组合。证明两个向量组等价。证毕。

因为 S 是线性无关的向量组,所以每一个$\boldsymbol{\beta}_k\neq\boldsymbol{O}$,于是可以把 $T=\{\boldsymbol{\beta}_1,\boldsymbol{\beta}_2,\cdots,\boldsymbol{\beta}_m\}$中的每一个向量都单位化,即令$\boldsymbol{e}_i=\dfrac{\boldsymbol{\beta}_i}{\|\boldsymbol{\beta}_i\|}$ $(i=1,2,\cdots,m)$,得到标准正交向量组 $\widetilde{T}=\{\boldsymbol{e}_1,\boldsymbol{e}_2,\cdots,\boldsymbol{e}_m\}$。

例 4-1-4 设$\boldsymbol{\alpha}_1=\begin{pmatrix}1\\2\\-1\end{pmatrix}$,$\boldsymbol{\alpha}_2=\begin{pmatrix}-1\\3\\1\end{pmatrix}$,$\boldsymbol{\alpha}_3=\begin{pmatrix}4\\-1\\0\end{pmatrix}$,试用施密特方法把这组向量规范正

交化。

解　$\boldsymbol{\beta}_1=\boldsymbol{\alpha}_1=\begin{pmatrix}1\\2\\-1\end{pmatrix}$

$$\boldsymbol{\beta}_2=\boldsymbol{\alpha}_2-\frac{(\boldsymbol{\alpha}_2,\boldsymbol{\beta}_1)}{(\boldsymbol{\beta}_1,\boldsymbol{\beta}_1)}\boldsymbol{\beta}_1=\begin{pmatrix}-1\\3\\1\end{pmatrix}-\frac{4}{6}\begin{pmatrix}1\\2\\-1\end{pmatrix}=\frac{5}{3}\begin{pmatrix}-1\\1\\1\end{pmatrix}$$

$$\boldsymbol{\beta}_3=\boldsymbol{\alpha}_3-\frac{(\boldsymbol{\alpha}_3,\boldsymbol{\beta}_1)}{(\boldsymbol{\beta}_1,\boldsymbol{\beta}_1)}\boldsymbol{\beta}_1-\frac{(\boldsymbol{\alpha}_3,\boldsymbol{\beta}_2)}{(\boldsymbol{\beta}_2,\boldsymbol{\beta}_2)}\boldsymbol{\beta}_2=\begin{pmatrix}4\\-1\\0\end{pmatrix}-\frac{1}{3}\begin{pmatrix}1\\2\\-1\end{pmatrix}+\frac{5}{3}\begin{pmatrix}-1\\1\\1\end{pmatrix}=2\begin{pmatrix}1\\0\\1\end{pmatrix}$$

再把它们单位化，得

$$\boldsymbol{e}_1=\frac{\boldsymbol{\beta}_1}{\|\boldsymbol{\beta}_1\|}=\frac{1}{\sqrt{6}}\begin{pmatrix}1\\2\\-1\end{pmatrix}$$

$$\boldsymbol{e}_2=\frac{\boldsymbol{\beta}_2}{\|\boldsymbol{\beta}_2\|}=\frac{1}{\sqrt{3}}\begin{pmatrix}-1\\1\\1\end{pmatrix}$$

$$\boldsymbol{e}_3=\frac{\boldsymbol{\beta}_3}{\|\boldsymbol{\beta}_3\|}=\frac{1}{\sqrt{2}}\begin{pmatrix}1\\0\\1\end{pmatrix}$$

$\boldsymbol{e}_1,\boldsymbol{e}_2,\boldsymbol{e}_3$ 即为所求。

例 4-1-5　已知$\boldsymbol{\alpha}_1=\begin{pmatrix}1\\1\\1\end{pmatrix}$，求一组非零向量$\boldsymbol{\alpha}_2,\boldsymbol{\alpha}_3$，使$\boldsymbol{\alpha}_1,\boldsymbol{\alpha}_2,\boldsymbol{\alpha}_3$两两正交。

解　$\boldsymbol{\alpha}_2,\boldsymbol{\alpha}_3$应满足方程$\boldsymbol{\alpha}_1^{\mathrm{T}}\boldsymbol{x}=\boldsymbol{O}$，即 $x_1+x_2+x_3=0$。它的基础解系为

$$\boldsymbol{\beta}_1=\begin{pmatrix}1\\0\\-1\end{pmatrix},\quad \boldsymbol{\beta}_2=\begin{pmatrix}0\\1\\-1\end{pmatrix}$$

把基础解系正交化，即为所求，即

$$\boldsymbol{\alpha}_2=\boldsymbol{\beta}_1,\quad \boldsymbol{\alpha}_3=\boldsymbol{\beta}_2-\frac{(\boldsymbol{\beta}_1,\boldsymbol{\beta}_2)}{(\boldsymbol{\beta}_1,\boldsymbol{\beta}_1)}\boldsymbol{\beta}_1$$

其中，$(\boldsymbol{\beta}_1,\boldsymbol{\beta}_1)=2$，$(\boldsymbol{\beta}_2,\boldsymbol{\beta}_2)=1$，于是得

$$\boldsymbol{\alpha}_2=\begin{pmatrix}1\\0\\-1\end{pmatrix},\quad \boldsymbol{\alpha}_3=\begin{pmatrix}0\\1\\-1\end{pmatrix}-\frac{1}{2}\begin{pmatrix}1\\0\\-1\end{pmatrix}=\frac{1}{2}\begin{pmatrix}-1\\2\\-1\end{pmatrix}$$

4.1.5　正交矩阵

定义 4-1-7　如果 n 阶实方阵 $\boldsymbol{A}$ 满足 $\boldsymbol{A}\boldsymbol{A}^{\mathrm{T}}=\boldsymbol{A}^{\mathrm{T}}\boldsymbol{A}=\boldsymbol{I}_n$，则称 $\boldsymbol{A}$ 为**正交矩阵**。

例如，$\begin{pmatrix}1&0\\0&1\end{pmatrix}$，$\begin{pmatrix}1&0\\0&-1\end{pmatrix}$，$\begin{pmatrix}\cos\theta&\sin\theta\\-\sin\theta&\cos\theta\end{pmatrix}$与$\begin{pmatrix}\cos\theta&\sin\theta\\\sin\theta&-\cos\theta\end{pmatrix}$都是正交矩阵。

定义 4-1-8　设 $\boldsymbol{A}$ 是 n 阶正交矩阵，$\boldsymbol{x}$，$\boldsymbol{y}$ 是两个 n 维列向量，则称线性变换 $\boldsymbol{y}=\boldsymbol{A}\boldsymbol{x}$ 为正交变换。

当 $\boldsymbol{A}$ 是 n 阶正交矩阵时，内积等式 $(\boldsymbol{A}\boldsymbol{\alpha},\boldsymbol{A}\boldsymbol{\beta})=(\boldsymbol{\alpha},\boldsymbol{\beta})$ 说明，正交变换不改变任何两个向量的内积，因此，也不改变向量的长度，而且还保持两个向量之间的正交性不变。因此，正交变换一定把标准正交向量组变成标准正交向量组。

定理 4-1-3　n 阶实方阵 $\boldsymbol{A}$ 是正交矩阵的充分必要条件是 $\boldsymbol{A}$ 的 n 个列向量是标准正交向量组。

由正交矩阵的定义及分块矩阵的乘法容易证明定理 4-1-3。

定理 4-1-3 事实上也是判别一个方阵是否为正交矩阵的方法。

由于 $\boldsymbol{A}$ 的行向量组就是 $\boldsymbol{A}^{\mathrm{T}}$ 的列向量组，$\boldsymbol{A}$ 是正交矩阵当且仅当 A^{T} 是正交矩阵，因此只要对行向量组或列向量组检验标准正交性即可。

例 4-1-6　验证以下两个方阵都是正交矩阵：

$$\boldsymbol{A}=\frac{1}{3}\begin{pmatrix}2&-1&2\\-1&2&2\\2&2&-1\end{pmatrix},\quad \boldsymbol{B}=\begin{pmatrix}0&\frac{1}{\sqrt{2}}&-\frac{1}{\sqrt{2}}\\-\frac{2}{\sqrt{6}}&\frac{1}{\sqrt{6}}&\frac{1}{\sqrt{6}}\\\frac{1}{\sqrt{3}}&\frac{1}{\sqrt{3}}&\frac{1}{\sqrt{3}}\end{pmatrix}$$

证明　每个列向量都是单位向量，而且两两正交，所以它们都是正交矩阵。证毕。

习题 4-1

1. 设 $\boldsymbol{x}=\begin{pmatrix}1\\0\\-2\end{pmatrix}$，$\boldsymbol{y}=\begin{pmatrix}-4\\2\\3\end{pmatrix}$，$\boldsymbol{\alpha}$ 与 $\boldsymbol{x}$ 正交，且 $\boldsymbol{\alpha}=\lambda\boldsymbol{x}+\boldsymbol{y}$，求 λ 和 $\boldsymbol{\alpha}$。

2. 设 $\boldsymbol{\alpha}_1=\begin{pmatrix}1\\1\\1\end{pmatrix}$，$\boldsymbol{\alpha}_2=\begin{pmatrix}1\\2\\3\end{pmatrix}$，$\boldsymbol{\alpha}_3=\begin{pmatrix}1\\4\\9\end{pmatrix}$，用施密特方法把这组向量正交化。

3. 下列方阵是否为正交矩阵？说明理由。

(1) $\begin{pmatrix}1&-\frac{1}{2}&\frac{1}{3}\\-\frac{1}{2}&1&\frac{1}{2}\\\frac{1}{3}&\frac{1}{2}&-1\end{pmatrix}$　　(2) $\begin{pmatrix}\frac{1}{9}&-\frac{8}{9}&-\frac{4}{9}\\-\frac{8}{9}&\frac{1}{9}&-\frac{4}{9}\\-\frac{4}{9}&-\frac{4}{9}&\frac{7}{9}\end{pmatrix}$

4.2　方阵的特征值与特征向量

定义 4-2-1　设 $\boldsymbol{A}=(a_{ij})_{n\times n}$ 为 n 阶实方阵。若存在某个数 λ 和某个 n 维非零列向量 $\boldsymbol{p}$，使

$$\boldsymbol{A}\boldsymbol{p}=\lambda\boldsymbol{p}$$

则称 λ 是 $\boldsymbol{A}$ 的一个特征值，称 $\boldsymbol{p}$ 是 $\boldsymbol{A}$ 的**属于特征值 λ 的一个特征向量**。

为了求出 $\boldsymbol{A}$ 特征值和特征向量，把 $\boldsymbol{A}\boldsymbol{p}=\lambda\boldsymbol{p}$ 改写成 $(\lambda\boldsymbol{I}-\boldsymbol{A})\boldsymbol{p}=\boldsymbol{O}$，再把 λ 看成待定参数，那么 $\boldsymbol{p}$ 就是齐次线性方程组 $(\lambda\boldsymbol{I}-\boldsymbol{A})\boldsymbol{x}=\boldsymbol{O}$ 的任意一个非零解。显然，它有非零解当且仅当它的系数行列式为零，即

$$|\lambda\boldsymbol{I}-\boldsymbol{A}|=0$$

定义 4-2-2　带参数 λ 的 n 阶方阵 $\lambda\boldsymbol{I}-\boldsymbol{A}$ 称为 $\boldsymbol{A}$ 的**特征方阵**，它的行列式 $|\lambda\boldsymbol{I}-\boldsymbol{A}|$ 称为 $\boldsymbol{A}$ 的**特征多项式**。称 $|\lambda\boldsymbol{I}-\boldsymbol{A}|=0$ 为 $\boldsymbol{A}$ 的**特征方程**。

根据行列式的定义可知有以下等式：

$$\begin{aligned}|\lambda\boldsymbol{I}-\boldsymbol{A}|&=\begin{vmatrix}\lambda-a_{11} & -a_{12} & \cdots & -a_{1n}\\ -a_{21} & \lambda-a_{22} & \cdots & -a_{2n}\\ \vdots & \vdots & & \vdots\\ -a_{n1} & -a_{n2} & \cdots & \lambda-a_{nn}\end{vmatrix}\\&=(\lambda-a_{11})(\lambda-a_{22})\cdots(\lambda-a_{nn})+\cdots\end{aligned}\tag{4-2-1}$$

n 阶方阵 $\boldsymbol{A}$ 的特征多项式是 λ 的 n 次多项式。$\boldsymbol{A}$ 的特征方程的 n 个根（复根，包括实根或虚根，r 重根按 r 个计算）就是 $\boldsymbol{A}$ 的 n 个特征值。**在复数范围内，n 阶方阵一定有 n 个特征值。**

综上所述，对于给定的 n 阶实方阵 $\boldsymbol{A}=(a_{ij})$，求它的特征值就是求它的特征多项式(4-2-1)的 n 个根。对于任意取定的一个特征值 λ_0，$\boldsymbol{A}$ 的属于这个特征值 λ_0 的特征向量，就是对应的齐次线性方程组 $(\lambda_0\boldsymbol{I}-\boldsymbol{A})\boldsymbol{x}=\boldsymbol{O}$ 的所有的非零解。

注意：虽然零向量也是 $(\lambda_0\boldsymbol{I}-\boldsymbol{A})\boldsymbol{x}=\boldsymbol{O}$ 的解，但 $\boldsymbol{O}$ 不是 $\boldsymbol{A}$ 的特征向量。

例 4-2-1　设 $\boldsymbol{A}=\begin{pmatrix}1 & 2\\ 2 & 4\end{pmatrix}$，求出 $\boldsymbol{A}$ 的所有的特征值和特征向量。

解　$\boldsymbol{A}$ 的特征方阵为 $\lambda\boldsymbol{I}-\boldsymbol{A}=\begin{pmatrix}\lambda-1 & -2\\ -2 & \lambda-4\end{pmatrix}$。$\boldsymbol{A}$ 的特征方程为

$$|\lambda\boldsymbol{I}-\boldsymbol{A}|=\begin{vmatrix}\lambda-1 & -2\\ -2 & \lambda-4\end{vmatrix}=\lambda(\lambda-5)=0$$

它的两个根 $\lambda_1=0$，$\lambda_2=5$ 就是 $\boldsymbol{A}$ 的两个特征值。

用来求特征向量的齐次线性方程组为

$$\begin{pmatrix}\lambda-1 & -2\\ -2 & \lambda-4\end{pmatrix}\begin{pmatrix}x_1\\ x_2\end{pmatrix}=\begin{pmatrix}0\\ 0\end{pmatrix}$$

即

$$\begin{cases}(\lambda-1)x_1-2x_2=0\\-2x_1+(\lambda-4)x_2=0\end{cases}$$

属于 $\lambda_1=0$ 的特征向量满足线性方程组$\begin{cases}-x_1-2x_2=0\\-2x_1-4x_2=0\end{cases}$,可取 $\boldsymbol{p}_1=\begin{pmatrix}-2\\1\end{pmatrix}$。

属于 $\lambda_2=5$ 的特征向量满足线性方程组$\begin{cases}4x_1-2x_2=0\\-2x_1+x_2=0\end{cases}$,可取 $\boldsymbol{p}_2=\begin{pmatrix}1\\2\end{pmatrix}$。

这就是 $\boldsymbol{A}$ 的两个线性无关的特征向量。

容易验证:

$$\boldsymbol{A}\boldsymbol{p}_1=\begin{pmatrix}1&2\\2&4\end{pmatrix}\begin{pmatrix}-2\\1\end{pmatrix}=\begin{pmatrix}0\\0\end{pmatrix}=0\begin{pmatrix}-2\\1\end{pmatrix}=\lambda_1\boldsymbol{p}_1$$

$$\boldsymbol{A}\boldsymbol{p}_2=\begin{pmatrix}1&2\\2&4\end{pmatrix}\begin{pmatrix}1\\2\end{pmatrix}=\begin{pmatrix}5\\10\end{pmatrix}=5\begin{pmatrix}1\\2\end{pmatrix}=\lambda_2\boldsymbol{p}_2$$

属于 $\lambda_1=0$ 的特征向量全体为 $k_1\boldsymbol{p}_1$,k_1 为任意非零常数;属于 $\lambda_2=5$ 的特征向量全体为 $k_2\boldsymbol{p}_2$,k_2 为任意非零常数。

定理 4-2-1 n 阶方阵 $\boldsymbol{A}$ 和它的转置矩阵 $\boldsymbol{A}^{\mathrm{T}}$ 必有相同的特征值。

证明 由转置矩阵的定义得到矩阵等式 $(\lambda\boldsymbol{I}-\boldsymbol{A})^{\mathrm{T}}=\lambda\boldsymbol{I}-\boldsymbol{A}^{\mathrm{T}}$,再由行列式性质知道

$$|\lambda\boldsymbol{I}-\boldsymbol{A}|=|(\lambda\boldsymbol{I}-\boldsymbol{A})^{\mathrm{T}}|=|\lambda\boldsymbol{I}-\boldsymbol{A}^{\mathrm{T}}|$$

这说明 $\boldsymbol{A}$ 和 $\boldsymbol{A}^{\mathrm{T}}$ 必有相同的特征多项式,因而必有相同的特征值。证毕。

例 4-2-2 求 $\boldsymbol{A}=\begin{pmatrix}6&2&4\\2&3&2\\4&2&6\end{pmatrix}$ 的所有特征值和特征向量。

解 先求出 $\boldsymbol{A}$ 的特征多项式:

$$|\lambda\boldsymbol{I}-\boldsymbol{A}|=\begin{vmatrix}\lambda-6&-2&-4\\-2&\lambda-3&-2\\-4&-2&\lambda-6\end{vmatrix}=\begin{vmatrix}\lambda-2&-2&-4\\0&\lambda-3&-2\\2-\lambda&-2&\lambda-6\end{vmatrix}$$

$$=\begin{vmatrix}\lambda-2&-2&-4\\0&\lambda-3&-2\\0&-4&\lambda-10\end{vmatrix}$$

$$=(\lambda-2)[(\lambda-3)(\lambda-10)-2\times 4]$$

$$=(\lambda-2)(\lambda^2-13\lambda+22)=(\lambda-2)^2(\lambda-11)$$

因此,$\boldsymbol{A}$ 的特征值为 $\lambda_1=\lambda_2=2$,$\lambda_3=11$。

用来求特征向量的齐次线性方程组为

$$(\lambda\boldsymbol{I}-\boldsymbol{A})\boldsymbol{x}=\begin{pmatrix}\lambda-6&-2&-4\\-2&\lambda-3&-2\\-4&-2&\lambda-6\end{pmatrix}\begin{pmatrix}x_1\\x_2\\x_3\end{pmatrix}=\boldsymbol{O}$$

属于 $\lambda_1=\lambda_2=2$ 的特征向量 $\boldsymbol{p}=\begin{pmatrix}x_1\\x_2\\x_3\end{pmatrix}$ 满足$\begin{cases}-4x_1-2x_2-4x_3=0\\-2x_1-x_2-2x_3=0\\-4x_1-2x_2-4x_3=0\end{cases}$,即 $x_2=-2(x_1+$

x_3)。据此可求出两个线性无关的特征向量：

$$\boldsymbol{p}_1=\begin{pmatrix}1\\-2\\0\end{pmatrix},\quad \boldsymbol{p}_2=\begin{pmatrix}0\\-2\\1\end{pmatrix}$$

属于 $\lambda_3=11$ 的特征向量 $\boldsymbol{p}=\begin{pmatrix}x_1\\x_2\\x_3\end{pmatrix}$ 满足 $\begin{cases}5x_1-2x_2-4x_3=0\\-2x_1+8x_2-2x_3=0\\-4x_1-2x_2+5x_3=0\end{cases}$，在前两个方程中消去 x_3，可得 $9x_1-18x_2=0, x_1=2x_2$。消去 x_1，可得 $18x_2-9x_3=0, x_3=2x_2$。

于是可求出特征向量：

$$\boldsymbol{p}_3=\begin{pmatrix}2\\1\\2\end{pmatrix}$$

属于 $\lambda_1=\lambda_2=2$ 的特征向量全体为 $\{k_1\boldsymbol{p}_1+k_2\boldsymbol{p}_2 \mid k_1,k_2\in R$ 且 k_1,k_2 不全为零$\}$。属于 $\lambda_3=11$ 的特征向量全体为 $\{k\boldsymbol{p}_3 \mid k\in R$ 且 $k\neq 0\}$。

定理 4-2-2 设 $\lambda_1,\lambda_2,\cdots,\lambda_n$ 为 n 阶方阵 $\mathbf{A}=(a_{ij})$ 的全体特征值，则必有

$$\sum_{i=1}^{n}\lambda_i=\sum_{i=1}^{n}a_{ii}=\mathrm{tr}(\mathbf{A}),\quad \prod_{i=1}^{n}\lambda_i=|\mathbf{A}|$$

其中，$\mathrm{tr}(\mathbf{A})$ 为 $\mathbf{A}=(a_{ij})$ 中的 n 个对角元之和，称为 $\mathbf{A}$ 的迹。$|\mathbf{A}|$ 为 $\mathbf{A}$ 的行列式。

* **证明** 在关于变量 λ 的恒等式

$$|\lambda\boldsymbol{I}-\boldsymbol{A}|=(\lambda-\lambda_1)(\lambda-\lambda_2)\cdots(\lambda-\lambda_n)=\lambda^n-\left(\sum_{i=1}^{n}\lambda_i\right)\lambda^{n-1}+\cdots+(-1)^n\prod_{i=1}^{n}\lambda_i$$

中取 $\lambda=0$ 即得 $|-\boldsymbol{A}|=(-1)^n|\boldsymbol{A}|=(-1)^n\prod_{i=1}^{n}\lambda_i$，所以必有 $|\boldsymbol{A}|=\prod_{i=1}^{n}\lambda_i$。

再据行列式定义可得

$$|\lambda\boldsymbol{I}-\boldsymbol{A}|=(\lambda-a_{11})(\lambda-a_{22})\cdots(\lambda-a_{nn})+\{(n!-1)\text{ 个不含 }\lambda^n\text{ 和 }\lambda^{n-1}\text{ 的项}\}$$

$$=\lambda^n-\left(\sum_{i=1}^{n}a_{ii}\right)\lambda^{n-1}+\cdots+\{(n!-1)\text{ 个不含 }\lambda^n\text{ 和 }\lambda^{n-1}\text{ 的项}\}$$

比较 $|\lambda\boldsymbol{I}-\boldsymbol{A}|$ 的上述两个等式两边的 λ^{n-1} 项的系数，即得 $\sum_{i=1}^{n}\lambda_i=\sum_{i=1}^{n}a_{ii}$。证毕。

定理 4-2-3 设 $\boldsymbol{A}$ 为 n 阶方阵，$f(x)=a_mx^m+a_{m-1}x^{m-1}+\cdots+a_1x+a_0$ 为 m 次多项式。

$$f(\mathbf{A})=a_m\mathbf{A}^m+a_{m-1}\mathbf{A}^{m-1}+\cdots+a_1\mathbf{A}+a_0\boldsymbol{I}_n$$

为对应的 $\mathbf{A}$ 的方阵多项式。如果 $\mathbf{A}\boldsymbol{p}=\lambda\boldsymbol{p}$，则必有 $f(\mathbf{A})\boldsymbol{p}=f(\lambda)\boldsymbol{p}$。这说明 $f(\lambda)$ 必是 $f(\mathbf{A})$ 的特征值。特别地，当 $f(\mathbf{A})=\boldsymbol{O}$ 时，必有 $f(\lambda)=0$，即 $\mathbf{A}$ 的特征值必是对应的 m 次多项式 $f(x)$ 的根。

* **证明** 先用归纳法证明对于任何自然数 k，都有 $\mathbf{A}^k\boldsymbol{p}=\lambda^k\boldsymbol{p}$。

当 $k=1$ 时，显然有 $\mathbf{A}\boldsymbol{p}=\lambda\boldsymbol{p}$。

假设 $\mathbf{A}^k\boldsymbol{p}=\lambda^k\boldsymbol{p}$ 成立，则必有

$$A^{k+1}p = A(A^k p) = A(\lambda^k p) = \lambda^k A p = \lambda^{k+1} p$$

因此,对于任何自然数 k,都有 $A^k p = \lambda^k p$。于是,必有

$$\begin{aligned} f(A)p &= (a_m A^m + a_{m-1}A^{m-1} + \cdots + a_1 A + a_0 E_n)p \\ &= a_m(A^m p) + a_{m-1}(A^{m-1}p) + \cdots + a_1(Ap) + a_0(E_n p) \\ &= (a_m\lambda^m + a_{m-1}\lambda^{m-1} + \cdots + a_1\lambda + a_0)p \\ &= f(\lambda)p \end{aligned}$$

当 $f(A)=O$ 时,必有 $f(\lambda)p = f(A)p = O$。因为 $p \neq O$,所以 $f(\lambda)=0$。

证毕。

注:

(1) 求方阵多项式的特征值,只要求出 A 的一个特征值 λ,那么 $f(\lambda)$ 一定是 $f(A)$ 的特征值;

(2) 若 λ 是 A 的特征值,则 λ^2 是 A^2 的特征值;若 A 可逆,则 $\frac{1}{\lambda}$ 是 A^{-1} 的特征值。

例 4-2-3 设三阶矩阵 A 的特征值为 $1,-1,2$,求 $A^* + 3A - 2I$ 的特征值。

解 由 A 的特征值全不为 0 知 A 可逆,从而 $A^* = |A|A^{-1}$。而 $|A| = 1\times(-1)\times 2 = -2$,所以

$$\varphi(A) = A^* + 3A - 2I = -2A^{-1} + 3A - 2I$$

则有

$$\varphi(\lambda) = -\frac{2}{\lambda} + 3\lambda - 2$$

从而可得 $\varphi(A)$ 的特征值为

$$\varphi(1) = -1,\quad \varphi(-1) = -3,\quad \varphi(2) = 3$$

习题 4-2

1. 求下列矩阵的特征值与特征向量。

(1) $\begin{pmatrix} -1 & 1 & 0 \\ -4 & 3 & 0 \\ 1 & 0 & 2 \end{pmatrix}$ (2) $\begin{pmatrix} -2 & 1 & 1 \\ 0 & 2 & 0 \\ -4 & 1 & 3 \end{pmatrix}$ (3) $\begin{pmatrix} 2 & -1 & 2 \\ 5 & -3 & 3 \\ -1 & 0 & -2 \end{pmatrix}$

2. 已知三阶矩阵 A 的特征值为 $1,2,3$,求 $A^3 - 5A^2 + 7A$ 的特征值。

3. 已知三阶矩阵 A 的特征值为 $1,2,-3$,求 $|A^* + 3A + 2I|$。

4.3 相似矩阵

定义 4-3-1 设 A,B 都是 n 阶方阵,若存在 n 阶可逆矩阵 P,使得

$$P^{-1}AP = B$$

则称 B 是 A 的**相似矩阵**,或者说矩阵 A 与 B **相似**。对 A 进行 $P^{-1}AP$ 变换称为对 A 进行**相似变换**,可逆矩阵 P 称为把 A 变成 B 的相似变换矩阵。

定义 4-3-2 设 A 是一个 n 阶方阵,若存在 n 阶可逆矩阵 P,使得

$$P^{-1}AP = \Lambda = \operatorname{diag}(\lambda_1, \lambda_2, \cdots, \lambda_n)$$

则称 A 相似于对角矩阵，也称 A 可以相似对角化，简称 A **可对角化**。

定理 4-3-1 设 $\lambda_1,\lambda_2,\cdots,\lambda_m$ 是方阵 A 的 m 个特征值，$p_1,p_2,\cdots,p_m$ 依次是与之对应的特征向量。如果 $\lambda_1,\lambda_2,\cdots,\lambda_m$ 各不相等，则 $p_1,p_2,\cdots,p_m$ 线性无关。

证明 设有常数 $x_1,x_2,\cdots,x_m$ 使 $x_1p_1+x_2p_2+\cdots+x_mp_m=O$，则

$$A(x_1p_1+x_2p_2+\cdots+x_mp_m)=O$$

即

$$\lambda_1x_1p_1+\lambda_2x_2p_2+\cdots+\lambda_mx_mp_m=O$$

以此类推，得

$$\lambda_1^kx_1p_1+\lambda_2^kx_2p_2+\cdots+\lambda_m^kx_mp_m=O \quad (k=1,2,\cdots,m-1)$$

把以上各式写成矩阵形式，得

$$(x_1p_1,x_2p_2,\cdots,x_mp_m)\begin{pmatrix} 1 & \lambda_1 & \cdots & \lambda_1^{m-1} \\ 1 & \lambda_2 & \cdots & \lambda_2^{m-2} \\ \vdots & \vdots & & \vdots \\ 1 & \lambda_m & \cdots & \lambda_m^{m-1} \end{pmatrix}=(O,O,\cdots,O)$$

上式等号左端第二个矩阵的行列式是范德蒙行列式，当 $\lambda_1,\lambda_2,\cdots,\lambda_m$ 互不相等时，该行列式不等于零，从而该矩阵可逆，于是有

$$(x_1p_1,x_2p_2,\cdots,x_mp_m)=(O,O,\cdots,O)\Rightarrow x_jp_j=O \quad (j=1,2,\cdots,m)$$

但 $p_j\neq O$，故 $x_1=x_2=\cdots=x_m=0$，所以向量组 $p_1,p_2,\cdots,p_m$ 线性无关。

证毕。

定理 4-3-2 若 n 阶方阵 A 与 B 相似，则 A 与 B 的特征多项式相同，从而其特征值相等。

证明 因 A 与 B 相似，即有可逆矩阵 P，使 $P^{-1}AP=B$，故

$$|\lambda I-B|=|P^{-1}(\lambda I)P-P^{-1}AP|=|P^{-1}(\lambda I-A)P|=|\lambda I-A|$$

推论 4-3-1 若 n 阶方阵 A 与对角阵 $\Lambda=\begin{pmatrix} \lambda_1 & & & \\ & \lambda_2 & & \\ & & \ddots & \\ & & & \lambda_n \end{pmatrix}$ 相似，则 $\lambda_1,\lambda_2,\cdots,\lambda_m$ 就是 A 的全部特征值。

定理 4-3-3 n 阶方阵 A 相似于对角矩阵的充分必要条件是 A 有 n 个线性无关的特征向量。

证明 必要性。设 $P^{-1}AP=\begin{pmatrix} \lambda_1 & & & \\ & \lambda_2 & & \\ & & \ddots & \\ & & & \lambda_n \end{pmatrix}=\Lambda$，则有 $AP=P\Lambda$。

令 $P=(p_1,p_2,\cdots,p_n)$ 是 P 的按列分块的列向量表示法，则由 P 是可逆矩阵知道列向量组 $\{p_1,p_2,\cdots,p_n\}$ 为线性无关向量组。因为

$$AP=A(p_1,p_2,\cdots,p_n)=(Ap_1,Ap_2,\cdots,Ap_n)$$

$$\boldsymbol{P\Lambda}=(\boldsymbol{p}_1,\boldsymbol{p}_2,\cdots,\boldsymbol{p}_n)\begin{pmatrix}\lambda_1 & & & \\ & \lambda_2 & & \\ & & \ddots & \\ & & & \lambda_n\end{pmatrix}=(\lambda_1\boldsymbol{p}_1,\lambda_2\boldsymbol{p}_2,\cdots,\lambda_n\boldsymbol{p}_n)$$

所以,由 $\boldsymbol{AP}=\boldsymbol{P\Lambda}$ 可知有分块矩阵等式

$$(\boldsymbol{Ap}_1,\boldsymbol{Ap}_2,\cdots,\boldsymbol{Ap}_n)=(\lambda_1\boldsymbol{p}_1,\lambda_2\boldsymbol{p}_2,\cdots,\lambda_n\boldsymbol{p}_n)$$

由此可得列向量等式 $\boldsymbol{Ap}_j=\lambda_j\boldsymbol{p}_j(j=1,2,\cdots,n)$。

这就证明了 $\boldsymbol{P}$ 的 n 个列向量就是 $\boldsymbol{A}$ 的 n 个线性无关的特征向量。

充分性。设 $\boldsymbol{A}$ 有 n 个线性无关的特征向量 $\{\boldsymbol{p}_1,\boldsymbol{p}_2,\cdots,\boldsymbol{p}_n\}$,且

$$\boldsymbol{Ap}_j=\lambda_j\boldsymbol{p}_j\quad(j=1,2,\cdots,n)$$

则 $\boldsymbol{P}=(\boldsymbol{p}_1,\boldsymbol{p}_2,\cdots,\boldsymbol{p}_n)$ 是 n 阶可逆矩阵,而且满足

$$\begin{aligned}\boldsymbol{AP}&=\boldsymbol{A}(\boldsymbol{p}_1,\boldsymbol{p}_2,\cdots,\boldsymbol{p}_n)=(\lambda_1\boldsymbol{p}_1,\lambda_2\boldsymbol{p}_2,\cdots,\lambda_n\boldsymbol{p}_n)\\&=(\boldsymbol{p}_1,\boldsymbol{p}_2,\cdots,\boldsymbol{p}_n)\begin{pmatrix}\lambda_1 & & & \\ & \lambda_2 & & \\ & & \ddots & \\ & & & \lambda_n\end{pmatrix}=\boldsymbol{P\Lambda}\end{aligned}$$

即 $\boldsymbol{P}^{-1}\boldsymbol{AP}=\boldsymbol{\Lambda}$ 为对角矩阵。

证毕。

推论 4-3-2 如果 n 阶方阵 $\boldsymbol{A}$ 的 n 个特征值各不相等,则 $\boldsymbol{A}$ 与对角阵相似。

例 4-3-1 设 $\boldsymbol{A}=\begin{pmatrix}2 & -1 & 2\\ 5 & a & 3\\ -1 & b & -2\end{pmatrix}$ 的一个特征向量为 $\boldsymbol{p}=\begin{pmatrix}1\\1\\-1\end{pmatrix}$。

(1) 求参数 a,b 的值及 $\boldsymbol{A}$ 的特征向量 $\boldsymbol{p}$ 对应的特征值;

(2) $\boldsymbol{A}$ 是否与对角阵相似?

解 (1) 设 $\boldsymbol{A}$ 的与特征向量 $\boldsymbol{p}$ 相对应的特征值为 λ,可得方程组 $(\lambda\boldsymbol{I}-\boldsymbol{A})\boldsymbol{p}=\boldsymbol{O}$,即

$$\begin{pmatrix}\lambda-2 & 1 & -2\\ -5 & \lambda-a & -3\\ 1 & -b & \lambda+2\end{pmatrix}\begin{pmatrix}1\\1\\-1\end{pmatrix}=\begin{pmatrix}0\\0\\0\end{pmatrix}$$

亦即

$$\begin{cases}\lambda+1=0\\ \lambda-a-2=0\\ -\lambda-b-1=0\end{cases}$$

解得 $\lambda=-1,a=-3,b=0$。

(2) 由 $|\lambda\boldsymbol{I}-\boldsymbol{A}|=\begin{vmatrix}\lambda-2 & 1 & -2\\ -5 & \lambda+3 & -3\\ 1 & 0 & \lambda+2\end{vmatrix}=(\lambda+1)^3=0$,可得 $\boldsymbol{A}$ 三重特征值 $\lambda_1=\lambda_2=\lambda_3=-1$。

由于

$$-\boldsymbol{I}-\boldsymbol{A}=\begin{pmatrix}-3&1&-2\\-5&2&-3\\1&0&1\end{pmatrix}\to\begin{pmatrix}1&0&1\\-5&2&-3\\-3&1&-2\end{pmatrix}\to\begin{pmatrix}1&0&1\\0&2&2\\0&1&1\end{pmatrix}\to\begin{pmatrix}1&0&1\\0&1&1\\0&0&0\end{pmatrix}$$

由此可得 $r(-\boldsymbol{I}-\boldsymbol{A})=2, n-r=3-2=1$，因而三阶方阵 $\boldsymbol{A}$ 的与 $\lambda=-1$ 对应的线性无关的特征向量组仅有一个向量，故 $\boldsymbol{A}$ 不可以对角化。

习题 4-3

1. 设 $\boldsymbol{A}=\begin{pmatrix}0&0&1\\1&1&x\\1&0&0\end{pmatrix}$，当 x 为何值时，矩阵 $\boldsymbol{A}$ 能对角化？

2. 设 $\boldsymbol{A}=\begin{pmatrix}2&0&1\\3&1&x\\4&0&5\end{pmatrix}$ 可相似对角化，求 x 为何值？

4.4　实对称矩阵的对角化

n 阶实方阵 $\boldsymbol{A}=(a_{ij})$ 是**对称矩阵**$\Leftrightarrow \boldsymbol{A}^{\mathrm{T}}=\boldsymbol{A}$，即

$$a_{ij}=a_{ji}\quad(\forall i,j=1,2,\cdots,n)$$

定理 4-4-1　实对称矩阵的特征值一定是实数；特征向量一定是实向量。

*__证明__　设复数 λ 为实对称矩阵的特征值，复向量 $\boldsymbol{x}$ 为对应的特征向量，即 $\boldsymbol{Ax}=\lambda\boldsymbol{x}$，$\boldsymbol{x}\neq\boldsymbol{O}$。

用 $\bar{\lambda}$ 表示 λ 的共轭复数，$\bar{\boldsymbol{x}}$ 表示 $\boldsymbol{x}$ 的共轭向量，则

$$A\bar{\boldsymbol{x}}=\bar{A}\bar{\boldsymbol{x}}=\overline{A\boldsymbol{x}}=\overline{\lambda\boldsymbol{x}}=\bar{\lambda}\bar{\boldsymbol{x}}$$

于是有
$$\overline{\boldsymbol{x}^{\mathrm{T}}}A\boldsymbol{x}=\overline{\boldsymbol{x}^{\mathrm{T}}}(A\boldsymbol{x})=\bar{\boldsymbol{x}}(\lambda\boldsymbol{x})=\lambda\,\overline{\boldsymbol{x}^{\mathrm{T}}}\boldsymbol{x}$$

及
$$\overline{\boldsymbol{x}^{\mathrm{T}}}A\boldsymbol{x}=(\overline{\boldsymbol{x}^{\mathrm{T}}}A^{\mathrm{T}})\boldsymbol{x}=(A\bar{\boldsymbol{x}})^{\mathrm{T}}\boldsymbol{x}=(\bar{\lambda}\,\bar{\boldsymbol{x}})^{\mathrm{T}}\boldsymbol{x}=\bar{\lambda}\,\overline{\boldsymbol{x}^{\mathrm{T}}}\boldsymbol{x}$$

两式相减，得
$$(\lambda-\bar{\lambda})\overline{\boldsymbol{x}^{\mathrm{T}}}\boldsymbol{x}=0$$

但因 $\boldsymbol{x}\neq\boldsymbol{O}$，所以 $\overline{\boldsymbol{x}^{\mathrm{T}}}\boldsymbol{x}=\sum\limits_{i=1}^{n}\overline{x_i}x_i=\sum\limits_{i=1}^{n}|x_i|^2\neq 0\Rightarrow\lambda-\bar{\lambda}=0$，即 $\lambda=\bar{\lambda}$，故 λ 是实数。

显然，当特征值 λ_i 为实数时，齐次线性方程组

$$(\boldsymbol{A}-\lambda\boldsymbol{I})\boldsymbol{x}=\boldsymbol{O}$$

是实系数方程组，由 $|\lambda\boldsymbol{I}-\boldsymbol{A}|=0$ 知其基础解系由实向量组成，所以对应的特征向量为实向量。

证毕。

定理 4-4-2　实对称矩阵 $\boldsymbol{A}$ 的属于不同特征值的特征向量一定是正交向量。

证明　设 $\boldsymbol{Ap}_1=\lambda_1\boldsymbol{p}_1, \boldsymbol{Ap}_2=\lambda_2\boldsymbol{p}_2, \lambda_1\neq\lambda_2$。分别计算以下两个实数：

$$\boldsymbol{p}_1^{\mathrm{T}}(\boldsymbol{Ap}_2)=p_1^{\mathrm{T}}(\lambda_2\boldsymbol{p}_2)=\lambda_2\boldsymbol{p}_1^{\mathrm{T}}\boldsymbol{p}_2$$

$$(\boldsymbol{p}_1^{\mathrm{T}}\boldsymbol{A})\boldsymbol{p}_2=(\boldsymbol{p}_1^{\mathrm{T}}\boldsymbol{A}^{\mathrm{T}})\boldsymbol{p}_2=(\boldsymbol{Ap}_1)^{\mathrm{T}}p_2=(\lambda_1\boldsymbol{p}_1)^{\mathrm{T}}\boldsymbol{p}_2=\lambda_1\boldsymbol{p}_1^{\mathrm{T}}\boldsymbol{p}_2$$

因为 $$p_1^{\mathrm{T}}(Ap_2) = (p_1^{\mathrm{T}}A)p_2 = p_1^{\mathrm{T}}Ap_2$$

所以 $$\lambda_2 p_1^{\mathrm{T}} p_2 = \lambda_1 p_1^{\mathrm{T}} p_2, \quad (\lambda_1 - \lambda_2) p_1^{\mathrm{T}} p_2 = 0$$

再根据 $\lambda_1 \neq \lambda_2$ 即可证得 $p_1^{\mathrm{T}} p_2 = 0, (p_1, p_2) = 0$,所以 $p_1 \perp p_2$。

证毕。

若存在正交矩阵 P,使得 $P^{-1}AP=B$,则称矩阵 A 正交相似于矩阵 B。

定理 4-4-3 设 A 为 n 阶对称矩阵,λ 是 A 的特征方程的 r 重根,则 $\lambda I - A$ 的秩 $r(\lambda I - A) = n - r$,从而对应的特征值 λ 恰有 r 个线性无关的特征向量。

证明 略。

定理 4-4-4(对称矩阵基本定理) 对于任意一个 n 阶实对称矩阵 A,一定存在 n 阶正交矩阵 P,使得

$$P^{-1}AP = P^{\mathrm{T}}AP = \begin{pmatrix} \lambda_1 & & & \\ & \lambda_2 & & \\ & & \ddots & \\ & & & \lambda_n \end{pmatrix} = \Lambda$$

对角矩阵 Λ 中的 n 个对角元 $\lambda_1, \lambda_2, \cdots, \lambda_n$ 就是 A 的 n 个特征值。反之,凡是正交相似于对角矩阵的实方阵一定是对称矩阵。

* **证明** 设 A 的互不相等的特征值为 $\lambda_1, \lambda_2, \cdots, \lambda_s$,它们的重数依次为 $r_1, r_2, \cdots, r_s$,且 $r_1 + r_2 + \cdots + r_s = n$,于是对应于特征值 $\lambda_i (i=1,2,\cdots,s)$ 恰有 r_i 个线性无关的特征向量,把它们正交化并单位化,可得 r_i 个单位正交的特征向量。由 $r_1 + r_2 + \cdots + r_s = n$ 可知,这样的特征向量共有 n 个。

由定理 4-4-2 可知,对应于不同特征值的特征向量正交,故这 n 个单位特征向量两两正交,于是以它们列向量构成正交矩阵 P,并有 $P^{-1}AP = \Lambda$。

其中对角矩阵 Λ 的对角元素含 r_1 个 λ_1,r_2 个 λ_2,$\cdots$,r_s 个 λ_s,恰是 Λ 的 n 个特征值。

证毕。

定理 4-4-4 说明,n 阶实方阵 A 正交相似于对角矩阵当且仅当 A 是对称矩阵。

定理 4-4-4 中所得到的对角矩阵 Λ 称为对称矩阵 A 的**正交相似标准形**。

关于定理 4-4-4,特作以下说明:

(1) 当 P 是可逆矩阵时,称 $B=P^{-1}AP$ 与 A 相似。当 P 是正交矩阵时,称 $B=P^{-1}AP$ 与 A 正交相似。

(2) 因为对角矩阵 Λ 必是对称矩阵,所以,当 A 正交相似于对角矩阵 Λ 时,根据 $P^{\mathrm{T}}AP = \Lambda$ 就可推出 $A = (P^{\mathrm{T}})^{-1}\Lambda P^{-1} = (P^{-1})^{\mathrm{T}}\Lambda P^{-1}$,于是必有

$$A^{\mathrm{T}} = (P^{-1})^{\mathrm{T}}\Lambda^{\mathrm{T}}(P^{-1}) = (P^{-1})^{\mathrm{T}}\Lambda(P^{-1}) = A$$

这说明 A 必是对称矩阵。

(3) 既然 n 阶实对称矩阵 A 一定相似于对角矩阵,说明 A 一定有 n 个线性无关的特征向量,属于每一个特征值的线性无关的特征向量个数一定与此特征值的重数相等,它就是用来求特征向量的齐次线性方程组的自由未知量个数。

两个相似的矩阵一定有相同的特征值,但有相同特征值的两个同阶方阵却未必相似。但对于对称矩阵来说,有相同特征值的两个同阶方阵一定相似。

下面用实例说明如何求出所需的正交矩阵 $\boldsymbol{P}$。

例 4-4-1 求出 $\boldsymbol{A}=\begin{pmatrix} \frac{3}{2} & -\frac{1}{2} & 0 \\ -\frac{1}{2} & \frac{3}{2} & 0 \\ 0 & 0 & 3 \end{pmatrix}$的正交相似标准形。

解 易见 $\mathrm{tr}(\boldsymbol{A})=|\boldsymbol{A}|=6$。先求出特征方程。

$$|\lambda\boldsymbol{I}-\boldsymbol{A}|=\begin{vmatrix} \lambda-\frac{3}{2} & \frac{1}{2} & 0 \\ \frac{1}{2} & \lambda-\frac{3}{2} & 0 \\ 0 & 0 & \lambda-3 \end{vmatrix}=(\lambda-1)(\lambda-2)(\lambda-3)=0$$

它的 3 个根为 $\lambda_1=1,\lambda_2=2,\lambda_3=3$。

属于 $\lambda_1=1$ 的特征向量满足$\begin{cases} -\frac{1}{2}x_1+\frac{1}{2}x_2=0 \\ \frac{1}{2}x_1-\frac{1}{2}x_2=0 \\ -2x_3=0 \end{cases}$，取单位解向量 $\boldsymbol{p}_1=\frac{1}{\sqrt{2}}\begin{pmatrix}1\\1\\0\end{pmatrix}$。

属于 $\lambda_2=2$ 的特征向量满足$\begin{cases} \frac{1}{2}x_1+\frac{1}{2}x_2=0 \\ -x_3=0 \end{cases}$，取单位解向量 $\boldsymbol{p}_2=\frac{1}{\sqrt{2}}\begin{pmatrix}1\\-1\\0\end{pmatrix}$。

属于 $\lambda_3=3$ 的特征向量满足$\begin{cases} \frac{3}{2}x_1+\frac{1}{2}x_2=0 \\ \frac{1}{2}x_1+\frac{3}{2}x_2=0 \end{cases}$，取单位解向量 $\boldsymbol{p}_3=\begin{pmatrix}0\\0\\1\end{pmatrix}$。

令 $\boldsymbol{P}=(\boldsymbol{p}_1,\boldsymbol{p}_2,\boldsymbol{p}_3)=\begin{pmatrix} \frac{1}{\sqrt{2}} & \frac{1}{\sqrt{2}} & 0 \\ \frac{1}{\sqrt{2}} & -\frac{1}{\sqrt{2}} & 0 \\ 0 & 0 & 1 \end{pmatrix}$，因为 3 个特征值两两互异，所以 $\boldsymbol{P}$ 必为正交矩阵，而且有

$$\boldsymbol{P}^{-1}\boldsymbol{A}\boldsymbol{P}=\boldsymbol{P}^{\mathrm{T}}\boldsymbol{A}\boldsymbol{P}=\begin{pmatrix} 1 & & \\ & 2 & \\ & & 3 \end{pmatrix}=\boldsymbol{\Lambda}$$

注意：在求矩阵的正交相似标准形时，在正交矩阵 $\boldsymbol{P}$ 中的特征向量 $\boldsymbol{p}_i$ 的排列次序和对角矩阵$\boldsymbol{\Lambda}$ 中的特征值 λ_i 的排列次序，其排列方法不是唯一的。但是 $\boldsymbol{p}_i$ 必须与 λ_i 互相对应，即 $\boldsymbol{P}$ 的各列的排列次序与特征值的排列次序必须一致。

例 4-4-1 中给出的三阶对称方阵的 3 个特征值都是单重根，所以，分别求出的 3 个特征向量一定是正交向量组。只要把它们逐个单位化，就可拼成所需的正交矩阵。如果某个对称矩阵的特征值有一些是重根，那么求出所需要的正交矩阵的方法就会复杂一些。

不过容易求出可逆矩阵 $\boldsymbol{P}$,使 $\boldsymbol{P}^{-1}\boldsymbol{A}\boldsymbol{P}$ 为对角矩阵。

例 4-4-2 求出 $\boldsymbol{A}=\begin{pmatrix}4&2&2\\2&4&2\\2&2&4\end{pmatrix}$ 的相似标准形。

解 先求出特征方程。

$$|\lambda\boldsymbol{I}-\boldsymbol{A}|=\begin{vmatrix}\lambda-4&-2&-2\\-2&\lambda-4&-2\\-2&-2&\lambda-4\end{vmatrix}=(\lambda-8)\begin{vmatrix}1&-2&-2\\1&\lambda-4&-2\\1&-2&\lambda-4\end{vmatrix}$$

$$=(\lambda-8)\begin{vmatrix}1&-2&-2\\0&\lambda-2&0\\0&0&\lambda-2\end{vmatrix}=(\lambda-2)^2(\lambda-8)=0$$

它的 3 个根为 $\lambda_1=8,\lambda_2=\lambda_3=2$。

属于 $\lambda_1=8$ 的特征向量满足 $\begin{cases}4x_1-2x_2-2x_3=0\\-2x_1+4x_2-2x_3=0\\-2x_1-2x_2+4x_3=0\end{cases}$,即 $x_1=x_2=x_3$,可取解 $\boldsymbol{p}_1=\begin{pmatrix}1\\1\\1\end{pmatrix}$。

属于 $\lambda_2=\lambda_3=2$ 的特征向量满足 $x_1+x_2+x_3=0$,可取两个线性无关解:

$$\boldsymbol{p}_2=\begin{pmatrix}1\\0\\-1\end{pmatrix},\quad \boldsymbol{p}_3=\begin{pmatrix}0\\1\\-1\end{pmatrix}$$

它们可拼成可逆矩阵 $\boldsymbol{P}=(\boldsymbol{p}_1,\boldsymbol{p}_2,\boldsymbol{p}_3)=\begin{pmatrix}1&1&0\\1&0&1\\1&-1&-1\end{pmatrix}$ 满足 $\boldsymbol{P}^{-1}\boldsymbol{A}\boldsymbol{P}=\begin{pmatrix}8&&\\&2&\\&&2\end{pmatrix}$。

注意:如此生成的 $\boldsymbol{P}$ 是可逆矩阵,它未必是正交矩阵,即未必有 $\boldsymbol{P}^{-1}\boldsymbol{A}\boldsymbol{P}=\boldsymbol{P}^{\mathrm{T}}\boldsymbol{A}\boldsymbol{P}$。

例 4-4-3 求出 $\boldsymbol{A}=\begin{pmatrix}4&2&2\\2&4&2\\2&2&4\end{pmatrix}$ 的正交相似标准形。

解 在例 4-4-2 的基础上,令 $\boldsymbol{\beta}_1=\boldsymbol{p}_1=\begin{pmatrix}1\\1\\1\end{pmatrix}$,单位化得 $\widetilde{\boldsymbol{\beta}}_1=\begin{pmatrix}\frac{1}{\sqrt{3}}\\\frac{1}{\sqrt{3}}\\\frac{1}{\sqrt{3}}\end{pmatrix}$。

接下来将 $\boldsymbol{p}_2$、$\boldsymbol{p}_3$ 用施密特正交化方法正交化。令

$$\boldsymbol{\beta}_2=\boldsymbol{p}_2=\begin{pmatrix}1\\0\\-1\end{pmatrix},\boldsymbol{\beta}_3=\boldsymbol{p}_3-\frac{(\boldsymbol{p}_3,\boldsymbol{\beta}_2)}{(\boldsymbol{\beta}_2,\boldsymbol{\beta}_2)}\boldsymbol{\beta}_2=\begin{pmatrix}1\\0\\-1\end{pmatrix}-\frac{1}{2}\begin{pmatrix}1\\0\\-1\end{pmatrix}=\begin{pmatrix}-\frac{1}{2}\\1\\-\frac{1}{2}\end{pmatrix}$$

再分别单位化得$\widetilde{\boldsymbol{\beta}}_2=\begin{pmatrix}\frac{1}{\sqrt{2}}\\0\\-\frac{1}{\sqrt{2}}\end{pmatrix}$，$\widetilde{\boldsymbol{\beta}}_3=\begin{pmatrix}-\frac{1}{\sqrt{6}}\\\frac{2}{\sqrt{6}}\\-\frac{1}{\sqrt{6}}\end{pmatrix}$。

于是找到正交矩阵 $\boldsymbol{P}=\begin{pmatrix}\frac{1}{\sqrt{3}}&\frac{1}{\sqrt{2}}&-\frac{1}{\sqrt{6}}\\\frac{1}{\sqrt{3}}&0&\frac{2}{\sqrt{6}}\\\frac{1}{\sqrt{3}}&-\frac{1}{\sqrt{2}}&-\frac{1}{\sqrt{6}}\end{pmatrix}$，使得 $\boldsymbol{P}^{-1}\boldsymbol{AP}=\boldsymbol{\Lambda}=\begin{pmatrix}8&&\\&2&\\&&2\end{pmatrix}$。

注：

(1) 在不计对角矩阵中对角元的排列次序的条件下，对称矩阵的正交相似标准形是唯一的。但是所用的正交矩阵却不是唯一的。

(2) 用施密特正交化方法把属于 $\lambda_2=\lambda_3=2$ 的两个线性无关的特征向量 $\boldsymbol{p}_2$ 和 $\boldsymbol{p}_3$ 改造成两个正交的向量$\boldsymbol{\beta}_2$和$\boldsymbol{\beta}_3$，由于$\boldsymbol{\beta}_2$和$\boldsymbol{\beta}_3$都是 $\boldsymbol{p}_2$ 和 $\boldsymbol{p}_3$ 的线性组合，而 $\boldsymbol{p}_2$ 和 $\boldsymbol{p}_3$ 是属于同一个特征值的特征向量，所以，$\boldsymbol{\beta}_2$和$\boldsymbol{\beta}_3$仍然是属于 $\lambda_1=\lambda_2=2$ 的特征向量。

习题 4-4

1. 求出 $\boldsymbol{A}=\begin{pmatrix}0&-1&1\\-1&0&1\\1&1&0\end{pmatrix}$的正交相似标准形。

2. 求出 $\boldsymbol{A}=\begin{pmatrix}2&-2&0\\-2&1&-2\\0&-2&0\end{pmatrix}$的正交相似标准形。

4.5　二次型及其标准形

二次型的问题起源于转换二次曲线和二次曲面标准型的问题。它不但在解析几何及数学的其他分支中有应用，而且在物理、力学中也会经常遇到。下面介绍二次齐次多项式的一些重要性质及其化简问题。

例 4-5-1　直接计算以下矩阵乘法：

$$f(x_1,x_2,x_3)=(x_1,x_2,x_3)\begin{pmatrix}1&-2&0\\-2&0&0.5\\0&0.5&-3\end{pmatrix}\begin{pmatrix}x_1\\x_2\\x_3\end{pmatrix}$$

$$=(x_1,x_2,x_3)\begin{pmatrix}x_1-2x_2\\-2x_1+0.5x_3\\0.5x_2-3x_3\end{pmatrix}$$

$$=x_1^2-3x_3^2-4x_1x_2+x_2x_3$$

这是一个三元二次齐次多项式(它有3个未知量,而且每一项都是二次式)。如果记

$$\boldsymbol{x}=\begin{pmatrix}x_1\\x_2\\x_3\end{pmatrix},\quad \boldsymbol{A}=\begin{pmatrix}1&-2&0\\-2&0&0.5\\0&0.5&-3\end{pmatrix}$$

则可把它简写成 $f(x_1,x_2,x_3)=\boldsymbol{x}^{\mathrm{T}}\boldsymbol{A}\boldsymbol{x}$,其中 $\boldsymbol{A}=(a_{ij})$ 是三阶对称矩阵。

由此可见,一个二次齐次多项式也可以简写成矩阵形式。

下面引进实二次型的一般定义。

定义 4-5-1 n 元实二次型指的是含有 n 个未知量 $x_1,x_2,\cdots,x_n$ 的实系数二次齐次多项式

$$\begin{aligned}f(x_1,x_2,\cdots,x_n)&=a_{11}x_1^2+a_{22}x_2^2+a_{33}x_3^2+\cdots+a_{nn}x_n^2\\&\quad+2a_{12}x_1x_2+2a_{13}x_1x_3+\cdots+2a_{1n}x_1x_n\\&\quad+2a_{23}x_2x_3+\cdots+2a_{2n}x_2x_n\\&\quad+2a_{34}x_3x_4+\cdots+2a_{3n}x_3x_n\\&\quad+\cdots+a_{n-1,n-1}x_{n-1}^2+2a_{n-1,n}x_{n-1}x_n\\&=\sum_{i=1}^{n}\sum_{j=1}^{n}a_{ij}x_ix_j\end{aligned}\tag{4-5-1}$$

其中,$a_{ij}=a_{ji}(i,j=1,2,\cdots,n)$。

对于二次型,主要讨论的问题是寻求可逆的线性变换

$$\begin{cases}x_1=c_{11}y_1+c_{12}y_2+\cdots+c_{1n}y_n\\x_2=c_{21}y_1+c_{22}y_2+\cdots+c_{2n}y_n\\\vdots\\x_n=c_{n1}y_1+c_{n2}y_2+\cdots+c_{nn}y_n\end{cases}\tag{4-5-2}$$

使二次型能简化成只含平方项的形式:

$$f=k_1y_1^2+k_2y_2^2+\cdots+k_ny_n^2$$

这种只含平方项的二次型,称为二次型的**标准形**。

如果标准形的系数 $k_1,k_2,\cdots,k_n$ 只在 $1,-1,0$ 三个数中取值,即能使二次型转换成

$$f=y_1^2+y_2^2+\cdots+y_p^2-y_{p+1}^2-\cdots-y_r^2$$

的形式,则称为二次型的**规范形**。

当 a_{ij} 为复数时,f 称为复二次型;当 a_{ij} 为实数时,f 称为实二次型。下面只讨论实数的二次型。

二次型也可简写成矩阵形式 $f(x_1,x_2,\cdots,x_n)=\boldsymbol{x}^{\mathrm{T}}\boldsymbol{A}\boldsymbol{x}$,其中,

$$\boldsymbol{x}=\begin{pmatrix}x_1\\x_2\\\vdots\\x_n\end{pmatrix},\quad \boldsymbol{A}=\begin{pmatrix}a_{11}&a_{12}&\cdots&a_{1n}\\a_{12}&a_{22}&\cdots&a_{2n}\\\vdots&\vdots&&\vdots\\a_{1n}&a_{2n}&\cdots&a_{nn}\end{pmatrix}$$

为 n 阶实对称矩阵。

例 4-5-2　用矩阵表示二次型

$$f(x_1,x_2,x_3)=x_1^2-2x_2^2-2x_3^2-4x_1x_2+4x_1x_3+8x_2x_3$$

解　由二次型的一般形式可知，二次型 f 中，$a_{11}=1,a_{22}=-2,a_{33}=-2,a_{12}=a_{21}=\frac{1}{2}\times(-4)=-2,a_{13}=a_{31}=\frac{1}{2}\times4=2,a_{23}=a_{32}=\frac{1}{2}\times8=4$。记

$$\boldsymbol{A}=\begin{pmatrix}1&-2&2\\-2&-2&4\\2&4&-2\end{pmatrix},\quad x=\begin{pmatrix}x_1\\x_2\\x_3\end{pmatrix}$$

得

$$f=(x_1,x_2,x_3)\begin{pmatrix}1&-2&2\\-2&-2&4\\2&4&-2\end{pmatrix}\begin{pmatrix}x_1\\x_2\\x_3\end{pmatrix}=\boldsymbol{x}^{\mathrm{T}}\boldsymbol{A}\boldsymbol{x}$$

例 4-5-3　写出由对称矩阵 $\boldsymbol{A}=\begin{pmatrix}1&-1&-3&1\\-1&0&-2&2\\-3&-2&-3&-\frac{3}{2}\\1&2&-\frac{3}{2}&4\end{pmatrix}$ 确定的二次型 $f=\boldsymbol{x}^{\mathrm{T}}\boldsymbol{A}\boldsymbol{x}$。

解　根据所给的对称矩阵可直接写出对应的二次型：

$$\begin{aligned}f(x_1,x_2,x_3,x_4)=&x_1^2-3x_3^2+4x_4^2-2x_1x_2-6x_1x_3+2x_1x_4\\&-4x_2x_3+4x_2x_4-3x_3x_4\end{aligned}$$

任意给定一个 n 元实二次型 $f(x_1,x_2,\cdots,x_n)=\sum\limits_{i=1}^{n}\sum\limits_{j=1}^{n}a_{ij}x_ix_j$，就唯一确定一个 n 阶实对称矩阵 $\boldsymbol{A}=(a_{ij})_{n\times n}$；反之，任给一个对称矩阵 $\boldsymbol{A}=(a_{ij})_{n\times n}$，也可唯一确定一个实二次型。称 $\boldsymbol{A}$ 是二次型 f 的矩阵，称 f 是**对称矩阵 $\boldsymbol{A}$ 的二次型**。对称矩阵 $\boldsymbol{A}$ 的秩称为二次型 f 的秩。

记 $\boldsymbol{C}=(c_{ij}),\boldsymbol{x}=(x_1,x_2,\cdots,x_n)^{\mathrm{T}},\boldsymbol{y}=(y_1,y_2,\cdots,y_n)^{\mathrm{T}}$，把式(4-5-2)改写为

$$\boldsymbol{x}=\boldsymbol{C}\boldsymbol{y}$$

代入式(4-5-1)，得

$$f=\boldsymbol{x}^{\mathrm{T}}\boldsymbol{A}\boldsymbol{x}=(\boldsymbol{C}\boldsymbol{y})^{\mathrm{T}}\boldsymbol{A}(\boldsymbol{C}\boldsymbol{y})=\boldsymbol{y}^{\mathrm{T}}(\boldsymbol{C}^{\mathrm{T}}\boldsymbol{A}\boldsymbol{C})\boldsymbol{y}$$

定理 4-5-1　任给可逆矩阵 $\boldsymbol{C}$，令 $\boldsymbol{B}=\boldsymbol{C}^{\mathrm{T}}\boldsymbol{A}\boldsymbol{C}$，如果 $\boldsymbol{A}$ 为对称矩阵，则 $\boldsymbol{B}$ 也是对称矩阵，且 $r(\boldsymbol{A})=r(\boldsymbol{B})$。

证明　由 $\boldsymbol{A}^{\mathrm{T}}=\boldsymbol{A}$，得 $\boldsymbol{B}^{\mathrm{T}}=(\boldsymbol{C}^{\mathrm{T}}\boldsymbol{A}\boldsymbol{C})^{\mathrm{T}}=\boldsymbol{C}^{\mathrm{T}}\boldsymbol{A}^{\mathrm{T}}\boldsymbol{C}=\boldsymbol{C}^{\mathrm{T}}\boldsymbol{A}\boldsymbol{C}=\boldsymbol{B}$，即 $\boldsymbol{B}$ 为对称矩阵。

再证 $r(\boldsymbol{A})=r(\boldsymbol{B})$。

因 $\boldsymbol{B}=\boldsymbol{C}^{\mathrm{T}}\boldsymbol{A}\boldsymbol{C}$，故 $r(\boldsymbol{B})\leqslant r(\boldsymbol{A}\boldsymbol{C})\leqslant r(\boldsymbol{A})$。

因 $\boldsymbol{A}=(\boldsymbol{C}^{\mathrm{T}})^{-1}\boldsymbol{B}\boldsymbol{C}^{-1}$，故 $r(\boldsymbol{A})\leqslant r(\boldsymbol{B}\boldsymbol{C}^{-1})\leqslant r(\boldsymbol{B})$。

于是有 $r(\boldsymbol{A})=r(\boldsymbol{B})$。

证毕。

这个定理说明经可逆变换 $\boldsymbol{x}=\boldsymbol{C}\boldsymbol{y}$ 后，二次型 f 的矩阵由 $\boldsymbol{A}$ 变为 $\boldsymbol{C}^{\mathrm{T}}\boldsymbol{A}\boldsymbol{C}$，但二次型的秩不变。

定义 4-5-2 设 $\boldsymbol{A},\boldsymbol{B}$ 为 n 阶方阵,若存在 n 阶可逆矩阵 $\boldsymbol{C}$,使

$$\boldsymbol{C}^{\mathrm{T}}\boldsymbol{AC}=\boldsymbol{B}$$

则称 $\boldsymbol{A}$ 合同于 $\boldsymbol{B}$。

由定理 4-5-1 可知,合同变换不改变矩阵的秩,也不改变矩阵的对称性,要使二次型 f 经可逆变换 $\boldsymbol{x}=\boldsymbol{Cy}$ 变成标准形,就是要使

$$\boldsymbol{y}^{\mathrm{T}}\boldsymbol{C}^{\mathrm{T}}\boldsymbol{ACy}=k_1y_1^2+k_2y_2^2+\cdots+k_ny_n^2$$

$$=(y_1,y_2,\cdots,y_n)\begin{pmatrix}k_1&&&\\&k_2&&\\&&\ddots&\\&&&k_n\end{pmatrix}\begin{pmatrix}y_1\\y_2\\\vdots\\y_n\end{pmatrix}$$

由此可知,要解决的主要问题就是寻求可逆矩阵 $\boldsymbol{C}$,使 $\boldsymbol{C}^{\mathrm{T}}\boldsymbol{AC}$ 为对角阵,也就是寻找与 $\boldsymbol{A}$ 合同的对角阵。

定理 4-5-2 任给二次型 $f=\sum\limits_{i=1}^{n}\sum\limits_{j=1}^{n}a_{ij}x_ix_j(a_{ij}=a_{ji})$,总存在正交变换 $\boldsymbol{x}=\boldsymbol{Py}$,使 f 化为标准形

$$f=\lambda_1y_1^2+\lambda_2y_2^2+\cdots+\lambda_ny_n^2$$

其中,$\lambda_1,\lambda_2,\cdots,\lambda_n$ 就是 f 的矩阵 $\boldsymbol{A}=(a_{ij})$的特征值。

证明 由于 f 的矩阵 $\boldsymbol{A}=(a_{ij})$是实对称矩阵,因此总可以找到一个正交矩阵 $\boldsymbol{P}$,使 $\boldsymbol{P}^{-1}\boldsymbol{AP}$ 为对角矩阵,即 $\boldsymbol{P}^{-1}\boldsymbol{AP}=\mathrm{diag}(\lambda_1,\lambda_2,\cdots,\lambda_n)$。

因为 $\boldsymbol{P}$ 是正交矩阵,所以有 $\boldsymbol{P}^{\mathrm{T}}=\boldsymbol{P}^{-1}$,因此,

$$\boldsymbol{P}^{\mathrm{T}}\boldsymbol{AP}=\mathrm{diag}(\lambda_1,\lambda_2,\cdots,\lambda_n)$$

证毕。

由于一个二次型经可逆变换后得到的仍是二次型,且当一个二次型的系数矩阵是对角矩阵时,这个二次型就是平方和的形式。

由定理 4-5-2 可知,对于给定的二次型 $f(x_1,x_2,\cdots,x_n)=\boldsymbol{x}^{\mathrm{T}}\boldsymbol{Ax}$,只要找到可逆矩阵 $\boldsymbol{C}$,使得 $\boldsymbol{C}^{\mathrm{T}}\boldsymbol{AC}=\boldsymbol{\Lambda}$ 为对角矩阵,那么就把原二次型化成标准形,其中的系数就是对角矩阵 $\boldsymbol{\Lambda}$ 的 n 个对角元。

因此,问题转化为对于给定的 n 阶对称矩阵 $\boldsymbol{A}=(a_{ij})_{n\times n}$,如何找出 n 阶可逆矩阵 $\boldsymbol{C}$ 使 $\boldsymbol{C}^{\mathrm{T}}\boldsymbol{AC}=\boldsymbol{\Lambda}$ 为对角矩阵。

例 4-5-4 用正交变换 $\boldsymbol{x}=\boldsymbol{Py}$ 转换实二次型

$$f(x_1,x_2,x_3)=x_1^2+4x_2^2+x_3^2-4x_1x_2-8x_1x_3-4x_2x_3$$

为标准形。

解 f 的矩阵为

$$\boldsymbol{A}=\begin{pmatrix}1&-2&-4\\-2&4&-2\\-4&-2&1\end{pmatrix}$$

下面求一个正交矩阵 $\boldsymbol{P}$,使 $\boldsymbol{P}^{-1}\boldsymbol{AP}$ 为对角阵。

$\boldsymbol{A}$ 的特征多项式为

$$|\lambda\boldsymbol{I}-\boldsymbol{A}|=\begin{vmatrix}\lambda-1 & 2 & 4\\ 2 & \lambda-4 & 2\\ 4 & 2 & \lambda-1\end{vmatrix}=-(\lambda-5)^2(\lambda+4)$$

求得 $\boldsymbol{A}$ 的特征值为 $\lambda_1=\lambda_2=5,\lambda_3=-4$。

当 $\lambda_1=\lambda_2=5$ 时，解齐次线性方程组 $(5\boldsymbol{I}-\boldsymbol{A})\boldsymbol{x}=\boldsymbol{O}$，即

$$\begin{pmatrix}4 & 2 & 4\\ 2 & 1 & 2\\ 4 & 2 & 4\end{pmatrix}\begin{pmatrix}x_1\\ x_2\\ x_3\end{pmatrix}=\begin{pmatrix}0\\ 0\\ 0\end{pmatrix}$$

得基础解系为

$$\boldsymbol{\alpha}_1=\begin{pmatrix}1\\ 0\\ -1\end{pmatrix},\quad \boldsymbol{\alpha}_2=\begin{pmatrix}1\\ -2\\ 0\end{pmatrix}$$

正交化后得

$$\boldsymbol{\beta}_1=\begin{pmatrix}1\\ 0\\ -1\end{pmatrix},\quad \boldsymbol{\beta}_2=\begin{pmatrix}\frac{1}{2}\\ -\frac{1}{2}\\ \frac{1}{2}\end{pmatrix}$$

当 $\lambda_3=-4$ 时，解齐次线性方程组 $(-4\boldsymbol{I}-\boldsymbol{A})\boldsymbol{x}=\boldsymbol{O}$，即

$$\begin{pmatrix}-5 & 2 & 4\\ 2 & -8 & 2\\ 4 & 2 & -5\end{pmatrix}\begin{pmatrix}x_1\\ x_2\\ x_3\end{pmatrix}=\begin{pmatrix}0\\ 0\\ 0\end{pmatrix}$$

得基础解系为

$$\boldsymbol{\alpha}_3=\begin{pmatrix}2\\ 1\\ 2\end{pmatrix}$$

单位化 $\boldsymbol{\beta}_1,\boldsymbol{\beta}_2,\boldsymbol{\alpha}_3$，得

$$\boldsymbol{p}_1=\begin{pmatrix}\frac{\sqrt{2}}{2}\\ 0\\ -\frac{\sqrt{2}}{2}\end{pmatrix},\quad \boldsymbol{p}_2=\begin{pmatrix}\frac{\sqrt{2}}{6}\\ -\frac{2\sqrt{2}}{3}\\ \frac{\sqrt{2}}{6}\end{pmatrix},\quad \boldsymbol{p}_3=\begin{pmatrix}\frac{2}{3}\\ \frac{1}{3}\\ \frac{2}{3}\end{pmatrix}$$

令 $\boldsymbol{P}=(\boldsymbol{p}_1,\boldsymbol{p}_2,\boldsymbol{p}_3)$，则 $\boldsymbol{P}$ 是正交矩阵，经过正交变换 $\boldsymbol{x}=\boldsymbol{P}\boldsymbol{y}$，即

$$\begin{cases}x_1=\frac{\sqrt{2}}{2}y_1+\frac{\sqrt{2}}{6}y_2+\frac{2}{3}y_3\\ x_2=-\frac{2\sqrt{2}}{3}y_2+\frac{1}{3}y_3\\ x_3=-\frac{\sqrt{2}}{2}y_1+\frac{\sqrt{2}}{6}y_2+\frac{2}{3}y_3\end{cases}$$

将 f 转换为标准形：

$$f = 5y_1^2 + 5y_2^2 - 4y_3^2$$

如果要把二次型 f 转换为规范形，只须令

$$\begin{cases} y_1 = \dfrac{1}{\sqrt{5}} z_1 \\ y_2 = \dfrac{1}{\sqrt{5}} z_2 \\ y_3 = \dfrac{1}{2} z_3 \end{cases}$$

即得 f 的规范形为

$$f = z_1^2 + z_2^2 - z_3^2$$

习题 4-5

1. 用矩阵记号表示下列二次型。

(1) $f = x_1^2 + 4x_1x_2 + 4x_2^2 + 2x_1x_3 + x_3^2 + 4x_2x_3$

(2) $f = x_1^2 + x_2^2 + x_3^2 - 2x_1x_2 + 6x_2x_3$

2. 用正交变换转换 $f = 2x_1^2 + 3x_2^2 + 3x_3^2 + 4x_2x_3$ 为标准形。

4.6　用配方法转换二次型为标准形

如果不限于用正交变换转换二次型为标准形，还可以有多种方法(对应有多个可逆的线性变换)把二次型转换成标准形，常用的方法之一是用配方法。下面举例说明这种方法。

例 4-6-1　用配方法求 $f(x_1, x_2) = x_1^2 - 4x_1x_2 + x_2^2$ 的标准形。

解　用配方法把所给的二次型改写成

$$f(x_1, x_2) = x_1^2 - 4x_1x_2 + x_2^2 = (x_1 - 2x_2)^2 - 3x_2^2$$

作可逆线性变换

$$\begin{cases} y_1 = x_1 - 2x_2 \\ y_2 = x_2 \end{cases}$$

即

$$\begin{pmatrix} y_1 \\ y_2 \end{pmatrix} = \begin{pmatrix} 1 & -2 \\ 0 & 1 \end{pmatrix} \begin{pmatrix} x_1 \\ x_2 \end{pmatrix}$$

即得到标准形：

$$f = y_1^2 - 3y_2^2$$

注意：由于所用的是一般的可逆变换，不一定是正交变换，所以不能说所得到的标准形的系数 1，−3 就是此二次型对应的对称矩阵的特征值。事实上，它的特征值为 1，1。

例 4-6-2　用配方法求 $f(x_1, x_2, x_3) = 2x_1x_2 + 2x_1x_3 - 6x_2x_3$ 的标准形。

解　为了配出完全平方，先作如下可逆线性变换产生平方项。

$$\begin{cases}x_1 = y_1 + y_2\\ x_2 = y_1 - y_2\\ x_3 = y_3\end{cases}$$

即

$$\begin{pmatrix}x_1\\x_2\\x_3\end{pmatrix}=\begin{pmatrix}1&1&0\\1&-1&0\\0&0&1\end{pmatrix}\begin{pmatrix}y_1\\y_2\\y_3\end{pmatrix}$$

它把原二次型改写成

$$\begin{aligned}f(x_1,x_2,x_3)&=2x_1x_2+2x_1x_3-6x_2x_3\\&=2(y_1+y_2)(y_1-y_2)+2(y_1+y_2)y_3-6(y_1-y_2)y_3\\&=2y_1^2-4y_1y_3-2y_2^2+8y_2y_3\\&=2(y_1-y_3)^2-2y_2^2-2y_3^2+8y_2y_3\\&=2(y_1-y_3)^2-2(y_2-2y_3)^2+6y_3^2\end{aligned}$$

再作可逆线性变换

$$\begin{cases}z_1 = y_1 - y_3\\ z_2 = y_2 - 2y_3\\ z_3 = y_3\end{cases}$$

即

$$\begin{pmatrix}z_1\\z_2\\z_3\end{pmatrix}=\begin{pmatrix}1&0&-1\\0&1&-2\\0&0&1\end{pmatrix}\begin{pmatrix}y_1\\y_2\\y_3\end{pmatrix}$$

即可得到所给二次型的标准形：

$$f=2z_1^2-2z_2^2+6z_3^2$$

例 4-6-3　转换二次型

$$f(x_1,x_2,x_3)=x_1^2+2x_2^2+5x_3^2+2x_1x_2+2x_1x_3+6x_2x_3$$

为标准形,并求出所用的可逆线性变换。

解　由于 f 中含有变量 x_1 的平方项,故把含 x_1 的项归并起来,配方可得

$$\begin{aligned}f&=x_1^2+2x_2^2+5x_3^2+2x_1x_2+2x_1x_3+6x_2x_3\\&=(x_1+x_2+x_3)^2-x_2^2-x_3^2-2x_2x_3+2x_2^2+5x_3^2+6x_2x_3\\&=(x_1+x_2+x_3)^2+x_2^2+4x_2x_3+4x_3^2\end{aligned}$$

将上式右端除第一项外已不再含有 x_1 的项继续配方,可得

$$f=(x_1+x_2+x_3)^2+(x_2+2x_3)^2$$

令

$$\begin{cases}y_1=x_1+x_2+x_3\\ y_2=x_2+2x_3\\ y_3=x_3\end{cases}$$

即

$$\begin{cases}x_1=y_1-y_2+y_3\\ x_2=y_2-2y_3\\ x_3=y_3\end{cases}$$

即可把 f 转换成标准形 $f=y_1^2+y_2^2$,所用的变换矩阵为

$$C=\begin{pmatrix}1&-1&1\\0&1&-2\\0&0&1\end{pmatrix}\quad(|C|=1=0)$$

习题 4-6

用配方法转换下列二次型为标准形,并写出所用变换的矩阵。

(1) $f(x_1,x_2,x_3)=x_1^2+3x_2^2+5x_3^2+2x_1x_2-4x_1x_3$

(2) $f(x_1,x_2,x_3)=x_1^2+2x_3^2+2x_1x_3+2x_2x_3$

(3) $f(x_1,x_2,x_3)=2x_1^2+x_2^2+4x_3^2+2x_1x_2-2x_2x_3$

4.7 正定二次型

二次型的标准形显然不是唯一的,但是标准形中所含项数是确定的(即二次型的秩),不仅如此,在限定变换为实变换时,标准形中正负系数的个数是不变的。

定理 4-7-1(惯性定理) 任意一个 n 元二次型 $f=\boldsymbol{x}^{\mathrm{T}}\boldsymbol{A}\boldsymbol{x}$,一定可以经过可逆线性变换转换为规范形

$$f=z_1^2+\cdots+z_k^2-z_{k+1}^2-\cdots-z_r^2$$

而且其中的 k 和 r 是由 $\boldsymbol{A}$ 唯一确定的(与所采用的变换的选择无关)。k 是规范形中系数为 1 的项数,r 就是 $\boldsymbol{A}$ 的秩。

定义 4-7-1 规范形中的 k 称为二次型 $f=\boldsymbol{x}^{\mathrm{T}}\boldsymbol{A}\boldsymbol{x}$(或对称矩阵 $\boldsymbol{A}$)的**正惯性指数**,称 $r-k$ 为二次型 $f=\boldsymbol{x}^{\mathrm{T}}\boldsymbol{A}\boldsymbol{x}$(或对称矩阵 $\boldsymbol{A}$)的**负惯性指数**,$k-(r-k)=2k-r$ 称为它们的**符号差**。

定理 4-7-2 对称矩阵 $\boldsymbol{A}$ 与 $\boldsymbol{B}$ 合同当且仅当它们有相同的秩和相同的正惯性指数。

***证明** 必要性。设 $\boldsymbol{B}=\boldsymbol{P}^{\mathrm{T}}\boldsymbol{A}\boldsymbol{P}$,因为 $\boldsymbol{A}$ 是对称矩阵,$\boldsymbol{P}$ 是可逆矩阵,所以,$\boldsymbol{B}$ 必是对称矩阵,一定存在可逆矩阵 $\boldsymbol{Q}$ 使得

$$\boldsymbol{Q}^{\mathrm{T}}\boldsymbol{B}\boldsymbol{Q}=\begin{pmatrix}\boldsymbol{E}_k&&\\&-\boldsymbol{E}_{r-k}&\\&&\boldsymbol{O}\end{pmatrix}=\boldsymbol{\Lambda}$$

其中,$r=r(\boldsymbol{B})=r(\boldsymbol{A})$,$k$ 为 $\boldsymbol{B}$ 的正惯性指数。于是有

$$\boldsymbol{Q}^{\mathrm{T}}\boldsymbol{B}\boldsymbol{Q}=\boldsymbol{Q}^{\mathrm{T}}\boldsymbol{P}^{\mathrm{T}}\boldsymbol{A}\boldsymbol{P}\boldsymbol{Q}=(\boldsymbol{P}\boldsymbol{Q})^{\mathrm{T}}\boldsymbol{A}(\boldsymbol{P}\boldsymbol{Q})=\boldsymbol{\Lambda}$$

这说明 $\boldsymbol{A}$ 也合同于$\boldsymbol{\Lambda}$ 。根据惯性定理中的正惯性指数的唯一性可知,k 也是 $\boldsymbol{A}$ 的正惯性指数。

充分性。设 n 阶对称矩阵 $\boldsymbol{A}$ 与 $\boldsymbol{B}$ 有相同的秩 r 和相同的正惯性指数 k,根据惯性定理可知,必存在可逆矩阵 $\boldsymbol{P}$ 和 $\boldsymbol{Q}$ 使得

$$\boldsymbol{P}^{\mathrm{T}}\boldsymbol{A}\boldsymbol{P}=\begin{pmatrix}\boldsymbol{E}_k&&\\&-\boldsymbol{E}_{r-k}&\\&&\boldsymbol{O}\end{pmatrix}$$

$$Q^{\mathrm{T}}BQ = \begin{pmatrix} E_k & & \\ & -E_{r-k} & \\ & & O \end{pmatrix}$$

于是，根据 $P^{\mathrm{T}}AP = Q^{\mathrm{T}}BQ$ 可得到

$$B = (Q^{\mathrm{T}})^{-1}P^{\mathrm{T}}APQ^{-1} = (Q^{-1})^{\mathrm{T}}P^{\mathrm{T}}APQ^{-1} = (PQ^{-1})^{\mathrm{T}}A(PQ^{-1})$$

这说明 A 与 B 一定合同。

证毕。

例 4-7-1　在以下 4 个矩阵中，哪些是合同矩阵？哪些是不合同矩阵？

$$A = \begin{pmatrix} -1 & & \\ & 3 & \\ & & -2 \end{pmatrix} \quad B = \begin{pmatrix} -1 & & \\ & 1 & \\ & & 1 \end{pmatrix}$$

$$C = \begin{pmatrix} 1 & & \\ & -2 & \\ & & -3 \end{pmatrix} \quad D = \begin{pmatrix} 3 & & \\ & 2 & \\ & & -5 \end{pmatrix}$$

解　这 4 个方阵的秩都为 3。因为 A 与 C 的正惯性指数同为 1，所以 A 与 C 合同。B 与 D 的正惯性指数同为 2，所以 B 与 D 合同。A 与 B 不合同。B 与 C 不合同。

定义 4-7-2　设有二次型 $f = x^{\mathrm{T}}Ax$，如果对任何 $x \neq 0$，都有 $f(x) > 0$（显然 $f(0)=0$），则称 f 为正定二次型，并称对称阵 A 是正定的；如果对于任何 $x \neq 0$，都有 $f(x) < 0$，则称 f 为负定二次型，并称对称阵 A 是负定的。

定理 4-7-3　n 元二次型 $f = x^{\mathrm{T}}Ax$ 为正定的充分必要条件是：它的标准形的 n 个系数全为正，即它的规范形的 n 个系数全为 1，亦即它的正惯性指数等于 n。

证明　设有可逆变换 $x = Py$ 使

$$f(x) = f(Py) = \sum_{i=1}^{n} k_i y_i^2$$

充分性。设 $k_i > 0(i=1,2,\cdots,n)$，任给 $x=0$，则 $y = P^{-1}x \neq 0$，所以

$$f(x) = \sum_{i=1}^{n} k_i y_i^2 > 0$$

必要性。用反证法，假设有 $k_s \leqslant 0$，则当 $y = e_s$（单位坐标向量）时，$f(Pe_s) = k_s < 0$。显然$Pe_s \neq 0$，这与 f 为正定矛盾，从而 $k_i > 0(i=1,2,\cdots,n)$。证毕。

推论 4-7-1　对称阵 A 为正定的充分必要条件是：A 的特征值全为正。

定理 4-7-4　对称阵 A 为正定的充分必要条件是：A 的各阶主子式都为正，即

$$a_{11} > 0, \begin{vmatrix} a_{11} & a_{12} \\ a_{21} & a_{22} \end{vmatrix} > 0, \cdots, \begin{vmatrix} a_{11} & \cdots & a_{1n} \\ \vdots & & \vdots \\ a_{n1} & \cdots & a_{nn} \end{vmatrix} > 0$$

对称阵 A 为负定的充分必要条件是：奇数阶主子式为负，偶数阶主子式为正，即

$$(-1)^r \begin{vmatrix} a_{11} & \cdots & a_{1r} \\ \vdots & & \vdots \\ a_{r1} & \cdots & a_{rr} \end{vmatrix} > 0 \quad (r = 1,2,\cdots,n)$$

这个定理称为**赫尔维茨定理**。

例 4-7-2 判定 $f=-5x^2-6y^2-4z^2+4xy+4xz$ 的正定性。

解 f 的矩阵为

$$A=\begin{pmatrix}-5 & 2 & 2\\ 2 & -6 & 0\\ 2 & 0 & -4\end{pmatrix}$$

$$a_{11}=-5<0$$

$$\begin{vmatrix}a_{11} & a_{12}\\ a_{21} & a_{22}\end{vmatrix}=\begin{vmatrix}-5 & 2\\ 2 & -6\end{vmatrix}=26>0$$

$$|A|=-80<0$$

根据定理 4-7-4 知 f 为负定。

习题 4-7

判定下列二次型的正定性。

(1) $f(x_1,x_2,x_3)=-2x_1^2-6x_2^2-4x_3^2+2x_1x_2+2x_1x_3$

(2) $f(x_1,x_2,x_3)=x_1^2+3x_2^2+9x_3^2+19x^4-2x_1x_2+4x_1x_3+2x_1x_4-6x_2x_4$

第5章

线性代数应用简介

5.1 投入产出模型简介

5.1.1 价值型投入产出模型

投入产出模型是经济数学模型中的平衡模型，用于研究经济活动中的生产部门和消费部门之间的相互关系。一般把所研究的某一经济系统中各部门之间的数量依存关系反映在一张平衡表中，并根据这种关系建立数学模型。把这张平衡表称为**投入产出表**，将能够反映一个经济系统中各部门之间数量依存关系的投入产出表以及由此得到的平衡方程组统称为**投入产出模型**。

假设一个经济系统由 n 个生产消费部门组成，在利用投入产出方法进行经济活动分析和计划工作前，首先要根据某一年份的实际统计资料，将这 n 个生产消费部门及其之间的数量依存关系按一定顺序编制一张投入产出表。如果这些统计数据是以货币为统一价值单位，则称其为**价值型投入产出表**，如表 5-1-1 所示。

表 5-1-1　价值型投入产出表

部门间流量（产出 / 投入）		中间产品				最终产品	总产出
		1	2	…	n		
中间投入	1	x_{11}	x_{12}	…	x_{1n}	y_1	x_1
	2	x_{21}	x_{22}	…	x_{2n}	y_2	x_2
	⋮	⋮	⋮		⋮	⋮	⋮
	n	x_{n1}	x_{n2}	…	x_{nn}	y_n	x_n
初始投入		z_1	z_2	…	z_n		
总投入		x_1	x_2	…	x_n		

表 5-1-1 的水平方向反映各部门产品按经济用途的使用情况。

各部门产品可分为中间产品和最终产品两大部分。中间产品是指在生产领域中尚须进一步加工的产品;最终产品是指在生产领域中已经最终加工完毕,可供社会消费和使用的产品。

表 5-1-1 的垂直方向反映各部门产品的价值构成。

各部门产品的价值由中间投入和初始投入两部分组成。中间投入是指各部门对某一部分投入的中间产品数量,即该部门在生产过程中所消耗的中间产品数量;初始投入是指各部门固定资产和劳动力等投入的数量。

在表 5-1-1 中,x_i 表示第 i 个部门的总产出或总投入;y_i 表示第 i 个部门的最终产品数量;x_{ij} 表示第 j 个部门在生产过程中消耗第 i 个部门中间投入数量或第 i 个部门分配给第 j 个部门的中间产品数量,也称为部门间的流量;z_j 表示第 j 个部门的初始投入。

表 5-1-1 的前 n 行组成了一个横向长方形表,横向长方形表的每一行都表示一个等式,即

$$\begin{cases} x_1 = x_{11} + x_{12} + \cdots + x_{1n} + y_1 \\ x_2 = x_{21} + x_{22} + \cdots + x_{2n} + y_2 \\ \qquad\qquad\vdots \\ x_n = x_{n1} + x_{n2} + \cdots + x_{nn} + y_n \end{cases} \tag{5-1-1}$$

或简写为

$$x_i = \sum_{j=1}^{n} x_{ij} + y_i \quad (i = 1,2,\cdots,n) \tag{5-1-2}$$

式(5-1-1)、式(5-1-2)都称为**分配平衡方程组**。

表 5-1-1 的前 n 列组成了一个竖向长方形表,竖向长方形表的每一列都表示一个等式,即

$$\begin{cases} x_1 = x_{11} + x_{21} + \cdots + x_{n1} + z_1 \\ x_2 = x_{12} + x_{22} + \cdots + x_{n2} + z_2 \\ \qquad\qquad\vdots \\ x_n = x_{1n} + x_{2n} + \cdots + x_{nn} + z_n \end{cases} \tag{5-1-3}$$

或简写为

$$x_j = \sum_{i=1}^{n} x_{ij} + z_j \quad (j = 1,2,\cdots,n) \tag{5-1-4}$$

式(5-1-3)、式(5-1-4)都称为**消耗平衡方程组**。

分配平衡方程组和消耗平衡方程组统称为**投入产出平衡方程组**。

例 5-1-1 已知某经济系统在某个生产周期内产品的生产与分配情况如表 5-1-2 所示,求:

(1) 各部门最终产品 y_1,y_2,y_3;

(2) 各部门初始投入 z_1,z_2,z_3。

解　(1) 由表 5-1-2 可得分配平衡方程组：

$$\begin{cases} y_1 = 100-(20+20+0)=60 \\ y_2 = 200-(20+80+30)=70 \\ y_3 = 150-(0+20+45)=85 \end{cases}$$

(2) 由表 5-1-2 可得消耗平衡方程组：

$$\begin{cases} z_1 = 100-(20+20+0)=60 \\ z_2 = 200-(20+80+20)=80 \\ z_3 = 150-(0+30+45)=75 \end{cases}$$

表 5-1-2　某系统产品的生产与分配情况　　单位：亿元

部门间流量（产出 / 投入）		中间产品			最终产品	总产出
		1	2	3		
中间投入	1	20	20	0	y_1	100
	2	20	80	30	y_2	200
	3	0	20	45	y_3	150
初始投入		z_1	z_2	z_3		
总投入		100	200	150		

5.1.2　直接消耗系数

定义 5-1-1　第 j 个部门生产单位产品直接消耗第 i 个部门的产品量，称为第 j 个部门对第 i 个部门的**直接消耗系数**，记作 a_{ij}，即

$$a_{ij} = \frac{x_{ij}}{x_j} \quad (i,j=1,2,\cdots,n) \tag{5-1-5}$$

各部门之间的直接消耗系数构成的 n 阶矩阵，称为**直接消耗系数矩阵**，记作

$$\mathbf{A} = (a_{ij})_n$$

由式(5-1-5)得

$$x_{ij} = a_{ij}x_j \quad (i,j=1,2,\cdots,n)$$

代入分配平衡方程组(5-1-1)，得

$$\begin{cases} x_1 = a_{11}x_1 + a_{12}x_2 + \cdots + a_{1n}x_n + y_1 \\ x_2 = a_{21}x_1 + a_{22}x_2 + \cdots + a_{2n}x_n + y_2 \\ \quad\vdots \\ x_n = a_{n1}x_1 + a_{n2}x_2 + \cdots + a_{nn}x_n + y_n \end{cases} \tag{5-1-6}$$

或简写为

$$x_i = \sum_{j=1}^{n} a_{ij}x_j + y_i \quad (i=1,2,\cdots,n) \tag{5-1-7}$$

代入分配平衡方程组(5-1-3)，得

$$\begin{cases} x_1 = a_{11}x_1 + a_{21}x_2 + \cdots + a_{n1}x_n + z_1 \\ x_2 = a_{12}x_1 + a_{22}x_2 + \cdots + a_{n2}x_n + z_2 \\ \qquad\vdots \\ x_n = a_{1n}x_1 + a_{2n}x_2 + \cdots + a_{nn}x_n + z_n \end{cases} \tag{5-1-8}$$

或简写为

$$x_j = \sum_{i=1}^{n} a_{ij}x_j + z_j \quad (j = 1,2,\cdots,n) \tag{5-1-9}$$

分配平衡方程组(5-1-6)和消耗平衡方程组(5-1-8)的矩阵表示为

$$\boldsymbol{X} = \boldsymbol{AX} + \boldsymbol{Y} \quad 或 \quad (\boldsymbol{I} - \boldsymbol{A})\boldsymbol{X} = \boldsymbol{Y}$$
$$\boldsymbol{X} = \boldsymbol{CX} + \boldsymbol{Z} \quad 或 \quad (\boldsymbol{I} - \boldsymbol{C})\boldsymbol{X} = \boldsymbol{Z}$$

其中：

$$\boldsymbol{X} = \begin{pmatrix} x_1 \\ x_2 \\ \vdots \\ x_n \end{pmatrix}, \quad \boldsymbol{Y} = \begin{pmatrix} y_1 \\ y_2 \\ \vdots \\ y_n \end{pmatrix}, \quad \boldsymbol{Z} = \begin{pmatrix} z_1 \\ z_2 \\ \vdots \\ z_n \end{pmatrix}, \quad \boldsymbol{C} = \begin{pmatrix} \sum_{i=1}^{n} a_{i1} & 0 & \cdots & 0 \\ 0 & \sum_{i=1}^{n} a_{i2} & \cdots & 0 \\ \vdots & \vdots & & \vdots \\ 0 & 0 & \cdots & \sum_{i=1}^{n} a_{in} \end{pmatrix}$$

矩阵 $\boldsymbol{C}$ 称为**中间投入系数矩阵**。

例 5-1-2 已知某企业在一生产周期内各部门的生产消耗量和初始投入量如表 5-1-3 所示，求：

(1) 各部门总产出 x_1, x_2, x_3；

(2) 各部门最终产品 y_1, y_2, y_3；

(3) 直接消耗系数矩阵 $\boldsymbol{A}$。

表 5-1-3 某系统产品的生产分配情况表 单位：万元

部门间流量(产出/投入)		中间产品			最终产品	总产出
		1	2	3		
中间投入	1	20	40	60	y_1	x_1
	2	50	100	30	y_2	x_2
	3	30	100	60	y_3	x_3
初始投入		100	160	150		
总投入		x_1	x_2	x_3		

解 (1) 表 5-1-3 的消耗平衡方程组为

$$x_j = \sum_{i=1}^{3} x_{ij} + z_j \quad (j = 1,2,3)$$

将 $x_{ij}z_j$ 代入,得

$$\begin{cases}x_1=20+50+30+100=200\\x_2=40+100+100+160=400\\x_3=60+30+60+150=300\end{cases}$$

(2) 表 5-1-3 的分配平衡方程组为

$$x_i=\sum_{j=1}^{3}x_{ij}+y_i\quad(i=1,2,3)$$

将 x_{ij} 和 x_j 代入,得

$$\begin{cases}y_1=200-(20+40+60)=80\\y_2=400-(50+100+30)=220\\y_3=300-(30+100+60)=110\end{cases}$$

(3) 由直接消耗系数公式和矩阵乘法运算规则,得

$$\boldsymbol{A}=(a_{ij})=\left(\frac{x_{ij}}{x_j}\right)=\begin{pmatrix}x_{11}&x_{12}&x_{13}\\x_{21}&x_{22}&x_{23}\\x_{31}&x_{32}&x_{33}\end{pmatrix}\begin{pmatrix}\frac{1}{x_1}&0&0\\0&\frac{1}{x_2}&0\\0&0&\frac{1}{x_3}\end{pmatrix}$$

$$=\begin{pmatrix}20&40&60\\50&100&30\\30&100&60\end{pmatrix}\begin{pmatrix}\frac{1}{200}&0&0\\0&\frac{1}{400}&0\\0&0&\frac{1}{300}\end{pmatrix}=\begin{pmatrix}0.1&0.1&0.2\\0.25&0.25&0.1\\0.15&0.25&0.2\end{pmatrix}$$

由直接消耗系数定义可知,直接消耗系数矩阵 $\boldsymbol{A}$ 具有以下性质。

性质 5-1-1 所有元素均非负,且

$$0\leqslant a_{ij}<1\quad(i,j=1,2,\cdots,n)$$

性质 5-1-2 各列元素的绝对值之和均小于 1,即

$$\sum_{i=1}^{n}|a_{ij}|<1\quad(j=1,2,\cdots,n)$$

容易证明,价值投入产出模型中的矩阵($\boldsymbol{E}-\boldsymbol{A}$)和($\boldsymbol{E}-\boldsymbol{C}$)都是可逆矩阵。其中,$\boldsymbol{A}$ 是直接消耗系数矩阵,$\boldsymbol{C}$ 是中间投入系数矩阵。

5.1.3 平衡方程组的解

1. 消耗平衡方程组的解

(1) 若直接消耗系数 a_{ij} 是已知的数值,将其代入消耗平衡方程组(5-1-9),可得

$$\left(1-\sum_{i=1}^{n}a_{ij}\right)x_j=z_j\quad(j=1,2,\cdots,n)\tag{5-1-10}$$

式 5-1-10 中的两组未知量 x_j,z_j 中,只须知道其中一组数值,即可求出另一组未知

量的数值。

(2) 若已知 x_j 的数值,则求 z_j 值的公式为

$$z_j = \left(1 - \sum_{i=1}^{n} a_{ij}\right) x_j \quad (j = 1,2,\cdots,n) \tag{5-1-11}$$

或表示为矩阵运算公式

$$\boldsymbol{Z} = (\boldsymbol{I} - \boldsymbol{C})\boldsymbol{X} \tag{5-1-12}$$

(3) 若已知 z_j 的数值,则求 x_j 值的公式为

$$x_j = \left(1 - \sum_{i=1}^{n} a_{ij}\right)^{-1} z_j \quad (j = 1,2,\cdots,n) \tag{5-1-13}$$

或表示为矩阵运算公式

$$\boldsymbol{X} = (\boldsymbol{E} - \boldsymbol{C})^{-1}\boldsymbol{Z} \tag{5-1-14}$$

例 5-1-3　某小镇有 3 个主要企业,若在一个周期内,每个企业之间的直接消耗系数矩阵为

$$\boldsymbol{A} = \begin{pmatrix} 0 & 0.55 & 0.55 \\ 0.35 & 0.15 & 0.05 \\ 0.15 & 0.05 & 0.05 \end{pmatrix}$$

(1) 若一个周期内每个企业的总产出 $\boldsymbol{X}=\begin{pmatrix} 300 \\ 200 \\ 100 \end{pmatrix}$,求每个企业的初始投入 $\boldsymbol{Z}$;

(2) 若一个周期内每个企业的初始投入 $\boldsymbol{Z}=\begin{pmatrix} 150 \\ 50 \\ 35 \end{pmatrix}$,求每个企业的总产出 $\boldsymbol{X}$。

解　(1) 由于每个企业的总产出已知,根据公式(5-1-11)

$$z_j = \left(1 - \sum_{i=1}^{n} a_{ij}\right) x_j \quad (j = 1,2,3)$$

得

$$z_1 = [1 - (0 + 0.35 + 0.15)] \times 300 = 150$$

$$z_2 = [1 - (0.55 + 0.15 + 0.05)] \times 200 = 50$$

$$z_3 = [1 - (0.55 + 0.05 + 0.05)] \times 100 = 35$$

即

$$\boldsymbol{Z} = (150 \quad 50 \quad 35)^{\mathrm{T}}$$

(2) 由于每个企业的总产出已知,根据公式(5-1-13)

$$x_j = \left(1 - \sum_{i=1}^{n} a_{ij}\right)^{-1} z_j \quad (j = 1,2,3)$$

得

$$x_1 = [1 - (0 + 0.35 + 0.15)]^{-1} \times 150 = 300$$

$$z_2 = [1 - (0.55 + 0.15 + 0.05)]^{-1} \times 50 = 200$$

$$z_3 = [1 - (0.55 + 0.05 + 0.05)]^{-1} \times 35 = 100$$

即

$$\boldsymbol{Z} = (300 \quad 200 \quad 100)^{\mathrm{T}}$$

2. 分配平衡方程组的解

若直接消耗系数 a_{ij} 是已知数值，将其代入分配平衡方程组(5-1-7)，得线性方程组：

$$\begin{cases}(1-a_{11})x_1-a_{12}x_2-\cdots-a_{1n}x_n=y_1\\-a_{21}x_1+(1-a_{22})x_2-\cdots-a_{2n}x_n=y_2\\\qquad\vdots\\-a_{n1}x_1-a_{n2}x_2-\cdots-(1-a_{nn})x_n=y_n\end{cases}\tag{5-1-15}$$

用矩阵表示为

$$(\boldsymbol{I}-\boldsymbol{A})\boldsymbol{X}=\boldsymbol{Y}\tag{5-1-16}$$

式(5-1-15)的解有以下两种情况：

(1) 若已知 x_j 的数值，则求 y_i 值的矩阵运算公式为

$$\boldsymbol{Y}=(\boldsymbol{I}-\boldsymbol{A})\boldsymbol{X}\tag{5-1-17}$$

(2) 若已知 y_i 的数值，则求 x_j 值的矩阵运算公式为

$$\boldsymbol{X}=(\boldsymbol{I}-\boldsymbol{A})^{-1}\boldsymbol{Y}\tag{5-1-18}$$

例 5-1-4 由 3 个工程队组成一个施工公司，他们在某一时期内互相提供服务：工程一队每单位产值分别需要二队、三队的 0.2、0.3 单位服务；工程二队每单位产值分别需要一队、三队的 0.1、0.4 单位服务；工程三队每单位产值分别需要一队、二队的 0.3、0.4 单位服务。又知在该时期内，他们都对外服务，创造的产值分别为一队 500 万元，二队 700 万元，三队 600 万元。

(1) 这一时期内，每个工程队的总产出是多少？

(2) 求各工程队之间的中间投入 $x_{ij}(i,j=1,2,3)$ 和初始投入 $z_j(j=1,2,3)$。

解 (1) 直接消耗系数矩阵和最终产品矩阵为

$$\boldsymbol{A}=\begin{pmatrix}0&0.2&0.3\\0.1&0&0.4\\0.3&0.4&0\end{pmatrix},\quad \boldsymbol{Y}=\begin{pmatrix}500\\700\\600\end{pmatrix}$$

由分配平衡方程组

$$\begin{cases}\qquad\quad 0.2x_2+0.3x_3+500=x_1\\0.1x_1+\qquad\quad +0.4x_3+700=x_2\\0.3x_1+0.4x_2\qquad\qquad +600=x_3\end{cases}$$

得

$$\begin{cases}\qquad x_1-0.2x_2-0.3x_3=500\\-0.1x_1+\quad x_2-0.4x_3=700\\-0.3x_1-0.4x_2+\quad x_3=600\end{cases}$$

用初等行变换将其增广矩阵转换成行最简阶梯形矩阵，得

$$(\boldsymbol{A}\quad \boldsymbol{b})=\begin{pmatrix}1&-0.2&-0.3&500\\-0.1&1&-0.4&700\\-0.3&-0.4&1&600\end{pmatrix}\to\cdots\to\begin{pmatrix}1&0&0&1256.49\\0&1&0&1448.16\\0&0&1&1556.20\end{pmatrix}$$

所以，每个工程队创造的总产出为

$$x_1 = 1256.49(\text{万元}),\quad x_2 = 1448.16(\text{万元}),\quad x_3 = 1556.20(\text{万元})$$

(2) 由直接消耗系数公式和乘法运算规则可知,各工程队之间的投入矩阵为

$$\begin{pmatrix} x_{11} & x_{12} & x_{13} \\ x_{21} & x_{22} & x_{23} \\ x_{31} & x_{32} & x_{33} \end{pmatrix} = \begin{pmatrix} 0 & 0.2 & 0.3 \\ 0.1 & 0 & 0.4 \\ 0.3 & 0.4 & 0 \end{pmatrix} \begin{pmatrix} 1256.49 & 0 & 0 \\ 0 & 1448.16 & 0 \\ 0 & 0 & 1556.20 \end{pmatrix}$$

$$= \begin{pmatrix} 0 & 289.63 & 466.86 \\ 125.65 & 0 & 622.48 \\ 376.95 & 579.26 & 0 \end{pmatrix}$$

又由消耗平衡方程组

$$\begin{cases} z_1 = 1256.49 - (0 + 125.65 + 376.95) = 753.89 \\ z_2 = 1448.16 - (289.63 + 0 + 579.26) = 579.27 \\ z_3 = 1556.20 - (466.86 + 622.48 + 0) = 466.86 \end{cases}$$

可得各工程队之间的初始投入为

$$z_1 = 753.89(\text{万元}),\quad z_2 = 579.27(\text{万元}),\quad z_3 = 466.86(\text{万元})$$

5.1.4 完全消耗系数

定义 5-1-2 第 j 个部门生产单位产品时对第 i 个部门产品量的完全消耗的产品量,称为第 j 个部门对第 i 个部门的**完全消耗系数**,记作 b_{ij},即

$$b_{ij} = a_{ij} + \sum_{k=1}^{n} b_{ik} a_{kj} \quad (i,j = 1,2,\cdots,n) \tag{5-1-19}$$

其中,$\sum_{k=1}^{n} b_{ik} a_{kj}$ 表示间接消耗的总和。

各部门之间的完全消耗系数构成的 n 阶矩阵,称为**完全消耗系数矩阵**,记作

$$\boldsymbol{B} = (b_{ij})_n$$

公式(5-1-19)的矩阵表示式为

$$\boldsymbol{B} = \boldsymbol{A} + \boldsymbol{BA}$$

由矩阵运算

$$\boldsymbol{A} = \boldsymbol{B}(\boldsymbol{I} - \boldsymbol{A})$$

$$\boldsymbol{B} = \boldsymbol{A}(\boldsymbol{I} - \boldsymbol{A})^{-1} = (\boldsymbol{I} - \boldsymbol{A})^{-1} - (\boldsymbol{I} - \boldsymbol{A})(\boldsymbol{I} - \boldsymbol{A})^{-1} = (\boldsymbol{I} - \boldsymbol{A})^{-1} - \boldsymbol{I}$$

得到完全消耗系数的计算公式

$$\boldsymbol{B} = (\boldsymbol{I} - \boldsymbol{A})^{-1} - \boldsymbol{I} \tag{5-1-20}$$

直接消耗系数反映了各部门之间产品的直接消耗关系。完全消耗系数能够更深刻、更本质、更全面地反映各部门之间相互依存、相互制约的关系,它从最终产品和总产出的关系上阐明了经济活动规律,准确、完全地反映了提供单位产品对各部门产品的完全消耗量的需求。

例 5-1-5 已知某一经济系统的直接消耗系数矩阵

$$\boldsymbol{A} = \begin{pmatrix} 0.2 & 0.2 & 0.2 \\ 0.1 & 0.1 & 0.3 \\ 0.2 & 0.2 & 0 \end{pmatrix}$$

试求该系统的完全消耗系数矩阵 $\boldsymbol{B}$。

解　因为 $\boldsymbol{B}=(\boldsymbol{I}-\boldsymbol{A})^{-1}-\boldsymbol{I}$，且 $(\boldsymbol{I}-\boldsymbol{A})=\begin{pmatrix}0.8 & -0.2 & -0.2\\ -0.1 & 0.9 & -0.3\\ -0.2 & -0.2 & 1\end{pmatrix}$，从而求得

$$(\boldsymbol{I}-\boldsymbol{A})^{-1}=\begin{pmatrix}\frac{7}{5} & \frac{2}{5} & \frac{2}{5}\\ \frac{4}{15} & \frac{19}{15} & \frac{13}{30}\\ \frac{1}{3} & \frac{1}{3} & \frac{7}{6}\end{pmatrix}$$

从而有

$$\boldsymbol{B}=(\boldsymbol{I}-\boldsymbol{A})^{-1}-\boldsymbol{I}=\begin{pmatrix}\frac{2}{5} & \frac{2}{5} & \frac{2}{5}\\ \frac{4}{15} & \frac{4}{15} & \frac{13}{30}\\ \frac{1}{3} & \frac{1}{3} & \frac{1}{6}\end{pmatrix}$$

从前面的内容可知，直接消耗系数是对总产品而言的，完全消耗系数是对最终产品而言的，那么总产品与最终产品之间的关系是怎样的？

由 $\boldsymbol{B}=(\boldsymbol{I}-\boldsymbol{A})^{-1}-\boldsymbol{I}$，易得

$$\boldsymbol{X}=(\boldsymbol{I}-\boldsymbol{A})^{-1}\boldsymbol{Y}=(\boldsymbol{B}+\boldsymbol{I})\boldsymbol{Y}=\boldsymbol{BY}+\boldsymbol{IY}$$

即为了得到最终产品 $\boldsymbol{Y}$，要求各部门必须生产 $\boldsymbol{X}=\boldsymbol{BY}+\boldsymbol{IY}$ 的产品总量。只有当各部门生产的产品量达到这些数量时，才能去掉生产过程中的各种消耗，得到各部门所需要的最终产品。

5.1.5　投入产出表的编制

利用投入产出模型编制计划之前，首先要确定计划期的直接消耗。一般是利用已有的统计资料编制报告期的投入产出表，然后求出其直接消耗系数和**初始投入系数** a_{zj}（第 j 个部门生产单位产品直接消耗的初始投入量，称为第 j 个部门的初始投入系数），再利用已经求得的直接消耗系数和初始投入系数，结合计划期内的最终产品量，编制各部门的计划方案。

利用投入产出方法制订计划方案的方法比较多，下面介绍一种最简单、方便的方法。

例 5-1-6　设某一经济系统报告期的直接消耗系数和初始投入系数分别为

$$\boldsymbol{A}=\begin{pmatrix}0.2 & 0.1 & 0\\ 0.2 & 0.3 & 0.3\\ 0 & 0.15 & 0.2\end{pmatrix},\quad \boldsymbol{a}_z=\begin{pmatrix}0.6\\ 0.45\\ 0.5\end{pmatrix}$$

若其计划期的最终产品为 $\boldsymbol{Y}=(1000\quad 1500\quad 1000)^{\mathrm{T}}$，请编制计划期的投入产出表。

解　$\boldsymbol{I}-\boldsymbol{A}=\begin{pmatrix}0.8 & -0.1 & 0\\ -0.2 & 0.7 & -0.3\\ 0 & -0.15 & 0.2\end{pmatrix}$

可求得
$$(\boldsymbol{I}-\boldsymbol{A})^{-1}=\frac{1}{0.396}\begin{pmatrix}0.515 & 0.08 & 0.03\\0.16 & 0.64 & 0.24\\0.03 & 0.12 & 0.54\end{pmatrix}$$

所以
$$\boldsymbol{X}=(\boldsymbol{I}-\boldsymbol{A})^{-1}\boldsymbol{Y}=\frac{1}{0.396}\begin{pmatrix}0.515 & 0.08 & 0.03\\0.16 & 0.64 & 0.24\\0.03 & 0.12 & 0.54\end{pmatrix}\begin{pmatrix}1000\\1500\\1000\end{pmatrix}$$
$$=\frac{1}{0.396}\begin{pmatrix}665\\1360\\750\end{pmatrix}\approx\begin{pmatrix}1679\\3434\\1894\end{pmatrix}$$

再利用公式 $x_{ij}=a_{ij}x_j(i,j=1,2,3)$求出计划期各部门之间的中间产品,即
$$\begin{pmatrix}x_{11} & x_{12} & x_{13}\\x_{21} & x_{22} & x_{23}\\x_{31} & x_{32} & x_{33}\end{pmatrix}=\begin{pmatrix}0.2 & 0.1 & 0\\0.2 & 0.3 & 0.3\\0 & 0.15 & 0.2\end{pmatrix}\begin{pmatrix}1679 & 0 & 0\\0 & 3434 & 0\\0 & 0 & 1894\end{pmatrix}$$
$$=\begin{pmatrix}335.8 & 343.4 & 0\\335.8 & 1030.2 & 568.2\\0 & 515.1 & 378.8\end{pmatrix}$$

最后,分别用总产出 x_1、x_2、x_3 去乘以初始投入系数,求出各计划期各部门的初始投入,即
$$z_1=0.6\times1679\approx1007.4$$
$$z_2=0.45\times3434\approx1545.3$$
$$z_3=0.5\times1894\approx947$$

利用上述计算结果,编制计划期的投入产出表(表 5-1-4)。

表 5-1-4 某经济系统计划期投入产出表 单位:亿元

部门间流量(产出/投入)		中间产品 1	中间产品 2	中间产品 3	最终产品	总产出
中间投入	1	335.8	343.4	0	1000	1679
	2	335.8	1030.2	568.2	1500	3434
	3	0	515.1	378.8	1000	1894
初始投入		1007.4	1545.3	947		
总投入		1679	3434	1894		

上述方法归纳为以下几个步骤。

(1) 决定计划期的最终产品量 $\boldsymbol{Y}$;

(2) 利用报告期的直接消耗系数矩阵 $\boldsymbol{A}$,求出逆矩阵$(\boldsymbol{I}-\boldsymbol{A})^{-1}$,并利用公式 $\boldsymbol{X}=(\boldsymbol{I}-\boldsymbol{A})^{-1}\boldsymbol{Y}$,求出计划期的总产出量 $\boldsymbol{X}$;

(3) 利用公式 $x_{ij}=a_{ij}x_j(i,j=1,2,\cdots,n)$求出计划期各部门之间的中间产品 x_{ij};

(4) 利用公式 $z_j=a_{zj}x_j(j=1,2,\cdots,n)$求出计划期各部门的初始投入 z_j;

(5) 根据上述结果，编制计划期的投入产出表。

习题 5-1

已知某经济系统在一生产周期内各部门的直接消耗系数和初始投入情况如表 5-1-5 所示。

表 5-1-5　某经济系统在一生产周期内各部门的直接消耗系数和初始投入情况

部门间流量（产出/投入）		中间产品			最终产品	总产出
		1	2	3		
中间投入	1	0.3	0.2	0.4	y_1	x_1
	2	0.1	0.1	0.3	y_2	x_2
	3	0.2	0.2	0.3	y_3	x_3
初始投入		900	500	200		
总投入		x_1	x_2	x_3		

求：(1) 各部门总产出 x_1,x_2,x_3；

(2) 各部门最终产品 y_1,y_2,y_3；

(3) 各部门之间的中间产品 $x_{ij}(i,j=1,2,3)$。

5.2　线性规划问题

5.2.1　线性规划问题的几个实例

例 5-2-1(资源利用问题)　某厂在计划期可生产甲、乙两种机器零件。已知计划期具备的可用资源为：钢材 3600 千克，铜材 2000 千克，专用设备能力 3000 台时。生产甲种产品 1 件，需要钢材 9 千克，铜材 4 千克，专用设备能力 3 台时；生产乙种产品 1 件，需要钢材 4 千克，铜材 5 千克，专用设备能力 10 台时；而生产 1 件甲、乙产品的单位收益(单价)分别为 70 元和 120 元(见表 5-2-1)。问在产品销售看好的条件下，该厂应如何安排生产计划，才能获得最大收益？

表 5-2-1　某厂生产活动基本情况表

零件／资源	甲	乙	计划期内可用资源
钢材/千克	9	4	3600
铜材/千克	4	5	2000
专用设备能力	3 台时	10 台时	3000 千克
单价/(元/件)	70	120	

解　显然，在计划期内该厂可以有各种不同的方案来安排甲、乙两种产品的生产，但是，在这些方案中，最优方案是在该厂所供资源和设备能力的前提下，获得最大收益的那个。

设 x_1,x_2 分别表示甲、乙两种产品在计划期的产量，则根据题意知，计划期内所耗费的资源和设备能力分别为：钢材耗费总量为 $9x_1+4x_2$ 千克；铜材耗费总量为 $4x_1+5x_2$ 千克；专用设备能力耗费总量为 $3x_1+10x_2$ 台时；计划期内该厂两种产品获得的收益为 $S=70x_1+120x_2$ 元。

由于计划期内所消耗掉的资源和设备能力总量均不能超过可提供的数量，因此计划期内的生产方案应满足以下约束条件：

$$\left.\begin{aligned}9x_1+4x_2&\leqslant 3600\\4x_1+5x_2&\leqslant 2000\end{aligned}\right\}\text{资源约束}$$

$$3x_1+10x_2\leqslant 3000\qquad \text{专用设备能力约束}$$

并且计划期内各产品的生产量不能是负数(没有实际意义)，即应满足 $x_1\geqslant 0,x_2\geqslant 0$ 称为变量的非负约束。

在满足上述约束的条件下，使计划期内该厂获得最大收益的生产方案，可以表达为如下形式：

$$\max S=70x_1+120x_2$$

$$\text{s.t.}\begin{cases}9x_1+4x_2\leqslant 3600\\4x_1+5x_2\leqslant 2000\\3x_1+10x_2\leqslant 3000\\x_1,x_2\geqslant 0\end{cases}$$

此类问题一般称为资源利用问题，其数学模型通常是在要使利润最大或总收益最大等目标下，寻求资源的最优利用、生产计划的合理安排、产品的最优组合等。

例 5-2-2(合理配料问题) 某职工食堂中餐出售甲、乙两种食品。甲每份售价为 0.1 元，乙每份售价为 0.2 元。假定食品甲每份含维生素 A 2mg，维生素 B 3mg；食品乙每份含维生素 A 4mg，维生素 B 2mg。而一个成年人中餐按营养学要求，至少应含维生素 A 16mg，维生素 B 12mg。问一个成年人进餐时应购买甲、乙食品各几份，才能既保证足够的营养要求，同时又花钱最少？试建立数学模型。

解 列表分析如下(见表 5-2-2)。

表 5-2-2

食品 / 营养成分	甲	乙	成人中餐营养最低要求
维生素 A/mg	2	4	16
维生素 B/mg	3	2	12
食品单位/(元/份)	0.1	0.2	

设一个成年人进餐者购买甲、乙食品分别为 x_1,x_2 份，根据题意，得到该问题的数学模型如下：

$$\min S=0.1x_1+0.2x_2$$

$$\text{s.t.}\begin{cases}2x_1+4x_2\geqslant 16\\3x_1+2x_2\geqslant 12\\x_1,x_2\geqslant 0\end{cases}$$

此类问题一般称为合理配料问题。这种模型具有普遍的实用价值，如冶炼工业的原料配比、石油工业的原油混合、食品工业的营养配方、纺织工业的纤维比例、畜牧业的饲料混合等，都是具有同样性质的问题。在经营管理中，如何既完成或超额完成计划的利润指标，又能使总成本为最低的问题，一般也有类似的数学模型。

例 5-2-3(合理下料问题) 制造某种机床需要 A、B、C 3 种规格的轴，见表 5-2-3。各类轴件都用 5.5m 长的同种圆钢下料，若计划生产 100 台机床，问最经济的用料需要多少根圆钢？

表 5-2-3

轴类	规格/m	每台需用量/根
A	3.1	1
B	2.1	2
C	1.2	4

解 将一根 5.5m 长的圆钢，截成长度分别为 3.1m、2.1m 和 1.2m 的材料，共有 5 种不同的截料方式，见表 5-2-4。

表 5-2-4

截料方式＼材料	3.1m 圆钢	2.1m 圆钢	1.2m 圆钢	余料	截料根数
1	1	1	0	0.3	x_1
2	1	0	2	0	x_2
3	0	2	1	0.1	x_3
4	0	1	2	1.0	x_4
5	0	0	4	0.7	x_5
需用量	100	200	400		

设 x_j 表示用第 j 种下料方式所用圆钢的根数，根据题意，可列如下数学模型：

$$\min S = x_1 + x_2 + x_3 + x_4 + x_5$$

$$\text{s.t.}\begin{cases} x_1 + x_2 \geqslant 100 \\ x_1 + 2x_2 + x_4 \geqslant 200 \\ 2x_2 + x_3 + 2x_4 + 4x_5 \geqslant 400 \\ x_j \geqslant 0 \quad (j = 1,2,3,4,5) \end{cases}$$

这类问题一般称为合理下料问题。在切割、裁剪工艺中，研究合理下料方式，可以充分利用资源，降低成本。解决这类问题的关键在于不遗漏、不重复地列出所有可能的下料方式。

以上所研究的资源利用问题、合理配料问题和合理下料问题等，在科学管理和经济领域里，还有很多类似的应用，如工业布局问题、平衡运输问题等都能建立起类似形式的数学模型。

建立经济问题的线性规划数学模型，一般包括以下 3 个步骤。

(1) 确定决策变量 x_j。确定决策变量，就是确定优化的内容和对象。决策变量是不同方案赖以区分的根据，一般来说，不同的决策变量表示不同的方案。

(2) 确定目标函数 S。优化的目标是经济管理工作者选择的标准,线性规划模型中的目标函数是决策变量的线性函数,它反映经济工作者所追求的目标(最大化的或最小化的),反映"目标"与"决策变量"之间的关系。一般来说,当决策变量取不同值时,目标函数相应的取不同的值。

(3) 确定约束条件。线性规划模型的约束条件,是指优化过程中限制决策变量的一些条件,它们是决策变量线性等式或不等式。

从上面建立的数学模型中,我们会发现这种数学模型具有如下特点。

(1) 有一组决策变量 $x_j(j=1,2,\cdots,n)$;

(2) 有一组约束条件,它们都是用变量的线性不等式(或等式)表示的;

(3) 有一个由决策变量表示的线性目标函数。

在数学上,将具有上述特征的模型叫作线性规划数学模型,通常记作 LP 模型。

5.2.2 线性规划问题的数学模型

1. 一般形式

求取一组变量 $x_j(j=1,2,\cdots,n)$,使之既满足线性约束条件,又使线性的目标函数取得极值的一类最优化问题,称为**线性规划问题**。

线性规划问题可用数学语言描述如下。

目标函数: $\max(\min)S = c_1x_1 + c_2x_2 + \cdots + c_nx_n$

约束条件:
$$\begin{cases} a_{11}x_1 + a_{12}x_2 + \cdots + a_{1n}x_n \leqslant (=, \geqslant) b_1 \\ a_{21}x_1 + a_{22}x_2 + \cdots + a_{2n}x_n \leqslant (=, \geqslant) b_2 \\ \qquad\vdots \\ a_{m1}x_1 + a_{m2}x_2 + \cdots + a_{mn}x_n \leqslant (=, \geqslant) b_m \\ x_j \geqslant 0 \quad (j = 1,2,\cdots,n) \end{cases} \tag{5-2-1}$$

其中,$a_{ij}, b_i, c_j(i=1,2,\cdots,m;\ j=1,2,\cdots,n)$均为常数。

把式(5-2-1)称为线性规划问题的数学模型的一般形式,其简写如下。

目标函数: $\max(\min)S = \sum_{j=1}^{n} c_jx_j$

约束条件:
$$\begin{cases} \sum_{j=1}^{n} a_{ij}x_j \leqslant (=, \geqslant) b_i \quad (i = 1,2,\cdots,m) \\ x_j \geqslant 0 \quad (j = 1,2,\cdots,n) \end{cases} \tag{5-2-2}$$

注:有时候将 $x_j \geqslant 0$ 称为变量的非负约束条件。

2. 标准形式

从式(5-2-1)可以看出,线性规划问题的一般形式包含了线性规划问题的多种形式,这对阐述一些基本概念和求解方法带来不便,因此,要规定一种线性规划问题的标准形式。

规定标准形式有以下特点。

(1) 求目标函数的最大值;

(2) 所有的约束方程都用等式表示；

(3) 所有的变量都是非负的；

(4) 约束方程等式右端的常数(称为约束常数)都是非负的。

一般来说,线性规划问题的数学模型标准形式如下：

$$\max S = c_1x_1 + c_2x_2 + \cdots + c_nx_n$$

$$\text{s.t.}\begin{cases} a_{11}x_1 + a_{12}x_2 + \cdots + a_{1n}x_n = b_1 \\ a_{21}x_1 + a_{22}x_2 + \cdots + a_{2n}x_n = b_2 \\ \qquad\vdots \\ a_{m1}x_1 + a_{m2}x_2 + \cdots + a_{mn}x_n = b_m \\ x_j \geqslant 0 \quad (j = 1,2,\cdots,n) \end{cases} \tag{5-2-3}$$

其中,$b_i \geqslant 0(i=1,2,\cdots,m)$,或写作

$$\max S = \sum_{j=1}^{n} c_jx_j$$

$$\text{s.t.}\begin{cases} \sum_{j=1}^{n} a_{ij}x_j = b_i(b_i \geqslant 0) \quad (i = 1,2,\cdots,m) \\ x_j \geqslant 0 \quad (j = 1,2,\cdots,n) \end{cases} \tag{5-2-4}$$

用矩阵表示为

$$\max \boldsymbol{S} = \boldsymbol{CX}$$

$$\text{s.t.}\begin{cases} \boldsymbol{AX} = \boldsymbol{b} \\ x_i \geqslant 0 \end{cases} \tag{5-2-5}$$

其中：

$$\boldsymbol{C} = (c_1 \quad c_2 \quad \cdots \quad c_n)$$

$$\boldsymbol{X} = (x_1 \quad x_2 \quad \cdots \quad x_n)^{\mathrm{T}}$$

$$\boldsymbol{A} = \begin{pmatrix} a_{11} & a_{12} & \cdots & a_{1n} \\ a_{21} & a_{22} & \cdots & a_{2n} \\ \vdots & \vdots & & \vdots \\ a_{m1} & a_{m2} & \cdots & a_{mn} \end{pmatrix}$$

$$\boldsymbol{b} = \begin{pmatrix} b_1 \\ b_2 \\ \vdots \\ b_m \end{pmatrix} \quad (b_i \geqslant 0)$$

3. 线性规划模型的标准化

对线性规划问题的研究是基于标准型进行的,因此对于给定的非标准型线性规划问题的数学模型,需要将其转换为标准型。一般来说,对于不同形式的线性规划模型,可以采用以下方法将其转换为标准型。

(1) 对于目标函数是求最小值的线性规划问题,只要将目标函数的系数取反,即可转

换为等价的最大值问题。

(2) 约束条件为“≤”(“≥”)类型的线性规划问题,可在不等式左边加上(或者减去)一个非负的新变量,即可转换为等式。这个新增的非负变量称为**松弛变量**(或称为**剩余变量**)。在目标函数中一般认为新增的松弛变量的系数为零。

(3) 如果在一个线性规划问题中,决策变量 x_k 的符号没有限制,则可用两个非负的新变量 x_{n+k} 和 x_{n+k+1} 之差来代替,即将变量 x_k 写成 $x_k = x_{n+k} - x_{n+k+1}$,且 $x_{n+k} \geqslant 0$,$x_{n+k+1} \geqslant 0$。通常将这样的 x_k 称为自由变量。

(4) 当常数项 b_i 为负值时,可在该约束条件的两边分别乘以-1。

例 5-2-4 将下列线性规划的模型转换为标准型:

$$\max S = 70x_1 + 120x_2$$

$$\text{s.t.}\begin{cases} 9x_1 + 4x_2 \leqslant 3600 \\ 4x_1 + 5x_2 \leqslant 2000 \\ 3x_1 + 54x_2 \leqslant 3000 \\ x_1, x_2 \geqslant 0 \end{cases}$$

解 在各不等式的左边分别加上松弛变量 x_3, x_4, x_5,使不等式成为等式,从而得到标准型:

$$\max S = 70x_1 + 120x_2$$

$$\text{s.t.}\begin{cases} 9x_1 + 4x_2 + x_3 = 3600 \\ 4x_1 + 5x_2 + x_4 = 2000 \\ 3x_1 + 54x_2 + x_5 = 3000 \\ x_1, \cdots, x_5 \geqslant 0 \end{cases}$$

例 5-2-5 将下列线性规划模型转换成标准型:

$$\min S = 3x_1 - x_2 + 3x_3$$

$$\text{s.t.}\begin{cases} x_1 + x_2 + x_3 \leqslant 6 \\ x_1 + x_2 - x_3 \geqslant 2 \\ -3x_1 + 2x_2 + x_3 = 5 \\ x_1, x_2 \geqslant 0, x_3 \text{ 无非负约束} \end{cases}$$

解 通过以下 4 个步骤:

(1) 将目标函数两边乘以-1转换为求最大值;

(2) 以 $x_3 = x_4 - x_5$ 代入目标函数和所有的约束条件中,其中,$x_4 \geqslant 0, x_5 \geqslant 0$;

(3) 在第一个约束条件的左边加上松弛变量 x_6;

(4) 在第二个约束条件的左边减去剩余变量 x_7。

于是得到该线性规划模型的标准型:

$$\max S' = -3x_1 + x_2 - 3x_4 + 3x_5$$

$$\text{s.t.}\begin{cases} x_1 + x_2 + x_4 - x_5 + x_6 = 6 \\ x_1 + x_2 - x_4 + x_5 - x_7 = 2 \\ -3x_1 + 2x_2 + x_4 - x_5 = 5 \\ x_1, x_2, x_4, x_5, x_6, x_7 \geqslant 0 \end{cases}$$

5.2.3 线性规划问题的解

线性规划问题

$$\max S = \sum_{j=1}^{n} c_j x_j$$

$$\text{s. t.} \begin{cases} \sum_{j=1}^{n} a_{ij} x_j = b_i (b_i \geqslant 0) \quad (i = 1,2,\cdots,m) & (5\text{-}2\text{-}6) \\ x_j \geqslant 0 \quad (j = 1,2,\cdots,n) & (5\text{-}2\text{-}7) \end{cases}$$

的解有可行解、最优解、基本解、基本可行解 4 种,下面分别讨论。

1. 可行解

满足线性规划约束条件(5-2-6)和(5-2-7)的解 $\boldsymbol{X}=(x_1,x_2,\cdots,x_n)^{\mathrm{T}}$ 称为线性规划问题的**可行解**。所有可行解的集合称为**可行域**或**可行解集**。

2. 最优解

使线性规划的目标函数达到最大值或最小值的可行解称为线性规划的**最优解**。

3. 基本解

设 $\boldsymbol{A}$ 是约束方程组(5-2-6)的($m\times n$)阶的系数矩阵($m<n$),其秩为 m,则 $\boldsymbol{A}$ 中任意 m 个线性无关的列向量构成的 $m\times m$ 阶子矩阵称为线性规划的一个**基矩阵**或简称为一个**基**,记为 $\boldsymbol{B}$。显然,$\boldsymbol{B}$ 为非奇异矩阵,即 $|\boldsymbol{B}|\neq 0$。

基矩阵的 m 个列向量称为**基向量**,其余 $n-m$ 个向量称为**非基向量**。与 m 个基向量相对应的 m 个变量称为**基变量**,其余的 $n-m$ 个变量则称为**非基变量**。显然,基变量随着基的变化而变化,当基被确定以后,基变量和非基变量也随之确定。

若令约束方程组(5-2-6)中的 $n-m$ 个非基变量为零,再对余下的 m 个基变量求解,所得到的约束方程组的解称为**基本解**。基本解的个数总是小于等于 C_n^m 个。

例如,设 $\boldsymbol{B}=(p_1 \quad p_2 \quad \cdots \quad p_m)$为线性规划的一个基,于是 $x_i=(i=1,2,\cdots,m)$为基变量,$x_j=(i=m+1,m+2,\cdots,n)$就是非基变量。现令非基变量 $x_{m+1}=x_{m+2}=\cdots=x_n=0$,方程组(5-2-5)就变为

$$\begin{cases} a_{11}x_1 + a_{12}x_2 + \cdots + a_{1m}x_m = b_1 \\ a_{21}x_1 + a_{22}x_2 + \cdots + a_{2m}x_m = b_2 \\ \qquad \vdots \\ a_{m1}x_1 + a_{m2}x_2 + \cdots + a_{mm}x_m = b_m \end{cases}$$

此时方程组有 m 个方程式,m 个未知数,可唯一解出 $x_1,x_2,\cdots,x_m$。则向量

$$\boldsymbol{X} = (x_1,x_2,\cdots,x_m,\underbrace{0,\cdots,0}_{n-m\text{个}})^{\mathrm{T}}$$

就是对应于基 $\boldsymbol{B}$ 的基本解。

4. 基本可行解

满足非负条件(式 5-2-7)的基本解称为**基本可行解**；对应于基本可行解的基称为**可行基**。

显然,基本可行解既是基本解,又是可行解。一般情况下,基本可行解的数目要少于基本解的数目,最多两者相等。

当基本可行解的非零分量个数恰为 m 时,称此解是非退化的解；如果有的基变量也取零值,即基本可行解的非零分量个数小于 m 时,称此解是退化解。

例 5-2-6 求下列线性规划问题的所有基本解,并指出哪些是基本可行解：

$$\max S = 3x_1 + x_2$$
$$\text{s.t.}\begin{cases}2x_1 + 3x_2 \leqslant 4\\ 3x_1 + x_2 \leqslant 5\\ x_1, x_2 \geqslant 0\end{cases}$$

解 将已知模型转换为标准型：

$$\max S = 3x_1 + x_2$$
$$\text{s.t.}\begin{cases}2x_1 + 3x_2 + x_3 = 4\\ 3x_1 + x_2 + x_4 = 5\\ x_j \geqslant 0 \quad (j = 1,2,3,4)\end{cases}$$

其系数矩阵为

$$\boldsymbol{A} = \begin{pmatrix}2 & 3 & 1 & 0\\ 3 & 1 & 0 & 1\end{pmatrix} = (p_1 \quad p_2 \quad p_3 \quad p_4)$$

由于其中任意两个向量都是线性无关的,故共有 $C_4^2=6$ 个不同的基,对应于 6 个不同的基本解,如表 5-2-5 所示。

表 5-2-5

基	基向量	基变量	非基变量	对应的基本解	说明
$\boldsymbol{B}_1=\begin{pmatrix}2 & 3\\ 3 & 1\end{pmatrix}$	(p_1,p_2)	(x_1,x_2)	(x_3,x_4)	$\boldsymbol{X}_{\boldsymbol{B}_1}=\left(\frac{1}{7} \quad \frac{2}{7} \quad 0 \quad 0\right)^{\mathrm{T}}$	基本可行解
$\boldsymbol{B}_2=\begin{pmatrix}2 & 1\\ 3 & 0\end{pmatrix}$	(p_1,p_3)	(x_1,x_3)	(x_2,x_4)	$\boldsymbol{X}_{\boldsymbol{B}_2}=\left(\frac{5}{3} \quad 0 \quad \frac{2}{3} \quad 0\right)^{\mathrm{T}}$	基本可行解
$\boldsymbol{B}_3=\begin{pmatrix}2 & 0\\ 3 & 1\end{pmatrix}$	(p_1,p_4)	(x_1,x_4)	(x_2,x_3)	$\boldsymbol{X}_{\boldsymbol{B}_3}=(2 \quad 0 \quad 0 \quad -1)^{\mathrm{T}}$	非可行解
$\boldsymbol{B}_4=\begin{pmatrix}3 & 1\\ 1 & 0\end{pmatrix}$	(p_2,p_3)	(x_2,x_3)	(x_1,x_4)	$\boldsymbol{X}_{\boldsymbol{B}_4}=(0 \quad 5 \quad -11 \quad 0)^{\mathrm{T}}$	非可行解
$\boldsymbol{B}_5=\begin{pmatrix}3 & 0\\ 1 & 1\end{pmatrix}$	(p_2,p_4)	(x_2,x_4)	(x_1,x_3)	$\boldsymbol{X}_{\boldsymbol{B}_5}=\left(0 \quad \frac{4}{3} \quad 0 \quad \frac{11}{3}\right)^{\mathrm{T}}$	基本可行解
$\boldsymbol{B}_6=\begin{pmatrix}1 & 0\\ 0 & 1\end{pmatrix}$	(p_3,p_4)	(x_3,x_4)	(x_1,x_2)	$\boldsymbol{X}_{\boldsymbol{B}_6}=(0 \quad 0 \quad 4 \quad 5)^{\mathrm{T}}$	基本可行解

5.2.4 线性规划问题的图解法

两个变量的线性规划模型,可以在平面直角坐标系上用直观、形象的图解法来解决。其基本思路是,由约束条件确定可行域,然后结合目标函数,从可行域中求得最优解。图解法的具体步骤如下:

(1) 在平面上建立直角坐标系;

(2) 图示约束条件,找出可行域;

(3) 图示目标函数和寻找最优解。

例 5-2-7 用图解法求解线性规划问题:

$$\max S = 3x_1 + 4x_2$$

$$\text{s. t.}\begin{cases} x_1 + 2x_2 \leqslant 8 \\ x_1 \leqslant 4 \\ x_2 \leqslant 3 \\ x_1, x_2 \geqslant 0 \end{cases}$$

解 (1) 画出由约束条件所确定的可行域。

① 把决策变量 x_1, x_2 看作平面上点的坐标,由 $x_1, x_2 \geqslant 0$ 可知,可行域在第一象限。

② 画出直线:用等式约束代替不等式约束,如图 5-2-1 所示。

$$\begin{cases} x_1 + 2x_2 = 8 \\ x_1 = 4 \\ x_2 = 3 \end{cases}$$

③ 确定可行域。确定每一个不等式所表示的半平面,取它们的交集,即多边形 $OABCD$ 为所求可行域,如图 5-2-2 所示。

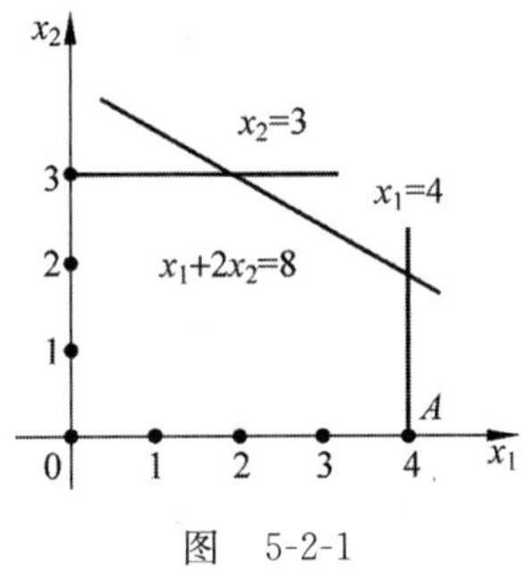

图 5-2-1

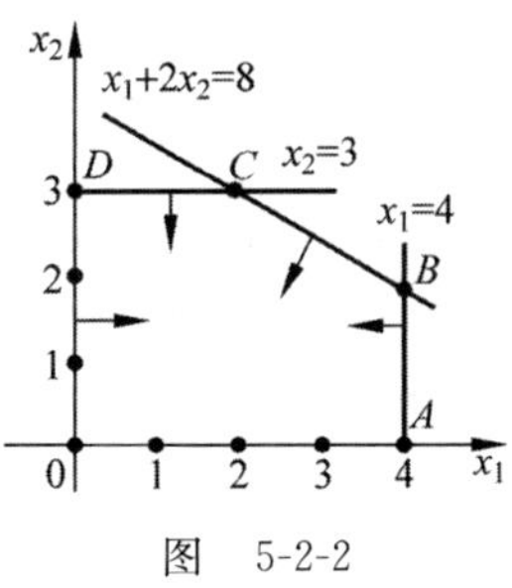

图 5-2-2

(2) 从可行域中找出最优解.把目标函数 $S=3x_1+4x_2$ 中的 S 看作一个参数,取 $S=0$,则 $0=3x_1+4x_2$ 是一条直线,且这条直线上任意一点都使目标函数取"0"值,因此,称此直线为目标函数**等值线**。若再取 $S=4,8,12,\cdots$,则可得到一族平行的目标函数等值线,如图 5-2-3 所示。由图 5-2-3 可知,S 取值越大,目标函数等直线就越往右上方平移,B 点是使目标函数值最大的可行解。

求出 B 点的坐标。解方程组

$$\begin{cases} x_1 + 2x_2 = 8 \\ x_1 = 4 \end{cases}$$

得 $B(4,2)$。因此，该问题的最优解为

$$\begin{cases} x_1 = 4 \\ x_2 = 2 \end{cases}$$

对应目标函数最优值为

$$S = 3 \times 4 + 4 \times 2 = 20$$

例 5-2-8　用图解法求解线性规划问题：

$$\max S = 2x_1 + 4x_2$$

$$\text{s. t.} \begin{cases} x_1 + 2x_2 \leqslant 8 \\ x_1 \leqslant 4 \\ x_2 \leqslant 3 \\ x_1, x_2 \geqslant 0 \end{cases}$$

解　画出由约束条件所确定的可行域，多边形 $OABCD$ 为所求可行域，如图 5-2-4 所示。

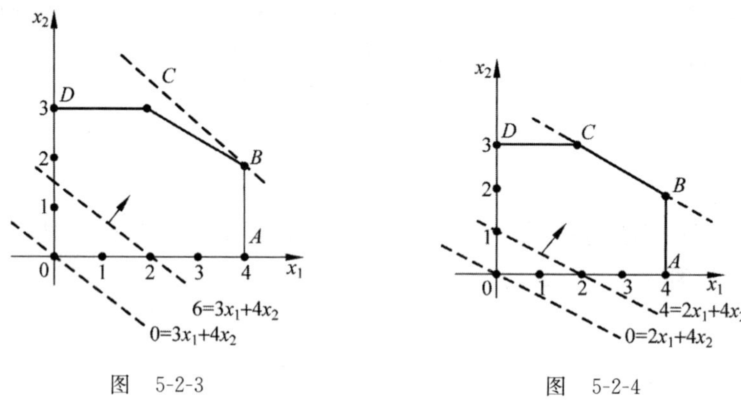

图　5-2-3　　　　图　5-2-4

令 $S=0,4,8,12,\cdots$，在可行域 $OABCD$ 上作目标函数等值线，如图 5-2-4 中的虚线所示。由图 5-2-4 可见，使 S 取得最大值的目标函数等直线与线段 BC 重合，这说明该问题的最优解有无穷多，这些最优解均在线段 BC 上。

因为在 B 点时 $\boldsymbol{X}^{(1)}=(4\quad 2)^{\mathrm{T}}$，求过 C 点的直线联立方程：

$$\begin{cases} x_1 + 2x_2 = 8 \\ x_2 = 3 \end{cases}$$

得在 C 点时 $\boldsymbol{X}^{(2)}=(2\quad 3)^{\mathrm{T}}$。则在线段 BC 上的任意一点有

$$\boldsymbol{X} = a\boldsymbol{X}^{(1)} + (1-a)\boldsymbol{X}^{(2)} \quad (0 \leqslant a \leqslant 1)$$

所以，该问题的最优解是

$$\boldsymbol{X} = a\boldsymbol{X}^{(1)} + (1-a)\boldsymbol{X}^{(2)} = a(4\quad 2)^{\mathrm{T}} + (1-a)(2\quad 3)^{\mathrm{T}} \quad (0 \leqslant a \leqslant 1)$$

对应的最优值为

$$S = 2 \times 4 + 4 \times 2 = 16$$

注：题目中 $\boldsymbol{X}^{(1)}, \boldsymbol{X}^{(2)}$ 在可行域的顶点处，它们是该问题的两个基本最优解。但是这两个点之间连线上的点对应的解，只是该问题的最优解。

例 5-2-9　用图解法求解线性规划模型：

$$\max S = 2x_1 + 4x_2$$

$$\text{s. t.} \begin{cases} 2x_1 + x_2 \geqslant 8 \\ -2x_1 + x_2 \leqslant 2 \\ x_1, x_2 \geqslant 0 \end{cases}$$

解　(1) 画出由约束条件所确定的可行域。

① 把决策变量 x_1, x_2 看作平面上点的坐标，由 $x_1, x_2 \geqslant 0$ 可知，可行域在第一象限。

② 画出直线：用等式约束代替不等式约束，如图 5-2-5 所示。

$$\begin{cases} 2x_1 + x_2 = 8 \\ -2x_1 + x_2 = 2 \end{cases}$$

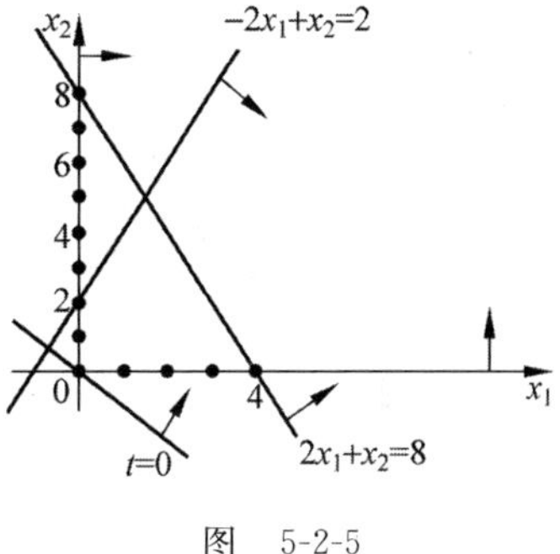

图　5-2-5

(2) 确定可行域。确定每一个不等式所表示的半平面，取它们的交集，即为所求可行域，由图 5-2-5 可知可行域无上界，因此该线性规划问题有可行解，但无最优解。

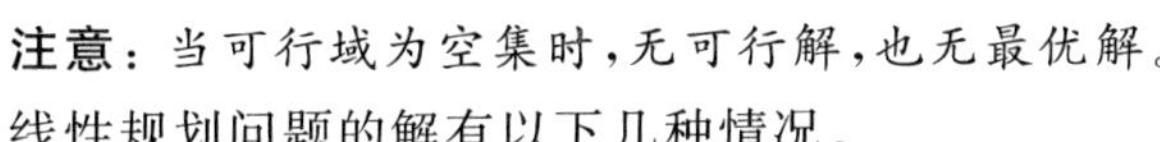

注意：当可行域为空集时，无可行解，也无最优解。

线性规划问题的解有以下几种情况。

(1) 有唯一的最优解。

(2) 有无穷多个最优解。当目标函数的系数与某一个约束条件相应变量的系数成比例时，问题就可能有无穷多个最优解；或者说当线性规划问题有两个不同的最优解时，则必有无穷多个最优解。

(3) 无最优解。有两种情况：①模型的约束条件互不相容(互相矛盾)，此时可行域为空集，该问题无可行解，因而无最优解；②可行域无界，如果是最大化(最小化)的目标函数，而可行域无上界(下界)，则问题有可行解而无最优解。

由图解法的过程和结果可得以下线性规划问题解的性质，依据这些性质就可以构造出求解线性规划问题的方法。

性质 5-2-1　最优解若存在，则可在可行域的顶点上得到。

性质 5-2-2　可行域的顶点的个数是有限的。

性质 5-2-3　线性规划问题若有两个最优解，则其连线上的点也是最优解，即最优解有无穷多个。

习题 5-2

1. 将下列线性规划模型化成标准型。

(1) $\max S=2x_1+x_2$

$$\text{s. t.}\begin{cases}3x_1+x_2\geqslant 3\\4x_1+3x_2\geqslant 6\\x_1+2x_2\leqslant 3\\x_1,x_2\geqslant 0\end{cases}$$

(2) $\min S=-2x_1+5x_2+x_3$

$$\text{s. t.}\begin{cases}9x_1+5x_2-14\leqslant 0\\x_1+3x_2-2x_3=2\\8x_1-x_2+4x_3\geqslant 0\\x_1,x_2\geqslant 0,x_3\ \text{无非负约束}\end{cases}$$

2. 用图解法求解线性规划模型。

(1) $\min S=-2x_1+x_2$

$$\text{s. t.}\begin{cases}x_1+x_2\geqslant 1\\x_1-3x_2\geqslant -3\\x_1,x_2\geqslant 0\end{cases}$$

(2) $\max S=3x_1+x_2$

$$\text{s. t.}\begin{cases}x_1+x_2\leqslant 4\\-x_1+x_2\leqslant 0\\6x_1+2x_2\leqslant 18\\x_1,x_2\geqslant 0\end{cases}$$

5.3 单纯形解法

5.3.1 引例

由 5.2 节对线性规划问题的解及性质的分析易知,通过比较各个基本可行解上目标函数值的大小可求得线性规划模型的最优解。由于基本可行解的个数是有限的,因此,这种求解方法在理论上是行得通的。然而,当 n 和 m 较大时,这种枚举的方法需要完成大量的计算和比较工作,而且容易遗漏,从而得不到最优解,因此,须探求更一般的求解方法。本节通过实例来探索单纯形解法的原理和过程。

例 5-3-1 某厂用 A,B 两种原料生产甲、乙两种产品,已知 1 吨产品分别需要各种原料的数量、可得利润及工厂现有原料的数量如表 5-3-1 所示。

表 5-3-1

产品 原料	甲	乙	现有原料
A	1	2	28
B	4	1	42
利润(千元/吨)	7	5	

试问甲、乙产品各生产多少,可获得最大利润?

解 设甲、乙产品分别生产 x_1,x_2 吨,可列如下数学模型:

$$\max S = 7x_1 + 5x_2$$

$$\text{s. t.}\begin{cases}x_1 + 2x_2 \leqslant 28\\4x_1 + x_2 \leqslant 42\\x_1,x_2 \geqslant 0\end{cases}$$

该模型可以通过图解法或枚举法解出该问题的最优生产方案,这里,利用线性规划问题的解的一些性质和结论,采用换基迭代的方法来探求更一般的解法。基本思路如下。

先设法找一个可行基(解),判断它是否是最优基(解)。如果是,则求解终止;如果不是,便从该基出发且避开非可行基(解),"跳"到另一个可行基上。接着判断第二个可行基是否是最优基(解)。如果是,则求解终止;如果不是,便从第二个可行基出发重复刚才的程序,直到找到最优解或确定没有最优解为止。具体做法如下。

引入松弛变量 x_3,x_4,将上述模型转换为标准型:

$$\max S=7x_1+5x_2$$

$$\text{s. t.}\begin{cases}x_1+2x_2+x_3=28\\4x_1+x_2+x_4=42\\x_j\geqslant 0\quad(j=1,2,3,4)\end{cases}$$

显然 $\boldsymbol{B}_0=(p_3\quad p_4)$是一个现成的初始可行基,对应的基变量和非基变量分别为

$$\boldsymbol{X}_{\boldsymbol{B}_0}=(x_3\quad x_4)^{\mathrm{T}},\quad \boldsymbol{X}_{\boldsymbol{N}_0}=(x_1\quad x_2)^{\mathrm{T}}$$

令非基变量 $\boldsymbol{X}_{\boldsymbol{N}_0}=(x_1\quad x_2)^{\mathrm{T}}=0$,代入约束方程组,得 $\boldsymbol{X}^{(0)}=(0\quad 0\quad 28\quad 42)^{\mathrm{T}}$ 是对应基 $\boldsymbol{B}_0$ 的基本可行解,是一个可行基。将 $\boldsymbol{X}^{(0)}=(0\quad 0\quad 28\quad 42)^{\mathrm{T}}$ 代入目标函数,得 $S'(\boldsymbol{X}^{(0)})=0$,即 $S=0$。

这一结果表明,甲、乙产品都没有安排生产,各种资源都没有动用,所以利润 $S=S'=0$。

从目标函数 $\max S=7x_1+5x_2$ 可以看出,因为 x_1,x_2 是非负数,只要 $x_j\neq 0$,目标函数值便会增加,所以 $\boldsymbol{X}^{(0)}$ 不是最优解,因而 $\boldsymbol{B}_0$ 也不是最优基。从经济上说,只要安排生产甲产品或乙产品,都可以获得一定的利润,所以,$\boldsymbol{X}^{(0)}$ 不是最优解。

于是就需要"换基"。怎样换基?让哪个非基变量"进基"呢?原则上讲,应该先让使目标函数增加得少的那个非基变量进基。从经济上说,由于利润函数 $S=7x_1+5x_2$ 中,x_1 的系数大于 x_2 的系数,即甲产品的单位利润大于乙产品的单位利润,故为了利益应优先考虑生产甲产品,即选 x_1 进基。又因为该问题的约束系数矩阵的秩 $r(\boldsymbol{A})=2$,因此在 x_1 进基的同时,原基变量必须有一个被换出基。那么又让谁"出基"呢?必须保证将非基变量和基变量对换后构成的新基仍然是可行基。为此,利用约束方程组,把原基变量 x_3,x_4 用非基变量 x_1,x_2 表示出来进行分析:

$$\begin{cases}x_3=28-x_1-2x_2\\x_4=42-4x_1-x_2\end{cases}$$

因为当 x_1 进基后,x_2 仍是新基 $\boldsymbol{B}_1$ 的非基变量,所以在新基 $\boldsymbol{B}_1$ 中仍取 $x_2=0$。从经济上说,就是优先安排生产甲产品(x_1),而暂不安排生产乙产品(x_2)。把 $x_2=0$ 代入上式,并保持 x_3,x_4 的非负性,则有

$$\begin{cases}x_3=28-x_1\geqslant 0\\x_4=42-4x_1\geqslant 0\end{cases}$$

因此,x_1 必须满足 $0\leqslant x_1\leqslant\min\left\{\frac{28}{1}\quad\frac{42}{4}\right\}$。从经济角度来说,这表明原料 B 是生产甲产品的紧俏资源。同时,为了在换基后仍保证 $\boldsymbol{X}\geqslant 0$,进基变量 x_1 只能由 0 变到$\frac{42}{4}$。为使 x_3,x_4 中有一个"出基",x_1 的取值还必须能使 x_3,x_4 中有一个为零。注意到当 $x_1=\frac{42}{4}$

时，$x_4=42-\frac{42}{4}\times4=0$，于是便确定 x_4 出基。

将 x_1 与 x_4 对调，原基 $\boldsymbol{B}_0$ 中的基向量 $\boldsymbol{P}_4$ 就让位于 $\boldsymbol{P}_1$，从而得到新基

$$\boldsymbol{B}_1=(\boldsymbol{P}_3,\boldsymbol{P}_1)=\begin{pmatrix}1&1\\0&4\end{pmatrix}$$

新的基变量为 x_3,x_1，非基变量为 x_2 和 x_4，令非基变量 $\boldsymbol{X}_{\boldsymbol{N}_1}=(x_2\quad x_4)^{\mathrm{T}}=0$，代入约束方程组，可得对应基 $\boldsymbol{B}_1$ 的新的基本可行解

$$\boldsymbol{X}^{(1)}=\left(\frac{21}{2},0,\frac{35}{2},0\right)^{\mathrm{T}}$$

此时，相应的目标函数值为

$$S=\frac{147}{2}$$

由可行基 $\boldsymbol{B}_0$“跳”到 $\boldsymbol{B}_1$，就是由基本可行解 $\boldsymbol{X}^{(0)}$“跳”到 $\boldsymbol{X}^{(1)}$，从而使目标函数值由 0 增加到$\frac{147}{2}$。这说明 $\boldsymbol{X}^{(1)}$ 比 $\boldsymbol{X}^{(0)}$ 优越。但是 $\boldsymbol{X}^{(1)}$ 是不是最优解呢？由原目标函数的表达式是无法判别其优劣的，需要将目标函数变形成为与之等价的函数，用对应新基 $\boldsymbol{B}_1$ 的非基变量表示的公式才能判断。为此由约束方程组解出 x_1,x_3，得

$$\begin{cases}x_1=\dfrac{21}{2}-\dfrac{x_2}{4}-\dfrac{x_4}{4}\\[2ex]x_3=\dfrac{35}{2}-\dfrac{7x_2}{4}+\dfrac{x_4}{4}\end{cases}$$

将之代入原目标函数，得

$$S=\frac{147}{2}+\frac{13}{4}x_2-\frac{7}{4}x_4$$

从此式可看出，$\boldsymbol{X}^{(1)}$ 虽比 $\boldsymbol{X}^{(0)}$ 优越，但它仍不是最优解，还需重复上述程序继续换基。

下面将换基程序作一简单归纳。

(1) 确定“进基”(换入)变量，即换进一个非基变量为基变量。将目标函数改写为方程式

$$S-7x_1-5x_2=0$$

按“最大正系数原则”确定“进基”变量，根据这一原则确定换入的基变量是 x_1。

(2) 确定“出基”(换出)变量，即换出一个基变量为新的非基变量。用约束常数项分别除以确定换入的新基变量(如 x_1)所在列的正系数(负数或零除外)，按“最小比值原则”确定“出基” 变量，即

$$\min\left\{\frac{28}{1}\quad\frac{42}{4}\right\}=\frac{42}{4}$$

根据这一原则确定换出的基变量是 x_4。

(3) 确定了“进基”和“出基”变量之后的换基迭代过程。可以通过对线性方程组的增广矩阵施以行初等变换，使新基变量所在的列成为初始单位列向量实现换基迭代过程。

具体做法如下。

将线性规划问题标准化，选定一个初始可行基，如 $\boldsymbol{B}_0=(p_3\quad p_4)=\begin{pmatrix}1&0\\0&1\end{pmatrix}$，把目标函数表达式改写为与之等价的方程式，即

$$S-7x_1-5x_2+0x_3+0x_4=0$$

于是标准型可视为 $n+1$ 元线性方程组(把 S 也视为变量)：

$$\begin{cases}S-7x_1-5x_2+0x_3+0x_4=0\\x_1+2x_2+x_3+0x_4=28\\4x_1+x_2+0x_3+x_4=42\end{cases}$$

其增广矩阵为

$$\boldsymbol{T}(\boldsymbol{B}_0)=\begin{pmatrix}1&-7&-5&0&0&0\\0&1&2&1&0&28\\0&4&1&0&1&42\end{pmatrix}$$

对 $\boldsymbol{T}(\boldsymbol{B}_0)$ 按上述原则施以初等行变换：

$$\boldsymbol{T}(\boldsymbol{B}_0)=\begin{pmatrix}1&-7\uparrow&-5&0&0&0\\0&1&2&1&0&28\\0&4&1&0&1&42\rightarrow\end{pmatrix}\rightarrow\begin{pmatrix}1&0&-\frac{13}{4}&0&\frac{7}{4}&\frac{147}{2}\\0&0&\frac{7}{4}&1&-\frac{1}{4}&\frac{35}{2}\\0&1&\frac{1}{4}&0&\frac{1}{4}&\frac{21}{2}\end{pmatrix}$$

可得

$$\begin{cases}S=\frac{147}{2}+\frac{13}{4}x_2-\frac{7}{4}x_4\\x_3=\frac{35}{2}-\frac{7}{4}x_2+\frac{1}{4}x_4\\x_1=\frac{21}{2}-\frac{1}{4}x_2-\frac{1}{4}x_4\end{cases}$$

重复上述方法，继续换基，按“最大正系数原则”可以确定 x_2 为“进基”变量，用最小比值原则确定 x_3 为“出基”变量：

$$\boldsymbol{T}(\boldsymbol{B}_1)=\begin{pmatrix}1&0&-\frac{13}{4}\uparrow&0&\frac{7}{4}&\frac{147}{2}\\0&0&\frac{7}{4}&1&-\frac{1}{4}&\frac{35}{2}\rightarrow\\0&1&\frac{1}{4}&0&\frac{1}{4}&\frac{21}{2}\end{pmatrix}\rightarrow\begin{pmatrix}1&0&0&\frac{13}{7}&\frac{9}{7}&106\\0&0&1&\frac{4}{7}&-\frac{1}{7}&10\\0&1&0&-\frac{1}{7}&\frac{23}{28}&8\end{pmatrix}$$

注：“↑”表示“进基”，由“最大正系数原则”确定；“→”表示“出基”，由“最小值原则”确定，它表示“→”所在行的基变量要换出来。

很明显，从 $\boldsymbol{B}_0=(p_3\quad p_4)$ 到 $\boldsymbol{B}_1=(p_3\quad p_1)$，即 p_1 取代了 p_4 的位置；到 $\boldsymbol{B}_2=(p_2\quad p_1)$，$p_2$ 又取代了 p_3 的位置。

由于

$$S = 106 - \frac{13}{7}x_3 - \frac{9}{7}x_4 \leqslant 106 \quad (x_3, x_4 > 0)$$

所以

$$S_{\max} = 106$$

$\boldsymbol{X} = (8 \quad 10 \quad 0 \quad 0)^{\mathrm{T}}$ 是最优解，原问题的最优解为 $\boldsymbol{X} = (8 \quad 10)^{\mathrm{T}}$，即当甲、乙产品分别生产 8 吨和 10 吨时，该厂可获得最大利润为 106 千元。

5.3.2 单纯形表

设 m 阶矩阵 $\boldsymbol{B}$ 为线性规划问题

$$\max S = \boldsymbol{CX}$$

$$\text{s.t.}\begin{cases}\boldsymbol{AX} = \boldsymbol{b} & (b_i \geqslant 0)\\ X_i \geqslant 0\end{cases}$$

的一个基，$\boldsymbol{C_B}$ 表示基变量在目标函数中的系数组成的行矩阵，记

$$\boldsymbol{C_B B}^{-1}\boldsymbol{A} - \boldsymbol{C} = (b_{01} \quad b_{02} \quad \cdots \quad b_{0n})$$

$$\boldsymbol{C_B B}^{-1}\boldsymbol{b} = b_{0n+1}$$

$$\boldsymbol{B}^{-1}\boldsymbol{A} = \begin{pmatrix} b_{11} & b_{12} & \cdots & b_{1n} \\ b_{21} & b_{22} & \cdots & b_{2n} \\ \vdots & \vdots & & \vdots \\ b_{m1} & b_{m2} & \cdots & b_{mn} \end{pmatrix}$$

$$\boldsymbol{B}^{-1}\boldsymbol{b} = \begin{pmatrix} b_{1,n+1} \\ b_{2,n+1} \\ \vdots \\ b_{m,n+1} \end{pmatrix}$$

则对应于基 $\boldsymbol{B}$ 的单纯形表 $\boldsymbol{T}(\boldsymbol{B})$ 为

$$\boldsymbol{T}(\boldsymbol{B}) = \begin{pmatrix} b_{01} & b_{02} & \cdots & b_{0n} & b_{0,n+1} \\ b_{11} & b_{12} & \cdots & b_{1n} & b_{1,n+1} \\ b_{21} & b_{22} & \cdots & b_{2n} & b_{2,n+1} \\ \vdots & \vdots & & \vdots & \vdots \\ b_{m1} & b_{m2} & \cdots & b_{mn} & b_{m,n+1} \end{pmatrix}$$

矩阵中的第一行除最后一个分量外，其余 n 个分量为检验数 $b_{0j}(j=1,2,\cdots,n)$；矩阵中最后一列的第一个分量 $b_{0,n+1}$ 为对应于基 $\boldsymbol{B}$ 的目标函数值，其他 m 个分量 $b_{i,n+1}(i=1,2,\cdots,m)$ 就是对应于基 $\boldsymbol{B}$ 的基本解中变量的值(非基变量取 0 值)。

定理 5-3-1(最优解判别定理)　对于基 $\boldsymbol{B}$，如果

$$|\boldsymbol{B}^{-1}\boldsymbol{b}| \geqslant 0, \quad |\boldsymbol{C_B B}^{-1}\boldsymbol{A} - \boldsymbol{C}| \geqslant 0$$

则对应于基 $\boldsymbol{B}$ 的基本解 $\boldsymbol{X}$ 便是最优解，称为**基本最优解**，而基 $\boldsymbol{B}$ 称为**最优基**。

由最优解判别定理可知，当 $b_{i,n+1}\geqslant 0(i=1,2,\cdots,m)$，$b_{0j}\geqslant 0(j=1,2,\cdots,n)$ 时，线性规划问题有基本最优解。

5.3.3 单纯形解法举例

例 5-3-2 用单纯形解法求解如下线性规划问题。

$$\min S = 3x_1 - x_2 - 2x_3$$

$$\text{s. t.}\begin{cases}2x_1 + 2x_2 + x_3 \leqslant 5\\ 3x_1 + 2x_3 \leqslant 6\\ x_j \geqslant 0 \quad (j = 1,2,3)\end{cases}$$

分析 这是约束方程式都是"≤"约束的情况。在这类问题中，基变量的目标函数系数全为0，有

$$\boldsymbol{C_B} = \boldsymbol{O},\quad \boldsymbol{C_B B^{-1} A} - \boldsymbol{C} = -\boldsymbol{C},\quad \boldsymbol{C_B B^{-1} b} = \boldsymbol{O}$$

$$\boldsymbol{B^{-1} A} = \boldsymbol{A},\quad \boldsymbol{B^{-1} b} = \boldsymbol{b}$$

解 首先将原问题化为标准形式，即

$$\max S' = -3x_1 + x_2 + 2x_3 + 0x_4 + 0x_5$$

$$\text{s. t.}\begin{cases}2x_1 + 2x_2 + x_3 + x_4 = 5\\ 3x_1 + 2x_3 + x_5 = 6\\ x_j \geqslant 0 \quad (j = 1,2,3,4,5)\end{cases}$$

然后取约束方程组中变量 x_4,x_5 前的系数列向量组成基 $\boldsymbol{B}_0$，即 $\boldsymbol{B}_0=\begin{pmatrix}1 & 0\\ 0 & 1\end{pmatrix}=\boldsymbol{E}$，$\boldsymbol{B}_0^{-1}=\boldsymbol{E}$，且基变量 x_4,x_5 的目标函数为 $\boldsymbol{C}_{\boldsymbol{B}_0}=(0\quad 0)$，可得基 $\boldsymbol{B}_0$ 对应的单纯行表为

$$\boldsymbol{T}(\boldsymbol{B}_0) = \begin{pmatrix}3 & -1 & -2 & 0 & 0 & 0\\ 2 & 2 & 1 & 1 & 0 & 5\\ 3 & 0 & 2 & 0 & 1 & 6\end{pmatrix}$$

再进行基迭代，寻找最优基和最优解。

因为检验数 $b_{02}=-1$，$b_{03}=-2$，所以基 $\boldsymbol{B}_0$ 不是最优基，对应的基本可行解也不是最优解。由

$$\max\{|-1|\quad |-2|\}=2$$

可确定非基变量 x_3 进基，再由最小比值原则

$$\min\left\{\frac{5}{1}\quad \frac{6}{2}\right\} = \frac{6}{2}$$

确定基变量 x_5 出基。对 $\boldsymbol{T}(\boldsymbol{B}_0)$ 按上述原则施以初等行变换，从而得到 x_4,x_3 的系数列向量组成的新基 $\boldsymbol{B}_1$ 对应的单纯形表，即

$$\boldsymbol{T}(\boldsymbol{B}_0)=\begin{pmatrix}3 & -1 & -2 & 0 & 0 & 0\\ 2 & 2 & 1 & 1 & 0 & 5\\ 3 & 0 & 2 & 0 & 1 & 6\end{pmatrix} \to \begin{pmatrix}6 & -1 & 0 & 0 & 1 & 6\\ \frac{1}{2} & 2 & 0 & 1 & -\frac{1}{2} & 2\\ \frac{3}{2} & 0 & 1 & 0 & \frac{1}{2} & 3\end{pmatrix}$$

在基 $\boldsymbol{B}_1$ 对应的单纯形表中,因为检验数 $b_{02}=-1$,所以基 $\boldsymbol{B}_1$ 不是最优基,还需要换基迭代。由 $b_{02}=-1$ 确定非基变量 x_2 进基,用最小比值原则

$$\min\left\{\frac{2}{2} \quad -\right\}=\frac{2}{2}$$

确定 x_4 出基(由于 $b_{22}=0$,它不能作除数,约定这样的项用"—"来表示)。对 $\boldsymbol{T}(\boldsymbol{B}_1)$ 按上述原则施以初等行变换,得到 x_2,x_3 的系数列向量组成的新基 $\boldsymbol{B}_2$ 对应的单纯形表,即

$$\boldsymbol{T}(\boldsymbol{B}_1)=\begin{pmatrix} 6 & -1 & 0 & 0 & 1 & 6 \\ \frac{1}{2} & 2 & 0 & 1 & -\frac{1}{2} & 2 \\ \frac{3}{2} & 0 & 1 & 0 & \frac{1}{2} & 3 \end{pmatrix} \rightarrow \begin{pmatrix} \frac{25}{4} & 0 & 0 & \frac{1}{2} & \frac{3}{4} & 7 \\ \frac{1}{4} & 1 & 0 & \frac{1}{2} & -\frac{1}{4} & 1 \\ \frac{3}{2} & 0 & 1 & 0 & \frac{1}{2} & 3 \end{pmatrix}$$

在基 $\boldsymbol{B}_2$ 对应的单纯形表中,因为检验数 $b_{0j}\geqslant 0(j=1,2,3,4,5)$,所以基 $\boldsymbol{B}_2$ 是一个最优基,对应的最优解为

$$\boldsymbol{X}=(0 \quad 1 \quad 3 \quad 0 \quad 0)^{\mathrm{T}}$$

最优值为

$$S=-S'=-7$$

例 5-3-3 用单纯形解法求解如下线性规划问题:

$$\min S=-4x_1+x_2$$

$$\text{s. t.}\begin{cases} -x_1+2x_2\leqslant 5 \\ 2x_1-5x_2\leqslant 6 \\ x_1-3x_2\leqslant 4 \\ x_j\geqslant 0 \quad (j=1,2) \end{cases}$$

解 首先将原问题转换为标准形式,即

$$\max S'=4x_1-x_2+0x_3+0x_4+0x_5$$

$$\text{s. t.}\begin{cases} -x_1+2x_2+x_3=5 \\ 2x_1-5x_2+x_4=6 \\ x_1-3x_2+x_5=4 \\ x_j\geqslant 0 \quad (j=1,2,3,4,5) \end{cases}$$

然后取约束方程组中变量 x_3,x_4,x_5 前的系数列向量组成基 $\boldsymbol{B}_0$,即 $\boldsymbol{B}_0=\boldsymbol{E}$,基 $\boldsymbol{B}_0$ 对应的单纯形表以及换基迭代,寻找最优基的过程如下:

$$\boldsymbol{T}(\boldsymbol{B}_0)=\begin{pmatrix} -4 & 1 & 0 & 0 & 0 & 0 \\ -1 & 2 & 1 & 0 & 0 & 5 \\ 2 & -5 & 0 & 1 & 0 & 6 \\ 1 & -3 & 0 & 0 & 1 & 4 \end{pmatrix} \rightarrow \begin{pmatrix} 0 & -9 & 0 & 2 & 0 & 12 \\ 0 & -\frac{1}{2} & 1 & \frac{1}{2} & 0 & 8 \\ 1 & -\frac{5}{2} & 0 & \frac{1}{2} & 0 & 3 \\ 1 & -\frac{1}{2} & 0 & -\frac{1}{2} & 1 & 1 \end{pmatrix}$$

在基 $\boldsymbol{B}_1$ 对应的单纯形表中,因为检验数 $b_{02}=-9<0$,所以基 $\boldsymbol{B}_1$ 不是最优基,还需要换基迭代。非基变量 x_2 进基,但 x_2 所在列的元素都是非正数,即没有出基变量。这说明 x_2 成为基变量后,目标函数值 S 可以无限地增大而不影响这一问题的可行性,所以这一问题没有最优基,也就没有最优解。

例 5-3-4 用单纯形解法求解如下线性规划问题：

$$\max S = 30x_1 + 17.5x_2 + 6.75x_3$$

$$\text{s. t.}\begin{cases}15x_1 + 10x_2 + 3x_3 \leqslant 400\\ 8x_1 + 4x_2 + 2x_3 \leqslant 200\\ 3x_1 + 2x_2 \leqslant 100\\ x_j \geqslant 0 \quad (j = 1,2,3)\end{cases}$$

解 首先将原问题转换为标准形式，即

$$\max S = 30x_1 + 17.5x_2 + 6.75x_3 + 0x_4 + 0x_5 + 0x_6$$

$$\text{s. t.}\begin{cases}15x_1 + 10x_2 + 3x_3 + x_4 = 400\\ 8x_1 + 4x_2 + 2x_3 + x_5 = 200\\ 3x_1 + 2x_2 + x_6 = 100\\ x_j \geqslant 0 \quad (j = 1,2,3,4,5,6)\end{cases}$$

然后取约束方程组中变量 x_4, x_5, x_6 前的系数列向量组成基 $\boldsymbol{B}_0$，即 $\boldsymbol{B}_0 = \boldsymbol{E}$，基 $\boldsymbol{B}_0$ 对应的单纯形表以及换基迭代，寻找最优基的过程如下：

$$\boldsymbol{T}(\boldsymbol{B}_0) = \begin{pmatrix}-30 & -17.5 & -6.75 & 0 & 0 & 0 & 0\\ 15 & 10 & 3 & 1 & 0 & 0 & 400\\ 8 & 4 & 2 & 0 & 1 & 0 & 200\\ 3 & 2 & 0 & 0 & 0 & 1 & 100\end{pmatrix}$$

$$\to \begin{pmatrix}0 & -\frac{5}{2} & \frac{3}{4} & 0 & \frac{15}{4} & 0 & 750\\ 0 & \frac{5}{2} & -\frac{3}{4} & 1 & -\frac{15}{8} & 0 & 25\\ 1 & \frac{1}{2} & \frac{1}{4} & 0 & \frac{1}{8} & 0 & 25\\ 0 & \frac{1}{2} & -\frac{3}{4} & 0 & -\frac{3}{8} & 1 & 25\end{pmatrix}$$

$$\to \begin{pmatrix}0 & 0 & 0 & 1 & \frac{15}{8} & 0 & 775\\ 0 & 1 & -\frac{3}{10} & \frac{2}{5} & -\frac{3}{4} & 0 & 10\\ 1 & 0 & \frac{2}{5} & -\frac{1}{5} & \frac{1}{2} & 0 & 20\\ 0 & 0 & -\frac{3}{5} & -\frac{1}{5} & 0 & 1 & 20\end{pmatrix}$$

在基 $\boldsymbol{B}_2$ 对应的单纯形表中，因为检验数 $b_{0j} \geqslant 0 (j = 1,2,3,4,5,6)$，所以，基 $\boldsymbol{B}_2$ 是一个最优基，对应的最优解为

$$\boldsymbol{X}^{(1)} = (20 \quad 10 \quad 0 \quad 0 \quad 0 \quad 20)^{\mathrm{T}}$$

最优值为

$$S = 775$$

但是从检验数中可以看到，除基变量的检验数为 0 外，还有非基变量 x_3 的检验数为 0，这说明有可能存在其他最优解。不妨让非基变量 x_3 进基，并由最小比值原则确定 x_1 出基，然后再进行换基迭代，寻找另一个基本最优解，即

$$\begin{pmatrix} 0 & 0 & 0 & 1 & \frac{15}{8} & 0 & 775 \\ 0 & 1 & -\frac{3}{10} & \frac{2}{5} & -\frac{3}{4} & 0 & 10 \\ 1 & 0 & \frac{2}{5} & -\frac{1}{5} & \frac{1}{2} & 0 & 20 \\ 0 & 0 & -\frac{3}{5} & -\frac{1}{5} & 0 & 1 & 20 \end{pmatrix} \rightarrow \begin{pmatrix} 0 & 0 & 0 & 1 & \frac{15}{8} & 0 & 775 \\ \frac{3}{4} & 1 & 0 & \frac{1}{4} & -\frac{3}{8} & 0 & 25 \\ \frac{5}{2} & 0 & 1 & -\frac{1}{2} & \frac{5}{4} & 0 & 50 \\ \frac{3}{2} & 0 & 0 & -\frac{1}{2} & \frac{3}{4} & 1 & 50 \end{pmatrix}$$

可见基 $\boldsymbol{B}_3$ 也是一个最优基,对应的最优解为

$$\boldsymbol{X}^{(2)} = (0 \quad 25 \quad 50 \quad 0 \quad 0 \quad 50)^{\mathrm{T}}$$

最优值为

$$S = 775$$

所以,这一问题有无穷多个最优解:

$$\boldsymbol{X} = a\boldsymbol{X}^{(1)} + (1-a)\boldsymbol{X}^{(2)} \quad (0 \leqslant a \leqslant 1)$$

例 5-3-5 用单纯形解法求解如下线性规划问题。

$$\min S = 3x_1 - x_2 - 2x_3 + 2x_4 - x_5$$

$$\text{s. t.}\begin{cases} 2x_1 + 2x_2 - x_3 + x_4 = 6 \\ -2x_1 + x_2 + 2x_3 + x_5 = 4 \\ x_j \geqslant 0 \quad (j = 1,2,3,4,5) \end{cases}$$

分析 这是约束方程都是"="约束的情况。在这类问题中,基变量的目标函数系数不全为 0,所以在目标函数标准化后,首先要计算初始可行基对应的检验数和目标函数值:

$$\boldsymbol{C}_B\boldsymbol{B}^{-1}\boldsymbol{A} - \boldsymbol{C}, \quad \boldsymbol{C}_B\boldsymbol{B}^{-1}\boldsymbol{b}$$

然后才能用单纯形表进行换基迭代,寻找最优解和最优基。

解 首先将原问题转换为标准形式,即

$$\max S' = -3x_1 + x_2 + 2x_3 - 2x_4 - x_5$$

$$\text{s. t.}\begin{cases} 2x_1 + 2x_2 - x_3 + x_4 = 6 \\ -2x_1 + x_2 + 2x_3 + x_5 = 4 \\ x_j \geqslant 0 \quad (j = 1,2,3,4,5) \end{cases}$$

然后取约束方程组中变量 x_4, x_5 前的系数列向量组成基 $\boldsymbol{B}_0$,即 $\boldsymbol{B}_0 = \begin{pmatrix} 1 & 0 \\ 0 & 1 \end{pmatrix} = \boldsymbol{E}$, $\boldsymbol{B}_0^{-1} = \boldsymbol{E}$,且基变量 x_4, x_5 的目标函数为 $\boldsymbol{C}_{\boldsymbol{B}_0} = (-2 \quad -1)$,且

$$\boldsymbol{B}_0^{-1}\boldsymbol{A} = \boldsymbol{A}, \quad \boldsymbol{B}_0^{-1}\boldsymbol{b} = \boldsymbol{b}$$

$$\begin{aligned} \boldsymbol{C}_{\boldsymbol{B}_0}\boldsymbol{B}_0^{-1}\boldsymbol{A} - \boldsymbol{C} &= (-2 \quad -1)\begin{pmatrix} 2 & 2 & -1 & 1 & 0 \\ -2 & 1 & 2 & 0 & 1 \end{pmatrix} - (-3 \quad 1 \quad 2 \quad -2 \quad -1) \\ &= (-2 \quad -5 \quad 0 \quad -2 \quad -1) - (-3 \quad 1 \quad 2 \quad -2 \quad -1) \\ &= (1 \quad -6 \quad -2 \quad 0 \quad 0) \end{aligned}$$

$$|\boldsymbol{C}_{\boldsymbol{B}_0}||\boldsymbol{B}_0^{-1}\boldsymbol{b}| = |-2 \quad -1|\begin{vmatrix} 6 \\ 4 \end{vmatrix} = -16$$

可得基 $\boldsymbol{B}_0$ 对应的单纯行表,并利用初等行变换进行换基迭代,寻找最优解,即

$$T(B_0)=\begin{pmatrix}1 & -6 & -2 & 0 & 0 & -16\\ 2 & 2 & -1 & 1 & 0 & 6\\ -2 & 1 & 2 & 0 & 1 & 4\end{pmatrix}\rightarrow\begin{pmatrix}7 & 0 & -5 & 3 & 0 & 2\\ 1 & 1 & -\frac{1}{2} & \frac{1}{2} & 0 & 3\\ -3 & 0 & \frac{5}{2} & -\frac{1}{2} & 1 & 1\end{pmatrix}$$

$$\rightarrow\begin{pmatrix}1 & 0 & 0 & 2 & 2 & 4\\ \frac{2}{5} & 1 & 0 & \frac{2}{5} & \frac{1}{5} & \frac{16}{5}\\ -\frac{6}{5} & 0 & 1 & -\frac{1}{5} & \frac{2}{5} & \frac{2}{5}\end{pmatrix}$$

在基 B_2 对应的单纯形表中，因为检验数 $b_{0j}\geqslant 0(j=1,2,3,4,5)$，所以基 B_2 是一个最优基，对应的最优解为

$$X=\begin{pmatrix}0 & \frac{16}{5} & \frac{2}{5} & 0 & 0\end{pmatrix}^{\mathrm{T}}$$

最优值为

$$S=-S'=-4$$

易知这种特殊问题的求最优解方法基本上与前一部分讨论的解法相同，只是在利用单纯行表寻找最优基之前，先要计算初始可行基对应的检验数和目标函数值。

例 5-3-6 用单纯形解法求解如下线性规划问题。

$$\min S=2x_1+x_2-2x_3$$

$$\text{s. t.}\begin{cases}2x_1+2x_2-x_3\geqslant 2\\ x_1+x_2+x_3=4\\ 2x_1-x_2+x_3\leqslant 6\\ x_j\geqslant 0\quad (j=1,2,3)\end{cases}$$

分析 这是约束方程含有“$\geqslant$”或“$=$”约束的情况。这类问题的求解方法更复杂一些。

解 首先引进松弛变量 $x_4\geqslant 0,x_5\geqslant 0$，将原问题转换为标准形式，即

$$\max S'=-2x_1-x_2+2x_3+0x_4+0x_5$$

$$\text{s. t.}\begin{cases}x_1+2x_2-x_3-x_4=2\\ x_1+x_2+x_3=4\\ 2x_1-x_2+x_3+x_5=6\\ x_j\geqslant 0\quad (j=1,2,3,4,5)\end{cases}$$

因为在约束方程组的系数矩阵中没有初始可行基(即单位矩阵)，所以需要在第一、第二个约束方程式中分别加上非负变量 $x_6\geqslant 0,x_7\geqslant 0$，使它们在约束方程组中的系数列向量与变量 x_5 的系数列向量组成一个 3 阶单位矩阵，形成一个可行基，即

$$\text{s. t.}\begin{cases}x_1+2x_2-x_3-x_4+x_6=2\\ x_1+x_2+x_3+x_7=4\\ 2x_1-x_2+x_3+x_5=6\\ x_j\geqslant 0\quad (j=1,2,3,4,5,6,7)\end{cases}$$

这种为配齐基变量而人为地加入进来的变量 x_6,x_7 称为**人工变量**。

由于加入了人工变量 x_6,x_7，改变了原问题的约束条件，得到了两个不等价的约束方程

组。要使这两个约束方程组等价,必须使变量 $x_6=x_7=0$,即要把它们从基变量中调出,也就是它们必须出基。为此,只要在原问题的目标函数中,给这些人工变量一个很大的"惩罚",迫使它们出基。这个"惩罚"一般用一个充分大的正数 M 表示,即把目标函数改写成

$$\max S'=-2x_1-x_2+2x_3+0x_4+0x_5-Mx_6-Mx_7$$

即

$$\max S'=-2x_1-x_2+2x_3+0x_4+0x_5-Mx_6-Mx_7$$

$$\text{s.t.}\begin{cases}x_1+2x_2-x_3-x_4+x_6=2\\x_1+x_2+x_3+x_7=4\\2x_1-x_2+x_3+x_5=6\\x_j\geqslant 0\quad(j=1,2,3,4,5,6,7)\end{cases}$$

取约束方程中的 x_6,x_7,x_5 的系数列向量组成初始可行基 $\boldsymbol{B}_0$,则

$$\boldsymbol{B}_0=\boldsymbol{E},\quad \boldsymbol{B}_0^{-1}=\boldsymbol{E},\quad \boldsymbol{C}_{\boldsymbol{B}_0}=(-M\quad -M\quad 0)$$

而且

$$\boldsymbol{B}_0^{-1}\boldsymbol{A}=\boldsymbol{A},\quad \boldsymbol{B}_0^{-1}\boldsymbol{b}=\boldsymbol{b}$$

$$\begin{aligned}\boldsymbol{C}_{B_0}\boldsymbol{B}_0^{-1}\boldsymbol{A}-\boldsymbol{C}&=(-M\quad -M\quad 0)\begin{pmatrix}1&2&-1&-1&0&1&0\\1&1&1&0&0&0&1\\2&-1&1&0&1&0&0\end{pmatrix}\\&\quad-(-2\quad -1\quad 2\quad 0\quad 0\quad -M\quad -M)\\&=(-2M\quad -3M\quad 0\quad M\quad 0\quad -M\quad -M)\\&\quad-(-2\quad -1\quad 2\quad 0\quad 0\quad -M\quad -M)\\&=(-2M+2\quad -3M+1\quad -2\quad M\quad 0\quad 0\quad 0)\end{aligned}$$

$$|\boldsymbol{C}_{\boldsymbol{B}_0}||\boldsymbol{B}_0^{-1}\boldsymbol{b}|=|-M\quad -M\quad 0|\begin{vmatrix}2\\4\\6\end{vmatrix}=-6M$$

可得基 $\boldsymbol{B}_0$ 对应的单纯行表,并利用初等行变换进行换基迭代,寻找最优解,即

$$\boldsymbol{T}(\boldsymbol{B}_0)=\begin{pmatrix}-2M+2&-3M+1&-2&M&0&0&0&-6M\\1&2&-1&-1&0&1&0&2\\1&1&1&0&0&0&1&4\\2&-1&1&0&1&0&0&6\end{pmatrix}$$

$$\to\begin{pmatrix}-\frac{1}{2}M+\frac{3}{2}&0&-\frac{3}{2}M-\frac{3}{2}&-\frac{1}{2}M+\frac{1}{2}&0&\frac{3}{2}M-\frac{1}{2}&0&-3M-1\\\frac{1}{2}&1&-\frac{1}{2}&-\frac{1}{2}&0&\frac{1}{2}&0&1\\\frac{1}{2}&0&\frac{3}{2}&\frac{1}{2}&0&-\frac{1}{2}&1&3\\\frac{5}{2}&0&\frac{1}{2}&-\frac{1}{2}&1&\frac{1}{2}&0&7\end{pmatrix}$$

$$\to\begin{pmatrix}2&0&0&1&0&M-1&M+1&2\\\frac{2}{3}&1&0&-\frac{1}{3}&0&\frac{1}{3}&\frac{1}{3}&2\\\frac{1}{3}&0&1&\frac{1}{3}&0&-\frac{1}{3}&\frac{2}{3}&2\\\frac{7}{3}&0&0&-\frac{2}{3}&1&\frac{2}{3}&-\frac{1}{3}&6\end{pmatrix}$$

在基 $\boldsymbol{B}_2$ 对应的单纯形表中，因为检验数 $b_{0j} \geqslant 0 (j=1,2,3,4,5,6,7)$，而且人工变量都已出基，所以基 $\boldsymbol{B}_2$ 是一个最优基，对应的最优解为

$$\boldsymbol{X} = (0 \quad 2 \quad 2 \quad 0 \quad 6)^{\mathrm{T}}$$

最优值为

$$S = -S' = -2$$

注：例 5-3-5 介绍的方法，一般称为**大 M 法**，是单纯形解法的扩展。在用这种方法求解线性规划问题时，如果在找到最优基后，人工变量还留在基变量中，那么原问题没有最优解。

现将单纯形解法的计算步骤归纳如下。

(1) 将线性规划问题转换为标准形式，检查标准形式中是否存在现成的初始可行基(即单位矩阵)。若没有，进行第(2)步；否则，进行第(3)步。

(2) 引进人工变量，配齐基变量，使获得的新问题中有一个现成的初始可行基，这里人工变量的目标函数为 $-M$，M 是一个很大的正数。

(3) 写出可行基对应的单纯行表。

(4) 在单纯行表中，检查可行基是否是最优基。如果不是，进行第(5)步；否则要检查最优解中是否有人工变量。如果有人工变量，一般可以认为原问题没有最优解；如果没有人工变量，进行第(7)步。

(5) 判别原问题是否有最优解。如果没有最优解，计算完毕；否则进行下一步。

(6) 找出进、出基变量，利用初等行变换进行换基迭代，求出一个新的可行基。回到第(4)步。

(7) 判别原问题是否有无穷多最优解。如果是，求出另一个最优基和最优解，并写出无穷多最优解的一般表达式以及对应的目标函数值；如果不是，写出最优基对应的基本最优解和最优基。

计算完毕。

习题 5-3

用单纯形解法解下列线性规划问题。

(1) $\max S = 2x_1 + 5x_2$

$$\text{s.t.} \begin{cases} x_1 + 2x_2 \leqslant 8 \\ x_2 \leqslant 3 \\ x_j \geqslant 0 \quad (j=1,2) \end{cases}$$

(2) $\max S = x_1 + 3x_2$

$$\text{s.t.} \begin{cases} x_1 \leqslant 5 \\ x_1 + 2x_2 \leqslant 10 \\ x_2 \leqslant 4 \\ x_j \geqslant 0 \quad (j=1,2) \end{cases}$$

(3) $\max S = x_1 + x_2$

$$\text{s.t.} \begin{cases} -x_1 + x_2 \leqslant 2 \\ x_1 + x_2 \leqslant 4 \\ x_1 \leqslant 3 \\ x_j \geqslant 0 \quad (j=1,2) \end{cases}$$

第6章

概率论的基本概念

自然界和社会上发生的现象是多种多样的。有一类现象，在一定条件下必然发生，例如，向上抛一粒石子必然下落，三角形两边之和必大于第三边等，这类现象称为**确定性现象**。在自然界和社会上还存在着另一种现象，例如，在相同条件下向上抛一枚硬币，落下后结果可能是正面朝上，也可能是反面朝上，在每次抛掷之前无法肯定抛掷的结果是什么；某人进行射击，每次射击的环数不尽相同，在一次射击之前无法预测弹着点的位置……这类现象，在一定的条件下，可能出现这样的结果，也可能出现那样的结果，而在试验或观察之前不能预知确切的结果。但人们经过长期实践并深入研究之后，发现这类现象在大量重复试验或观察下，结果却呈现某种规律性。例如，多次重复抛一枚硬币，落下后得到正面向上的结果大致有一半。这种在大量重复试验或观察中所呈现的固有规律性，就是**统计规律性**。

这种在个别试验中其结果呈现出不确定性，在大量重复试验中其结果又具有统计规律性的现象称为**随机现象**。概率论与数理统计是研究和揭示随机现象统计规律性的学科，在自然科学及经济管理领域都有着非常广泛的应用。

6.1 随机事件及其概率

6.1.1 随机试验与事件

我们把对自然现象的观察或进行一次科学实验统称为一个"试验"。观察以下试验：

(1) 抛掷一枚硬币，观察正反面出现的情况；

(2) 抛掷一颗骰子，观察出现的点数；

(3) 在一批产品中任意抽取一只，检验它是否合格；

(4) 在一批灯泡中任意抽取一只，测试它的寿命；

(5) 记录某城市电话交换台在早 8:00—10:00 内接到的呼叫次数。

在以上试验中，尽管内容各异，却有着许多共同的特性。首先，这些试验都可以在相同条件下重复进行；其次，各试验的所有结果都是已知的；最后，每次试验的结果事先不可预言。例如，试验(2)中有 6 个可能的结果，但每次抛掷前无法预测哪种结果出现；试验(4)中灯泡的寿命为时间，取值为非负实数，测试前无法知道其寿命。

根据分析，这些试验具有以下特点。

(1) 试验可以在相同条件下重复进行；

(2) 每次试验的可能结果不止一个，并且能事先明确试验的所有可能结果；

(3) 在一次试验之前不能确定哪一个结果会出现。

在概率论中，将具有上述 3 个特点的试验称为**随机试验**，简称**试验**，用 E 表示。本书中提到的试验都是随机试验。

对于随机试验 E，将 E 的所有可能结果组成的集合称为 E 的**样本空间**，记为 S。样本空间的元素即 E 的每个结果称为**样本点**。

上面 5 个试验 E 的样本空间如下：

(1) $S_1=\{$正,反$\}$

(2) $S_2=\{1,2,3,4,5,6\}$

(3) $S_2=\{$合格,不合格$\}$

(4) $S_3=\{t\mid t\geqslant 0\}$

(5) $S_4=\{0,1,2,3,\cdots\}$

在试验中，可能发生也可能不发生的事件称为**随机事件**，简称**事件**，用字母 $A,B,C,\cdots$表示。随机事件是样本空间的子集，在每次试验中，当且仅当这一子集中的一个样本点出现时，就称这一事件发生。不可能再分解的事件称为**基本事件**。如在上述的试验(2)中，用 A 表示“掷出的点数为偶数”，用 B 表示“掷出的点数不超过 5”，用 C 表示“掷出的点数为 3”，A,B,C 都是随机事件 A 中包含 2,4,6 三个样本点，其中 C 称为基本事件，它的样本空间只包含一个样本点。

样本空间 S 包含所有的样本点，它是 S 自身的子集，在每次试验中它总是发生，S 称为**必然事件**。空集$\varnothing$不包含任何样本点，在每次试验中都不发生，$\varnothing$称为**不可能事件**。

6.1.2　事件的关系及运算

事件是一个集合，可以借助集合之间的关系与运算来表述随机事件之间的关系与运算。

设试验 E 的样本空间为 $S,A,B,A_k(k=1,2,\cdots)$是 S 的子集。

(1) 事件的包含。若事件 A 发生必然导致事件 B 发生，则称事件 A 包含于事件 B，或事件 B 包含事件 A，记作 $A\subseteq B$ 或 $B\supseteq A$。

若 $A\subseteq B$ 且 $B\subseteq A$，则称事件 A 与 B **相等**，记作 $A=B$。

(2) 和事件。两个事件 A 和 B 中至少有一个发生的事件称为 A 与 B 的**和事件**，记作 $A\cup B=\{x\mid x\in A$ 或 $x\in B\}$ 或 $A+B$。

和事件的概念还可推广到有限多个与可列无穷多个事件的情形：事件 $A_1,A_2,\cdots,A_n$ 中至少有一个发生的事件称为事件 $A_1,A_2,\cdots,A_n$ 的和事件，记作 $\bigcup\limits_{k=1}^{n}A_k=A_1\cup A_2\cup\cdots\cup A_n$；事件 $A_1,A_2,\cdots,A_n,\cdots$中至少有一个发生的事件称为事件 $A_1,A_2,\cdots,A_n,\cdots$的和事件，记作 $\bigcup\limits_{k=1}^{\infty}A_k=A_1\cup A_2\cup\cdots\cup A_k\cup\cdots$。

(3) 积事件。事件 A 与事件 B 同时发生的事件称为 A 与 B 的**积事件**,记作 $A\cap B=\{x\mid x\in A$ 且$x\in B\}$或 AB。

积事件的概念还可推广到有限多个与可列无穷多个事件的情形:事件 $A_1,A_2,\cdots,A_n$ 同时发生的事件称为事件 $A_1,A_2,\cdots,A_n$ 的积事件,记作 $\bigcap_{k=1}^{n}A_k=A_1\cap A_2\cap\cdots\cap A_n$;事件 $A_1,A_2,\cdots,A_n,\cdots$ 同时发生的事件称为事件 $A_1,A_2,\cdots,A_n,\cdots$ 的积事件,记作 $\bigcap_{k=1}^{\infty}A_k=A_1\cap A_2\cap\cdots\cap A_k\cap\cdots$。

(4) 事件的互斥。如果事件 A 与事件 B 不能同时发生,即 $AB=\varnothing$,则称事件 A 与 B 是**互不相容**的或**互斥**的。基本事件是两两不相容的。

(5) 差事件。事件 A 发生而事件 B 不发生的事件,称为事件 A 与 B 的**差事件**,记作 $A-B$:

$$A-B=\{x\mid x\in A \text{ 且 } x\notin B\}$$

(6) 对立事件。若 $A\cup B=S$ 且 $AB=\varnothing$,则称事件 A 与事件 B 互为**逆事件**,又称事件 A 与事件 B 互为**对立事件**。这里是指每一次试验,事件 A 与事件 B 必有一个发生且只有一个发生。A 的对立事件记作 $\overline{A}$。

$$\overline{A}=S-A$$

用图 6-1-1～图 6-1-6 可直观地表示以上事件之间的关系与运算。

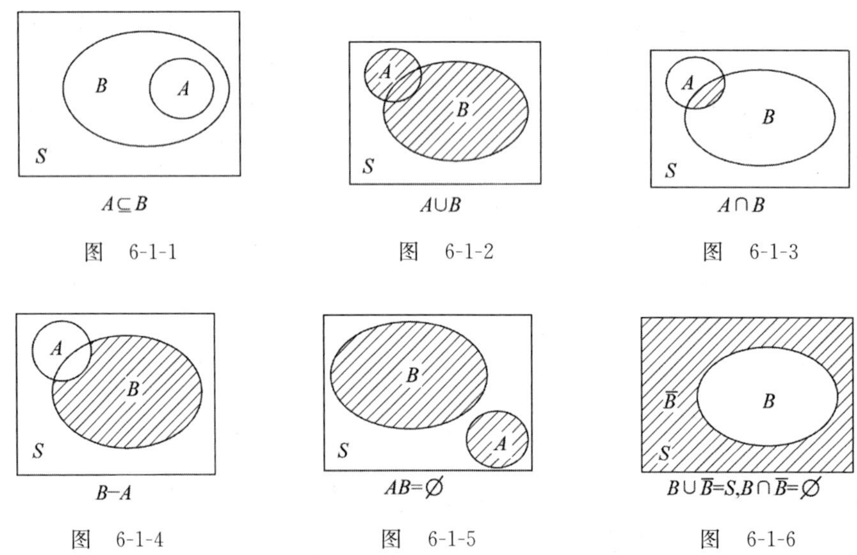

图 6-1-1　图 6-1-2　图 6-1-3

图 6-1-4　图 6-1-5　图 6-1-6

事件的运算满足下列运算规律。

(1) 交换律:$A\cup B=B\cup A,AB=BA$;

(2) 结合律:$A\cup(B\cup C)=(A\cup B)\cup C,(AB)C=A(BC)$;

(3) 分配律:$A\cap(B\cup C)=(A\cap B)\cup(A\cap C),(A\cap B)\cup C=(A\cup C)\cap(B\cup C)$;

(4) 德摩根(De Morgan)律:$\overline{A\cup B}=\overline{A}\,\overline{B},\overline{AB}=\overline{A}\cup\overline{B}$。

另易证下列等式成立：

$$A\cup A=A \qquad A\cup S=S \qquad A\cup\varnothing=A$$

$$AA=A \qquad AS=A \qquad A\varnothing=\varnothing$$

$$A-B=A-AB=A\overline{B} \qquad A\cup B=A+B\overline{A}$$

例 6-1-1　某人连续购买三期彩票，$A_i=\{$第 i 期中奖$\}(i=1,2,3)$。试用 A_i、$\overline{A}_i$ 表示下列事件：

(1) 只有第一期中奖；

(2) 只有一期中奖；

(3) 三期都没有中奖；

(4) 至少有一期中奖；

(5) 至多有一期中奖。

解　(1) $A_1\overline{A}_2\overline{A}_3$

(2) $A_1\overline{A}_2\overline{A}_3+\overline{A}_1A_2\overline{A}_3+\overline{A}_1\overline{A}_2A_3$

(3) $\overline{A}_1\overline{A}_2\overline{A}_3$

(4) $A_1+A_2+A_3$

(5) $A_1\overline{A}_2\overline{A}_3+\overline{A}_1A_2\overline{A}_3+\overline{A}_1\overline{A}_2A_3+\overline{A}_1\overline{A}_2\overline{A}_3$

6.1.3　随机事件的概率

随机事件在一次试验中可能发生也可能不发生，在多次重复的试验中，试验结果会呈现一定的规律。我们希望找到一个合适的数来表征事件在一次试验中发生的可能性的大小，为此，首先引入频率，它描述了事件发生的频繁程度，进而引出表征事件在一次试验中发生可能性大小的数——概率。

1. 频率

定义 6-1-1　在相同的条件下，进行了 n 次试验，在这 n 次试验中，事件 A 发生的次数为 n_A 称为事件 A 的**频数**，比值$\frac{n_A}{n}$称为事件 A 的**频率**，记作 $f_n(A)$。

引例　做抛掷一枚均匀硬币的试验，观察出现正面这个事件发生的频率。表 6-1-1 列出了历史上一些科学家投硬币试验的结果。

表　6-1-1

实验者	n	n_A	$f_n(A)$
蒲丰	4040	2048	0.5070
皮尔逊	12000	6019	0.5016
皮尔逊	24000	12012	0.5005
维尼	30000	14994	0.4998

从表 6-1-1 中可以看出，投掷次数 n 越多，出现正面的频率$\frac{n_A}{n}$越接近 0.5，并在 0.5

附近摆动。随着投掷次数的增加,这种摆动的幅度越来越小,逐渐稳定于常数 0.5。

大量试验证实,当重复试验的次数 n 逐渐增大时,频率 $f_n(A)$ 呈现出稳定性,逐渐稳定于某个常数。这种频率的稳定性即通常说的统计规律性。因此,让试验重复大量次数,计算频率 $f_n(A)$,以它来表征事件 A 发生可能性的大小是合适的。

2. 概率的统计定义

定义 6-1-2 随机事件 A 发生的可能性大小,称为事件 A 的**概率**,记作 $P(A)$。

定义 6-1-3 在相同条件下,重复进行 n 次试验,如果随着重复次数 n 的增加,事件 A 出现的频率稳定在某一稳定值 p 的附近,则称 p 为事件 A 的**统计概率**,记作 $P(A)=p$。

由此可知,抛掷硬币出现正面的概率 $P(A)=0.5$。

随机事件频率稳定于概率为用统计方法求事件的概率提供了方便。在实际中,当事件的概率未知时,常常采用对随机事件进行大次数观察的方法,用频率来估计概率,如某类种子的发芽率、婴儿出生的性别比率等。

尽管概率是通过大量重复试验中频率的稳定性来定义的,但不能认为概率取决于试验,一个事件发生的概率完全由事件的本身决定,是客观存在的,只不过可以通过试验把它揭示出来。

*3. 概率的公理化定义

定义 6-1-4 设 E 为随机试验,S 为它的样本空间,对于 E 中的每一事件 A,恰对应一个实数,记作 $P(A)$,若它满足下列 3 个条件,则称 $P(A)$ 为事件 A 的**概率**。

(1) 非负性:$0\leqslant P(A)\leqslant 1$;

(2) 规范性:$P(S)=1$;

(3) 可列可加性:设 $A_1,A_2,\cdots,A_n,\cdots$ 是两两互不相容事件,则有

$$P\left(\bigcup_{i=1}^{\infty} A_i\right) = P(A_1)+P(A_2)+\cdots+P(A_n)+\cdots = \sum_{i=1}^{\infty} P(A_i)$$

由概率的定义,可以推得概率的一些重要性质。

性质 6-1-1 不可能事件的概率为 0,即 $P(\varnothing)=0$。

证明 因为 $S=S\cup\varnothing\cup\varnothing\cup\cdots$,所以 $P(S)=P(S)+P(\varnothing)+\cdots$,从而

$$P(\varnothing)=0$$

性质 6-1-2 概率具有有限可加性,即若 $A_iA_j=\varnothing(1\leqslant i\leqslant j\leqslant n)$,则

$$P\left(\bigcup_{i=1}^{n} A_i\right) = P(A_1)+P(A_2)+\cdots+P(A_n) = \sum_{i=1}^{n} P(A_i)$$

性质 6-1-3 对任一随机事件 A,有 $P(\bar{A})=1-P(A)$。

性质 6-1-4 若 $A\supset B$,则 $P(A-B)=P(A)-P(B)$。

性质 6-1-5(加法公式) 对任意的两个事件 A,B,有 $P(A\cup B)=P(A)+P(B)-P(AB)$。

性质 6-1-5 可应用归纳法推广到任意有限个事件,设 $A_1,A_2,\cdots,A_n$ 是 n 个事件,

则有

$$P\left(\bigcup_{i=1}^{n} A_i\right)=\sum_{i=1}^{n} P(A_i)-\sum_{1\leqslant i<j\leqslant n} P(A_iA_j)$$
$$+\sum_{1\leqslant i<j<k\leqslant n} P(A_iA_jA_k)-\cdots+(-1)^{n-1}P\left(\bigcap_{i=1}^{n} A_i\right)$$

例如,A_1,A_2,A_3 为任意 3 个事件,则有

$$P(A_1\cup A_2\cup A_3)=P(A_1)+P(A_2)+P(A_3)-P(A_1A_2)$$
$$-P(A_2A_3)-P(A_3A_1)+P(A_1A_2A_3)$$

习题 6-1

1. 用集合的形式写出下列随机试验的样本空间与随机事件 A。

(1) 抛掷一粒骰子,观察出现的点数,$A=\{$出现偶数点$\}$;

(2) 一袋内装有编号为 1,2,3,4 的 4 个球,从中任取一球后不放回,再从中任取一球,观察两次取球的号码,$A=\{$第一次取球的号码为 3$\}$;

(3) 某公共汽车站每隔 10 分钟有一辆公共汽车通过,观察乘客候车的时间,$A=\{$候车时间少于 6min$\}$;

(4) 从一批灯泡中任取一只,测试它的寿命,$A=\{$寿命在 2000～2500h$\}$。

2. 对一批含有一定数量次品的元器件进行抽检,用 A 表示被抽检的 5 件产品中至少有一件次品,B 表示被抽检的 5 件产品全为正品,问:

(1)求事件 $A\cup B$;(2)求事件 AB;(3)$A\cup B$ 与 AB 各表示什么事件?

3. 设 $S=\{1,2,\cdots,10\}$,$A=\{2,3,4\}$,$B=\{3,4,5\}$,$C=\{5,6,7\}$,具体写出下列各式表示的集合。

(1) $\bar{A}B$　　(2) $\bar{A}\cup B$　　(3) $\overline{AB}$　　(4) $\overline{ABC}$

4. 设 A,B,C 为 3 个随机事件,试用 A,B,C 的关系和运算表示下列事件。

(1) A 发生,B 与 C 不发生;

(2) A,B,C 都发生;

(3) A,B,C 中至少有 1 个发生;

(4) A,B,C 中至少有 2 个发生;

(5) A,B,C 中恰好有 1 个发生;

(6) A,B,C 中不多于 1 个发生;

(7) A,B,C 中不多于 2 个发生。

6.2　等可能概型(古典概型)

等可能概型(古典概型)是人们最早发现的一种概率模型,它是由法国数学家拉普拉斯于 1812 年首先提出的。

定义 6-2-1 设随机试验具有下面两个特性。

(1) 试验的样本空间只包含有限个元素;

(2) 试验中每个基本事件发生的可能性相同,

则称这种随机试验为**等可能概型**或**古典概型**。

如果试验的基本事件总数为 n,事件 A 包含的基本事件个数为 m,则事件 A 的概率为

$$P(A)=\frac{m}{n}=\frac{A\text{ 中所含的基本事件数}}{\text{基本事件总数}}$$

例 6-2-1 在盒子中有 10 个相同的球,分别标为号码 $1,2,\cdots,10$,从中任取一球,求此球的号码为偶数的概率。

解 令 $i=\{$所取球的号码为 $i\}(i=1,2,\cdots,10)$,则

$$S=\{1,2,\cdots,10\}$$

故基本事件总数 $n=10$。又令 $A=\{$所取球的号码为偶数$\}$,显然

$$A=\{2\}\cup\{4\}\cup\{6\}\cup\{8\}\cup\{10\}$$

所以 A 中含有 $m=5$ 个基本事件,从而

$$P(A)=\frac{m}{n}=\frac{5}{10}=\frac{1}{2}$$

例 6-2-2 箱中有 100 件外形一样的同批产品,其中正品 60 件,次品 40 件。现按下列两种方法抽取产品:(1)每次任取一件,经观察后放回箱中,再任取下一件,这种抽取方法叫作有放回抽样;(2)每次任取一件,经观察后不放回,在剩下的产品中再任取一件,这种抽取方法叫作无放回抽样。试分别对这两种抽样方法,求从这 100 件产品中任意抽取 3 件,其中有 2 件次品的概率。

解 (1) 由于每次抽取后都放回,故每次抽取产品都是从原 100 件中抽取,则从 100 件中任意抽取 3 件的所有可能的取法共有 100^3 种,因此,样本空间基本事件总数 $n=100^3$。再考虑事件 $A=\{3$ 件中有 2 件次品$\}$所含基本事件数,由于任取 3 件中有 2 件次品的所有可能取法有 C_3^2 种,而 2 件次品是从 40 件次品中任意取出的,可能的取法又有 40^2 种,另一件正品是从 60 件正品中任意抽取的,有 60 种取法。由排列、组合的加法原理和乘法原理,A 包含的基本事件数

$$m=40^2\times 60+40\times 60\times 40+60\times 40^2=C_3^2\times 40^2\times 60$$

因此有

$$P(A)=\frac{C_3^2\times 40^2\times 60}{100^3}=0.288$$

(2) 由于每抽取一件经观察后不放回,因此第一次是从 100 件中任取一件,第二次是从第一次取后剩下的 99 件中任取一件,第三次是从第二次取后剩下的 98 件中任取一件,从而使样本空间总数为 $n=100\times 99\times 98$。A 中所含基本事件数 $m=C_3^2\times 40\times 39\times 60$,因此有

$$P(A)=\frac{C_3^2\times 40\times 39\times 60}{100\times 99\times 98}\approx 0.289$$

一般来说,采用有放回与无放回抽样计算的概率结果是不同的,当抽取对象的数目较

少时，差异大，但当被抽取的数目较大，而抽取的数日又较小时，在这两种抽样方式下所计算的概率数值相差不大。

例 6-2-3 从有 9 件正品、3 件次品的箱子中任取两件产品(即一次抽取两件产品)，求事件 $A=\{$取得两件正品$\}$，$B=\{$取得一件正品一件次品$\}$的概率。

解 从箱子中任取两件产品，取法总数为 C_{12}^2，即试验的样本空间中所包含的基本事件总数为 C_{12}^2。事件 A 所包含的基本事件数为 C_9^2，所以

$$P(A)=\frac{C_9^2}{C_{12}^2}=\frac{6}{11}$$

事件 B 所包含的基本事件数为 $C_9^1C_3^1$，所以

$$P(B)=\frac{C_9^1C_3^1}{C_{12}^2}=\frac{9}{22}$$

***例 6-2-4**(分房问题) 设有 n 个人，每个人都等可能地被分配到 N 个房间中的任意一间去住($n\leqslant N$)，求下列事件的概率：

(1) 指定的 n 个房间各有一个人住；

(2) 恰好有 n 个房间，其中各住一个人。

解 (1) 因为每一个人有 N 个房间可供选择，所以 n 个人住的方式共有 N^n 种，它们是等可能的，在第一个问题中，指定的 n 个房间各有一个人住，其可能总数为 n 个人的全体排列 $n!$，于是

$$P_1=\frac{n!}{N^n}$$

(2) n 个房间可以在 N 个房间中任意选取，总数为 C_N^n，对选定的 n 个房间，按前述的讨论可知有 $n!$种分配方式，所以恰有 n 个房间其中各住一个人的概率为

$$P_2=\frac{C_N^n n!}{N^n}=\frac{N!}{N^n(N-n)!}$$

***例 6-2-5**(生日问题) 某班级有 n 个人($n\leqslant 365$)，问至少有两个人的生日在同一天的概率为多大?

解 假定一年按 365 天算，把 365 天当作 365 个“房间”，这时“n 个人的生日全不相同”就相当于例 6-2-4 中的“(2)恰有 n 个房间其中各住一个人”，令

$$A=\{n\text{ 个人中至少有两个人的生日相同}\}$$

则

$$\bar{A}=\{n\text{ 个人的生日全不相同}\}$$

由例 6-2-4 的(2)知 $P(\bar{A})=\dfrac{N!}{N^n(N-n)!}$

而 $P(A)+P(\bar{A})=1$

于是 $P(A)=1-\dfrac{N!}{N^n(N-n)!}\quad (N=365)$

注：这个例子是历史上有名的“生日问题”，这个例子，如果直接求 $P(A)$，是比较麻烦的，而利用对立事件求解就简单多了。对于不同的 n 值，计算得出相应的 $P(A)$，如表 6-2-1 所示。

表　6-2-1

n	10	20	30	40	50	64	100
$P(A)$	0.12	0.411	0.706	0.891	0.970	0.997	0.999 999 7

习题 6-2

1. 某超市为了吸引顾客,举行了凭购物发票抽奖的活动,假设 10 000 张奖券中设有 1 张特等奖,2 张一等奖,10 张二等奖,100 张三等奖,其余的不得奖。问一位顾客抽取一张奖券能获奖的概率为多少?

2. 在有 4 件次品的 20 件产品中,任取 3 件产品,求恰有 1 件次品的概率。

3. 邮政大厅有 5 个空的邮筒,现将两封信逐一随机投入邮筒,求第一个邮筒内恰好有一封信的概率。

4. 有 10 张分别标有数字 1~10 的卡片,从中任选 3 张记录其号码,求:

(1) 最小号码为 5 的概率;

(2) 最大号码为 5 的概率。

5. 一个盒子中装有 10 只晶体管,其中 2 只是不合格品。现做不放回抽样,连取 2 次,每次取 1 只,求下列事件的概率:

(1) 2 只都合格;

(2) 1 只合格,1 只不合格;

(3) 至少有 1 只合格。

6. 设 A,B 为两个事件,已知 $P(A)=0.5,P(B)=0.7,P(A\cup B)=0.8$,求 $P(A-B)$ 和 $P(B-A)$。

7. 已知 $A\subset B,P(A)=0.4,P(B)=0.6$,求:

(1) $P(\bar{A}),P(\bar{B})$　　(2) $P(A\cup B)$　　(3) $P(AB)$

(4) $P(\bar{A}B),P(A\bar{B})$　　(5) $P(\bar{A}\,\bar{B})$

6.3　条件概率

6.3.1　条件概率的概念

引例　某个班级有学生 40 人,其中有共青团员 15 人,全班分成 4 个小组。第一小组有学生 10 人,其中共青团员 4 人,如果要在班里任选一人当学生代表,那么这个代表恰好在第一小组的概率是多少?现在要在班里任选一个共青团员当团员代表,问这个代表恰好在第一组内的概率是多少?

分析　如果设

$A=$ {在班内任选一个学生,该学生属于第一组}

$B=$ {在班内任选一个学生,该学生是共青团员}

可以看出，在第一个问题里求得的是 $P(A)$；而在第二个问题里，是在“已知事件 B 发生”的附加条件下，求 A 发生的概率，记作 $P(A|B)$。于是有

$$P(A \mid B)=\frac{4}{15}=\frac{4/40}{15/40}=\frac{P(AB)}{P(B)}$$

可验证对一般的古典概型，只要 $P(B)>0$，上述等式总是成立的。

定义 6-3-1　设 A,B 是两个事件，且 $P(A)>0$，则称

$$P(B \mid A)=\frac{P(AB)}{P(A)}$$

为在事件 A 发生的条件下事件 B 发生的**条件概率**。

同理，当 $P(B)>0$ 时，也可类似地定义在事件 B 发生的条件下事件 A 发生的条件概率：

$$P(A \mid B)=\frac{P(AB)}{P(B)}$$

例 6-3-1　（人寿保险）人寿保险公司常常需要知道存活到某一年龄的人在下一年仍然存活的概率。根据统计资料可知，某城市的人自出生至存活到 50 岁的概率是 0.90718，存活到 51 岁的概率为 0.90135。求现在 50 岁的人在 51 岁仍然存活的概率。

解　设 $A=\{$存活到 50 岁$\}$，$B=\{$存活到 51 岁$\}$，由条件可知

$$P(A)=0.90178,P(B)=0.90135,P(AB)=P(B)=0.90135$$

故现在 50 岁的人在 51 岁仍然存活的概率为

$$P(B|A)=\frac{P(AB)}{P(A)}=\frac{0.90135}{0.90178}=0.99357$$

6.3.2　乘法公式

对任意两个事件 A,B，若 $P(B)>0$，则有

$$P(AB)=P(B)P(A \mid B)$$

类似地，若 $P(A)>0$，有

$$P(AB)=P(A)P(B \mid A)$$

以上二式称为概率的乘法公式。

概率的乘法公式可推广到 n 个事件的情形。

设 A_1,A_2,A_3 为 3 个事件，则

$$P(A_1A_2A_3)=P(A_1)P(A_2 \mid A_1)P(A_3 \mid A_1A_2)$$

一般来说，若 $A_1,A_2,\cdots,A_n$ 为 $n(n\geqslant 2)$ 个事件，则

$$P(A_1A_2A_3\cdots A_n)=P(A_1)P(A_2 \mid A_1)P(A_3 \mid A_1A_2)\cdots P(A_n \mid A_1A_2\cdots A_{n-1})$$

例 6-3-2（抽签问题）　有一张电影票，7 个人抓阄决定谁得到它，问第 $i(i=1,2,\cdots,7)$ 个人抓到票的概率是多少？

解　设 $A_i=\{$第 i 个人抓到票$\}(i=1,2,\cdots,7)$，则

$$P(A_1)=\frac{1}{7},\quad P(\overline{A}_1)=\frac{6}{7}$$

如果第 2 个人抓到票，必须第 1 个人没有抓到票，也就是说 $A_2\subset\overline{A}_1$，即 $A_2=\overline{A}_1A_2$，所以，

$$P(A_2)=P(\overline{A}_1A_2)=P(\overline{A}_1)P(A_2\mid\overline{A}_1)=\frac{6}{7}\times\frac{1}{6}=\frac{1}{7}$$

类似可得

$$P(A_3)=P(\overline{A}_1\overline{A}_2A_3)=P(\overline{A}_1)P(\overline{A}_2\mid\overline{A}_1)P(A_3\mid\overline{A}_1\overline{A}_2)=\frac{6}{7}\times\frac{5}{6}\times\frac{1}{5}=\frac{1}{7}$$

$$\vdots$$

$$P(A_7)=\frac{1}{7}$$

以上结果证明,抽签不分先后。

6.3.3 全概率公式与贝叶斯公式

定义 6-3-2 设试验 E 的样本空间为 S,事件组 $B_1,B_2,\cdots,B_n$ 互不相容,且 $P(A_i)>0$。若 $B_1\cup B_2\cup\cdots\cup B_n=S$,则称 $B_1,B_2,\cdots,B_n$ 为样本空间 S 的一个完备事件组或称为 S 的一个**划分**。

定理 6-3-1 设事件组 $B_1,B_2,\cdots,B_n$ 为样本空间 S 的一个完备事件组,则对任意事件 $A\subseteq S$,有

$$P(A)=P(B_1)P(A\mid B_1)+P(B_2)P(A\mid B_2)+\cdots+P(B_n)P(A\mid B_n)=\sum_{i=1}^{n}P(B_i)P(A\mid B_i)$$

此公式称作**全概率公式**(先验概率公式)。

***证明** $P(A)=P(A\cap S)=P[A\cap(B_1\cup B_2\cup\cdots\cup B_n)]$

$$=P(AB_1\cup AB_2\cup\cdots\cup AB_n)=\sum_{i=1}^{n}P(AB_i)$$

$$=\sum_{i=1}^{n}P(B_i)P(A\mid B_i)$$

证毕。

在很多实际问题中,$P(A)$不易直接求得,但却容易找到 S 的一个划分 $B_1,B_2,\cdots,B_n$,且 $P(B_i)$和 $P(A|B_i)$或为已知,或容易求得,那么就可以根据全概率公式求出 $P(A)$。

定理 6-3-2 设事件组 $B_1,B_2,\cdots,B_n$ 为样本空间 Ω 的一个完备事件组,则对任意事件 $A\subseteq\Omega$,当 $P(A)>0,P(B_i)>0$ 时,有

$$P(B_i\mid A)=\frac{P(B_i)P(A\mid B_i)}{\sum_{j=1}^{n}P(B_j)P(A\mid B_j)}\quad(i=1,2,\cdots,n)$$

此公式称为**贝叶斯(Bayes)公式**(逆概公式),由英国数学家贝叶斯在 1763 年首先给出。

例 6-3-3 某超市玻璃杯整箱出售,每箱 20 只。假设每箱含 0,1,2 只次品的概率分别为 0.8,0.1,0.1。一顾客欲购买一箱玻璃杯,购买时售货员随意取一箱,而顾客开箱随机地查看 4 只,若无次品,则买下该箱玻璃杯;否则退回。求:

(1) 顾客买下该箱玻璃杯的概率;

(2) 在顾客买下的一箱玻璃杯中,确实没有次品的概率。

解　设事件 B_i=｛售货员取的一箱中恰有 i 件次品｝($i=0,1,2$)，A=｛顾客买下该箱｝。显然 B_0,B_1,B_2 构成一个完备事件组，且

$$P(B_0)=0.8,\quad P(B_1)=0.1,\quad P(B_2)=0.1$$

$$P(A\mid B_0)=1,\quad P(A\mid B_1)=\frac{C_{19}^4}{C_{20}^4}=0.8,\quad P(A\mid B_2)=\frac{C_{18}^4}{C_{20}^4}=\frac{12}{19}$$

(1) 由全概率公式可知，顾客买下该箱玻璃杯的概率为

$$P(A)=\sum_{i=0}^{2}P(B_i)P(A\mid B_i)=0.8\times 1+0.1\times 0.8+0.1\times\frac{12}{19}\approx 0.94$$

(2) 由贝叶斯公式可知，在顾客买下的一箱玻璃杯中，确实没有次品的概率为

$$P(B_0\mid A)=\frac{P(B_0)P(A\mid B_0)}{\sum_{i=0}^{2}P(B_i)P(A\mid B_i)}=\frac{0.8\times 1}{0.94}\approx 0.85$$

例 6-3-4　某工厂有 4 条流水线生产同一种产品，这 4 条流水线分别占总产量的 15%、20%、30%和 35%；又知这 4 条流水线的不合格率依次为 0.05、0.04、0.03 和 0.02。现在从出厂产品中任取一件，问恰好抽到不合格品的概率为多少？该厂规定，出了不合格品要追究有关流水线的经济责任。现在在出厂产品中任取一件，结果为不合格品，但标志已脱落。问第 4 条流水线应承担多大责任？

解　令

A=｛任取一件，恰好抽到不合格品｝

B_i=｛任取一件，恰好抽到第 i 条流水线的产品｝　($i=1,2,3,4$)

由全概率公式可得

$$\begin{aligned}P(A)&=\sum_{i=1}^{4}P(B_i)P(A\mid B_i)\\&=0.15\times 0.05+0.20\times 0.04+0.30\times 0.03+0.35\times 0.02\\&=0.0315=3.15\%\end{aligned}$$

$$P(B_4\mid A)=\frac{P(B_4)P(A\mid B_4)}{\sum_{i=1}^{4}P(B_i)P(A\mid B_i)}=\frac{0.35\times 0.02}{0.0315}\approx 0.212$$

即第 4 条流水线应该承担 21.2%的责任。

例 6-3-5　对以往数据分析的结果表明，当机器调整良好时，产品的合格率为 98%；而当机器发生故障时，其合格率为 55%。每天早上机器开动时，机器调整良好的概率是 95%。试求已知某日早上第一件产品是合格品时，机器调整良好的概率是多少。

解　设 A=｛产品合格｝，B=｛机器调整良好｝。则 $P(A|B)=0.98$，$P(A|\bar{B})=0.55$，$P(B)=0.95$，$P(\bar{B})=0.05$，所需求的概率为 $P(B|A)$。由贝叶斯公式得

$$P(B\mid A)=\frac{P(B)P(A\mid B)}{P(B)P(A\mid B)+P(\bar{B})P(A\mid \bar{B})}=\frac{0.98\times 0.95}{0.98\times 0.95+0.55\times 0.05}=0.97$$

这就是说，当生产第一件产品是合格品时，此时机器调整良好的概率为 0.97。这里，概率 0.95 是由以往的数据分析而得到的，称为**先验概率**。在得到消息(生产的第一件产品是合格品)之后再重新加以修正的概率(0.97)称为**后验概率**。有了后验概率就能对机

器的情况有进一步的了解。

例 6-3-6 由医学统计数据分析可知，某地区人群中患有癌症的人数占总人数的 0.5%。患者对一种血液化验呈阳性的概率为 95%，正常人对该化验呈阳性的概率为 1%。现有一人化验后呈现阳性，求此人患有癌症的概率。

解 设 A={化验呈现阳性}，B_1={化验的人是癌症患者}，B_2={化验的人不是癌症患者}，显然，

$$B_1 \cup B_2 = S, B_1 B_2 = \varnothing$$

B_1, B_2 构成完备事件组，且

$$P(B_1)=0.005, P(B_2)=0.995, P(A|B_1)=0.95, P(A|B_2)=0.01$$

由全概率公式可知

$$P(A)=P(A|B_1)P(B_1)+P(A|B_2)P(B_2)=0.95\times0.005+0.01\times0.995=0.0147$$

由贝叶斯公式可知，此人患有癌症的概率为

$$P(B_1|A)=\frac{P(A|B_1)P(B_1)}{P(A)}=\frac{0.95\times0.005}{0.0147}=0.323$$

注：计算结果表明，虽然 $P(A|B_1)=0.95$ 和 $P(\overline{A}|B_2)=0.99$ 这两个概率都比较高，但若将此化验用于普查，被检出阳性后，也不必过于恐慌，因为实际患病的概率为 32.3%。在这里，$P(B_1)$ 为“先验概率”，$P(B_1|A)$ 为“后验概率”，通过事件 A 的发生的这个新信息，对 B_1 的概率作出修正。这是贝叶斯公式在现实生活中的一个应用。在实际中，人们经常采用一些简单的方法进行初查，排除大量明显不是癌症的人后，再使用血液化验对被怀疑对象进行检查，在被怀疑的对象群体中，癌症发病率已经大大提高。若对首次检查的人群再进行复查，此时 $P(B_1)=0.323$，此人患有癌症的概率有多大？这个数据说明了什么？请同学们思考后做出回答。

习题 6-3

1. 已知随机事件 A, B，$P(A)=0.5$，$P(B)=0.6$，$P(B|A)=0.8$，试求 $P(AB)$，$P(\overline{A}\overline{B})$。

2. (1) 已知 $P(\overline{A})=0.3$，$P(B)=0.4$，$P(A\overline{B})=0.5$，求条件概率 $P(B|A\cup\overline{B})$；

(2) 已知 $P(A)=\frac{1}{4}$，$P(B|A)=\frac{1}{3}$，$P(A|B)=\frac{1}{2}$，求 $P(A\cup B)$。

3. 已知在 10 件产品中有 2 件次品，在其中取 2 次，每次任取 1 件，做不放回抽样，求下列事件的概率。

(1) 2 件都是正品；

(2) 1 件是正品，1 件是次品；

(3) 2 件都是次品；

(4) 第 2 次取出的是次品。

4. 某人忘记了电话号码的最后一个数字，因而他随意地拨号，求他拨号不超过 3 次而接通所需电话的概率。若已知最后一个数字是奇数，则此概率是多少？

5. 有朋自远方来，他坐火车、船、汽车和飞机的概率分别是 0.3，0.2，0.1，0.4。若坐

火车迟到的概率是0.25，坐船迟到的概率是0.3，坐汽车迟到的概率是0.1，坐飞机则不会迟到。求他最后可能迟到的概率。

6. 已知男子有5%是色盲患者，女子有0.25%是色盲患者。今从男女人数相等的人群中随机挑选一人恰好是色盲者，求此人是男性的概率。

7. 有2箱同种类的零件，第1箱装50只，其中有10只是一等品；第2箱装30只，其中有18只是一等品。今从2箱中任意挑出1箱，然后从该箱中取零件2次，每次任取1只，做不放回抽样。求：

(1) 第1次取到的零件是一等品的概率；

(2) 在第1次取到的零件是一等品的条件下，第2次取到的也是一等品的概率。

6.4 独立性

在6.3节的条件概率中讨论了在事件B发生的条件下，事件A发生的概率$P(A|B)$。在一般情况下，它不同于事件A发生的概率$P(A)$。这说明事件B的发生与否直接影响着事件A的发生，否则必有$P(A|B)=P(A)$，这时事件A的发生独立于事件B。这就是本节要讨论的事件的独立性。

定义 6-4-1　设A,B为两个事件，如果等式$P(AB)=P(A)P(B)$成立，则称事件A与B**相互独立**。

例 6-4-1　分别掷两枚均匀的硬币，令

$$A=\{\text{硬币甲出现正面}\}$$
$$B=\{\text{硬币乙出现正面}\}$$

验证事件A、B是相互独立的。

证明　这时样本空间

$$\Omega=\{(\text{正},\text{正}),(\text{正},\text{反}),(\text{反},\text{正}),(\text{反},\text{反})\}$$

共含有4个基本事件，它们是等可能的，概率均为1/4，而

$$A=\{(\text{正},\text{正}),(\text{正},\text{反})\}$$
$$B=\{(\text{正},\text{正}),(\text{反},\text{正})\}$$
$$AB=\{(\text{正},\text{正})\}$$

由此知

$$P(A)=P(B)=\frac{1}{2}$$

$$P(AB)=\frac{1}{4}=P(A)\cdot P(B)$$

成立，所以事件A,B是相互独立的。

定理 6-4-1　设事件A与B相互独立，则A与$\bar{B}$、$\bar{A}$与B、$\bar{A}$与$\bar{B}$这3对事件也相互独立。

证明　由$A=A(B\cup\bar{B})=AB\cup A\bar{B}$可得

$$P(A)=P(AB)+P(A\bar{B})=P(A)P(B)+P(A\bar{B})$$
$$P(A\bar{B})=P(A)[1-P(B)]=P(A)P(\bar{B})$$

因此 A 与 $\overline{B}$ 相互独立。由此可推出 $\overline{A}$ 与 $\overline{B}$ 相互独立。再由 $\overline{\overline{B}}=B$，又推出 $\overline{A}$ 与 B 相互独立。证毕。

定义 6-4-2 对任意 3 个事件 A,B,C，如果有

$$
\begin{aligned}
P(AB) &= P(A)P(B) \\
P(BC) &= P(B)P(C) \\
P(CA) &= P(C)P(A) \\
P(ABC) &= P(A)P(B)P(C)
\end{aligned}
$$

4 个等式同时成立，则称事件 A,B,C **相互独立**。

一般来说，设 $A_1,A_2,\cdots,A_n$ 是 n 个事件，如果对于任意的 $k(1<k\leqslant n)$ 和任意的一组 $1\leqslant i_1<i_2<\cdots<i_k\leqslant n$ 都有等式

$$P(A_{i_1}A_{i_2}\cdots A_{i_k})=P(A_{i_1})P(A_{i_2})\cdots P(A_{i_k})$$

成立，则称 $A_1,A_2,\cdots,A_n$ 是 n 个相互独立的事件。

在实际问题中，两事件是否独立，并不总是需要通过公式的计算来证明，而可以根据具体情况来分析、判断。只要事件之间没有关联或关联很微弱，就可以认为它们是相互独立的。

例 6-4-2 三人独立地去破译一份密码，已知各人能译出的概率分别为 1/5，1/3，1/4，问三人中至少有一人能将密码译出的概率是多少？

解 将三人编号为 1,2,3，记

$$A_i=\{\text{第 } i \text{ 人破译出密码}\}\quad (i=1,2,3)$$

所求为 $P(A_1\cup A_2\cup A_3)$。

已知 $P(A_1)=\dfrac{1}{5}$，$P(A_2)=\dfrac{1}{3}$，$P(A_3)=\dfrac{1}{4}$，因此

$$
\begin{aligned}
P(A_1\cup A_2\cup A_3) &= 1-P(\overline{A_1\cup A_2\cup A_3}) \\
&= 1-P(\overline{A}_1\overline{A}_2\overline{A}_3) \\
&= 1-P(\overline{A}_1)P(\overline{A}_2)P(\overline{A}_3) \\
&= 1-[1-P(A_1)][1-P(A_2)][1-P(A_3)] \\
&= 1-\frac{4}{5}\times\frac{2}{3}\times\frac{3}{4}=\frac{3}{5}=0.6
\end{aligned}
$$

例 6-4-3 一个元件(或系统)能正常工作的概率称为元件(或系统)的可靠性。如图 6-4-1 所示，有 4 个独立工作的元件 1,2,3,4 按先串联再并联的方式连接(称为串并联系统)。设第 i 个元件的可靠性为 $p_i(i=1,2,3,4)$，试求系统的可靠性。

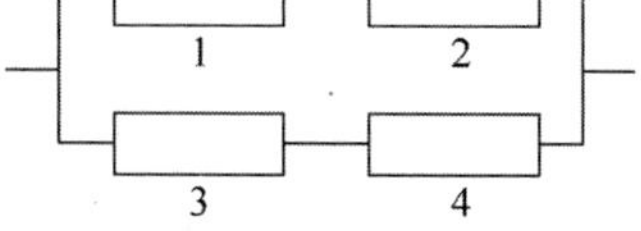

图 6-4-1

解 设 $A_i=\{\text{第 } i \text{ 个元件正常工作}\}(i=1,2,3,4)$，$A=\{\text{系统正常工作}\}$。系统由两条线路 Ⅰ 和 Ⅱ 组成，当且仅当至少有一条线路中的两个元件正常工作时，这一系统正常工作，故有

$$A=A_1A_2\cup A_3A_4$$

由事件的独立性，得

$$P(A)=P(A_1A_2\cup A_3A_4)$$

$= P(A_1A_2) + P(A_3A_4) - P(A_1A_2A_3A_4)$

$= P(A_1)P(A_2) + P(A_3)P(A_4) - P(A_1)P(A_2)P(A_3)P(A_4)$

$= p_1p_2 + p_3p_4 - p_1p_2p_3p_4$

习题 6-4

1. 设 A 与 B 独立，且 $P(A)=p, P(B)=q$，求 $P(A\cup B), P(A\cup\bar{B}), P(\bar{A}\cup\bar{B})$。

2. 已知 A,B 独立，且 $P(\bar{A}\bar{B})=\frac{1}{9}, P(\bar{A}B)=P(A\bar{B})$，求 $P(A), P(B)$。

3. 有甲、乙两类种子，甲类种子的发芽率为 0.9，乙类种子的发芽率为 0.8。在这两类种子中各取一粒，求：

(1) 所取两粒种子都发芽的概率；

(2) 所取两粒种子中，至少有一粒发芽的概率；

(3) 所取两粒种子恰有一粒发芽的概率。

4. 甲、乙、丙三人同时独立地向同一目标各射击一次，命中率分别为 0.7,0.9,0.8，求目标被命中的概率。

第7章

随机变量及其分布

第 6 章讨论了有关概率论的一些基本概念和相关理论，为了从整体上对随机现象的统计规律进行全面而深入的研究与探讨，就需要引入新的概念——随机变量。

7.1 随机变量的概念

引例 1 从含有 5 件次品的 100 件产品中，任意抽取 10 件(无放回)进行检验，试求出现次品数的概率。

在该问题中，出现的"次品数"不止一个，它们是 0,1,2,3,4,5，即次品数可能取的值有 6 个数，所以次品数是一个变量；又因为次品数的取值随着每次抽样结果的不同而不同，所以它的取值又具有随机性。

引例 2 任意抛掷一枚质地均匀的硬币，求落下后出现正面或反面的概率。

在该试验中，没有明显的变量，但若用数字 1 表示事件"出现正面"，用数字 0 表示事件"出现反面"，这样就得到一个可取 0 或 1 的变量，并且该变量的取值具有随机性。

一般情况下，可归纳出随机变量的定义。

定义 7-1-1 设随机试验 E 的样本空间为 $S=\{e\}$，如果对于每个 $e\in S$，都有一个实数 $X(e)$ 与它对应，则称 S 上的实值单值函数 $X(e)$ 为**随机变量**，记作 $X=X(e)$。

通常用大写字母 X,Y,Z 等表示随机变量，用小写字母 x,y,z 等表示实数。应当注意：随机变量作为 S 上的函数，它的值域是一个实数集；但它的定义域却未必是实数集，因为组成样本空间的元素不一定是实数。

随机变量的取值随试验的结果而定，而试验的各个结果出现有一定的概率，因而随机变量的取值有一定的概率。在引进随机变量后，随机事件就可以用随机变量的取值表示。这样，就把对随机事件及其概率的研究转换为对随机变量的取值及其概率的研究，就能够利用数学分析的方法对随机试验的结果进行深入而广泛的研究和讨论。

例 7-1-1 设某人射击，其每次击中目标的可能性为 0.8，现在他连续射击直至击中目标为止，则该人击中目标的次数就是一个随机变量 X，并且 X 所有可能取的值为 1,2,3,…。

例 7-1-2　从最长使用寿命为 10000 小时的一批灯泡中，任取一个进行检验，则使用寿命是一个随机变量 X，并且 X 的取值范围是$[0,10000]$。

7.2　离散型随机变量及其分布律

如果随机变量的所有可能取值是有限个或可列无限多个，这种随机变量称为离散型随机变量。如 7.1 节的引例 1、引例 2 和例 7-1-1 中的随机变量均为离散型随机变量。

7.2.1　离散型随机变量的分布律

定义 7-2-1　设离散型随机变量 X 所有可能取值为 $x_k(k=1,2,\cdots)$，X 取各个可能值的概率即事件$\{X=x_k\}$的概率为

$$P(X=x_k)=p_k \quad (k=1,2,\cdots) \tag{7-2-1}$$

则式(7-2-1)称为离散型随机变量 X 的**概率分布或分布律**。分布律也可以用如下形式来表示：

X	x_1	x_2	$\cdots$	x_k	$\cdots$
p_k	p_1	p_2	$\cdots$	p_k	$\cdots$

或用矩阵形式表示为

$$X\sim\begin{pmatrix} x_1 & x_2 & \cdots & x_k & \cdots \\ p_1 & p_2 & \cdots & p_k & \cdots \end{pmatrix}$$

由概率的定义可知，离散型随机变量 X 的概率分布具有下列性质。

(1) $p_k\geqslant 0(k=1,2,\cdots)$；

(2) $\sum\limits_{k=1}^{\infty} p_k=1$。

例 7-2-1　某射手连续向一目标射击，直到命中为止。已知他每发命中的概率是 p，求所需射击发数 X 的分布律。

解　显然，X 可能取的值是 $1,2,\cdots$，设 $A_k=\{$第 k 发命中$\}$，则

$$P(X=1)=P(A_1)=p$$

$$P(X=2)=P(\overline{A}_1A_2)=(1-p)p$$

$$P(X=3)=P(\overline{A}_1\overline{A}_2A_3)=(1-p)^2p$$

$$\vdots$$

可见

$$P(X=k)=(1-p)^{k-1}p \quad (k=1,2,\cdots)$$

7.2.2　几种常见的离散型分布

1. 两点分布或(0-1)分布

设随机变量 X 只可能取 0 与 1 两个值，则其分布律为

$$P\{X=k\}=p^k(1-p)^{1-k} \quad (k=0,1;\ 0<p<1)$$

或

$$X \sim \begin{pmatrix} 0 & 1 \\ 1-p & p \end{pmatrix}$$

X	0	1
p_k	$1-p$	p

在实际中,服从两点分布的随机变量是很多的。例如,产品的“合格”与“不合格”;新生婴儿的性别登记;种子的“发芽”与“不发芽”;天气中的“下雨”与“不下雨”等。总之,任何一个只有两种可能结果的随机现象都可以数量化,变为两点分布。

2. 伯努利试验与二项分布

定义 7-2-2 设试验 E 只有两个可能结果:A 及 $\bar{A}$,则称 E 为**伯努利(Bernoulli)试验**。设 $P(A)=p(0<p<1)$,$P(\bar{A})=1-p$,将 E 独立重复地进行 n 次,则称这一串重复的独立试验为 ***n* 重伯努利试验**。

其中,“重复”是指这 n 次试验中,$P(A)=p(0<p<1)$保持不变;“独立”是指各次试验的结果互不影响。

n 重伯努利试验是一种很重要的数学模型,它有广泛的应用,是研究最多的模型之一。

定理 7-2-1 设在 n 重伯努利试验中,$P(A)=p(0<p<1)$,则事件 A 在 n 次试验中恰好发生 k 次的概率为

$$P(X=k)=C_n^k p^k(1-p)^{n-k} \quad (k=0,1,2,\cdots,n) \tag{7-2-2}$$

证明 由伯努利试验的定义可知,事件 A 在某指定的 k 次试验中发生,而在其余的 $n-k$ 次试验中不发生($\bar{A}$ 发生)的概率为 $p^k(1-p)^{n-k}$,而这样的 k 次试验共有 C_n^k 种可能,因此有

$$P(X=k)=C_n^k p^k(1-p)^{n-k} \quad (k=0,1,2,\cdots,n)$$

显然有

$$P(X=k)\geqslant 0$$

$$\sum_{k=0}^{n} P(X=k)=\sum_{k=0}^{n} C_n^k p^k(1-p)^{n-k}=(p+1-p)^n=1$$

因为 $C_n^k p^k(1-p)^{n-k}(k=0,1,2,\cdots,n)$恰好是二项式$(p+q)^n$ 展开式的各项,所以称随机变量 X 服从参数为 n,p 的二项分布,记作 $X\sim b(n,p)$。

特别地,当 $n=1$ 时,二项分布转换为

$$P\{X=k\}=p^k(1-p)^{1-k} \quad (k=0,1;\ 0<p<1)$$

这就是(0-1)分布。

例 7-2-2 某大学的校乒乓球队与某学院的乒乓球队举行对抗赛,校队的实力较院队强,但是同一队中队员之间实力相当,当一个校队队员与一个院队队员比赛时,校队获胜的概率时 0.6,现在校、院双方商量对抗赛的方式,提出以下三种方案。

(1) 双方各出 3 人；

(2) 双方各出 5 人；

(3) 双方各出 7 人；

三种方案中均以比赛中得胜人数多的一方获胜。问：对院队来说，哪一种方案更有利？

解　设在第 i 中方案中得胜的人数为

$$X_i(i=1,2,3),X_i\sim b(n,0.6),n=3,5,7$$

则在上述三种方案中，院队胜利的概率为

$$P(X_1\geqslant 2)=\sum_{k=2}^{3}C_3^k\,0.4^k\,(0.6)^{3-k}\approx 0.352$$

$$P(X_2\geqslant 3)=\sum_{k=3}^{5}C_5^k\,0.4^k\,(0.6)^{5-k}\approx 0.317$$

$$P(X_3\geqslant 4)=\sum_{k=4}^{7}C_7^k\,0.4^k\,(0.6)^{7-k}\approx 0.290$$

因此，第一种方案对院队来说更有利。

注：如何选择更好的比赛方案，这是各种比赛中经常会遇见的问题。该题通过二项分布做出了选择，这种选择在直觉上是容易理解的，因为参赛人数越少，院队侥幸获胜的可能性就越大。

***例 7-2-3**　设有 80 台同类型设备，各台工作是相互独立的，发生故障的概率都是 0.01，且一台设备的故障能由一个人处理。考虑两种配备维修工人的方法：①由 4 人维护，每人负责 20 台；②由 3 人共同维护 80 台。试比较这两种方法在设备发生故障时不能及时维修的概率。

解　解法一：以 X 记"第 1 人维护的 20 台中同一时刻发生故障的台数"，$A_i=\{$第 i 人维护的 20 台中发生故障不能及时维修$\}(i=1,2,3,4)$，则知 80 台中发生故障而不能及时维修的概率为

$$P(A_1\cup A_2\cup A_3\cup A_4)\geqslant P(A_1)=P(X\geqslant 2)$$

由于 $X\sim b(20,0.01)$，故有

$$\begin{aligned}P(X\geqslant 2)&=1-\sum_{k=0}^{1}P(X=k)\\&=1-\sum_{k=0}^{1}C_{20}^k(0.01)^k(0.99)^{20-k}=0.0169\end{aligned}$$

即有

$$P(A_1\cup A_2\cup A_3\cup A_4)\geqslant 0.0169$$

解法二：以 Y 记 80 台中同一时刻发生故障的台数，此时 $Y\sim b(80,0.01)$，故 80 台中发生故障而不能及时维修的概率为

$$\begin{aligned}P(Y\geqslant 4)&=1-\sum_{k=0}^{3}P(X=k)\\&=1-\sum_{k=0}^{3}C_{80}^k(0.01)^k\,(0.99)^{80-k}=0.0087\end{aligned}$$

两种方法比较,虽然后一种情况任务重了(每人平均维护约 27 台),但工作效率不仅没有降低,反而提高了。

3. 泊松(Poisson)分布

定义 7-2-3 设随机变量 X 所有可能取的值为 $0,1,2,\cdots$, 且概率分布为

$$P(X=k)=\frac{\lambda^k}{k!}e^{-\lambda}\quad(k=0,1,2,\cdots)\tag{7-2-3}$$

其中,$\lambda>0$ 是常数,则称 X 服从参数为 λ 的**泊松分布**,记作 $X\sim\pi(\lambda)$ 或 $X\sim P(\lambda)$。

泊松分布是离散型随机变量又一重要分布,许多实际问题中引入的随机变量均服从泊松分布。例如,电话交换台在一定时间内收到的呼叫次数;一本书一页中的印刷错误数;原子在一定时间内放射的粒子数;某超市在一定时间内的顾客数等。

***定理 7-2-2**(泊松定理) 设 $\lambda>0$ 是一个常数,n 是任意正整数,设 $np_n=\lambda$,则对于任一固定的非负整数 k 有

$$\lim_{n\to\infty}C_n^k p_n^k(1-p_n)^{n-k}=\frac{\lambda^k}{k!}e^{-\lambda}\tag{7-2-4}$$

定理的条件 $np_n=\lambda$(常数)意味着当 n 很大时 p_n 必定很小,因此,泊松定理表明当 n 很大 p 很小时有以下近似式

$$C_n^k p^k(1-p)^{n-k}\approx\frac{\lambda^k}{k!}e^{-\lambda}\quad(\text{其中 }\lambda=np)\tag{7-2-5}$$

例 7-2-4 计算机硬件公司制造某种特殊型号的微型芯片,次品率达 0.1%,各芯片成为次品相互独立。求在 1000 只产品中至少有 2 只次品的概率。

解 设 X 为产品中的次品数,则 $X\sim b(1000,0.001)$。所求概率为

$$\begin{aligned}P(X\geqslant 2)&=1-P(X=0)-P(X=1)\\&=1-(0.999)^{1000}-C_{1000}^1(0.999)^{999}(0.001)\end{aligned}$$

利用式(7-2-5)来计算可得

$$\lambda=1000\times 0.001=1$$

$$P(X\geqslant 2)=1-P(X=0)-P(X=1)=1-e^{-1}-e^{-1}\approx 0.2642411$$

一般情况下,当 $n\geqslant 20,p\leqslant 0.05$ 时,用 $\frac{\lambda^k}{k!}e^{-\lambda}(\lambda=np)$ 作为 $C_n^k p^k(1-p)^{n-k}$ 的近似值效果就很好。

习题 7-2

1. 判断下列给出的数列是否是随机变量的分布律。

(1) $p_i=\frac{i}{15}\quad(i=0,1,2,3,4,5)$

(2) $p_i=\frac{5-i^2}{6}\quad(i=0,1,2,3)$

(3) $p_i=\frac{1}{4}\quad(i=2,3,4,5)$

(4) $p_i=\frac{1+i}{25}\quad(i=1,2,3,4,5)$

2. 设随机变量 X 的分布律为$\begin{pmatrix}1 & 2 & 3 & 4\\ 0.1 & 0.3 & 0.2 & 0.4\end{pmatrix}$,求下列概率。

(1) $P(X\geqslant 2)$　　(2) $P(2<X\leqslant 4)$　　(3) $P(X\neq 3)$

3. 设在 15 件同类型的零件中有 2 件是次品,在其中取 3 次,每次任取 1 件,做不放回抽样,以 X 表示取出的次品的件数,求 X 的分布律。

4. 一大楼装有 5 台同类型的供水设备。设每台设备是否被使用相互独立,调查表明在任一时刻 t 每台设备被使用的概率为 0.1。问:

(1) 在同一时刻,恰有 2 台设备被使用的概率是多少?

(2) 在同一时刻,至少有 3 台设备被使用的概率是多少?

(3) 在同一时刻,至多有 3 台设备被使用的概率是多少?

5. 设随机变量 $X\sim b(6,p)$,已知 $P(X=1)=P(X=5)$,求 $P(X=2)$。

6. 一电话总机每分钟收到呼叫的次数服从参数为 4 的泊松分布,求:

(1) 某一分钟恰有 8 次呼叫的概率;

(2) 某一分钟的呼叫次数大于 3 的概率。

7.3　随机变量的分布函数

定义 7-3-1　设 X 是一个随机变量,x 是任意实数,函数 $F(x)=P(X\leqslant x)(-\infty<x<+\infty)$称为 X 的**分布函数**。

对于任意的实数 $x_1,x_2(x_1<x_2)$,随机点 X 落在区间$(x_1,x_2]$上的概率为

$$P(x_1<X\leqslant x_2)=P(X\leqslant x_2)-P(X\leqslant x_1)=F(x_2)-F(x_1)$$

因此,若已知 X 的分布函数,就可以知道 X 落在任一区间$(x_1,x_2]$的概率。

由此可见,分布函数是一个普通的函数,它的定义域为整个数轴。如果将 X 看成数轴上随机点的坐标,那么分布函数在 x 处的函数值就表示随机点 X 落在区间$(-\infty,x]$上的概率。通过分布函数可以用高等数学的工具来研究随机变量。

分布函数具有以下基本性质。

(1) $F(x)$在$(-\infty,+\infty)$上是一个不减函数,即对 $\forall x_1,x_2\in(-\infty,+\infty)$,且 $x_1<x_2$,都有 $F(x_1)\leqslant F(x_2)$;

(2) $0\leqslant F(x)\leqslant 1$,且 $F(-\infty)=\lim\limits_{x\to-\infty}F(x)=0$,$F(+\infty)=\lim\limits_{x\to+\infty}F(x)=1$;

(3) $F(x)$右连续,即 $\lim\limits_{x\to x_0^+}F(x)=F(x_0)$。

例 7-3-1　设随机变量 X 的分布律为$\begin{pmatrix}0 & 1 & 2\\ \frac{1}{3} & \frac{1}{6} & \frac{1}{2}\end{pmatrix}$,求 X 的分布函数$F(x)$。

解　$F(x)=P(X\leqslant x)$

当 $x<0$,$(X\leqslant x)=\varnothing$,$F(x)=0$;

当 $0\leqslant x<1$，$F(x)=P(X\leqslant x)=P(X=0)=\frac{1}{3}$；

当 $1\leqslant x<2$，$F(x)=P(X\leqslant x)=P(X=0)+P(X=1)=\frac{1}{3}+\frac{1}{6}=\frac{1}{2}$；

当 $x\geqslant 2$，$F(x)=P(X\leqslant x)=P(X=0)+P(X=1)+P(X=2)=\frac{1}{3}+\frac{1}{6}+\frac{1}{2}=1$；

故
$$F(x)=\begin{cases}0 & x<0\\ \frac{1}{3} & 0\leqslant x<1\\ \frac{1}{2} & 1\leqslant x<2\\ 1 & x\geqslant 2\end{cases}$$

***例 7-3-2**　设随机变量 X 的分布函数 $F(x)=\begin{cases}Ae^x & x<0\\ B & 0\leqslant x<1\\ 1-Ae^{1-x} & x\geqslant 1\end{cases}$ 连续，求：

(1) A 和 B 的值；

(2) $P\left(X>\frac{1}{3}\right)$。

解　(1) 由于 $\lim\limits_{x\to 0^-}F(x)=\lim\limits_{x\to 0^-}Ae^x=A$，$\lim\limits_{x\to 0^+}F(x)=\lim\limits_{x\to 0^+}B=B$，$F(x)$是连续函数，在 $x=0$ 处连续，得 $A=B$。

又因为 $\lim\limits_{x\to 1^-}F(x)=\lim\limits_{x\to 1^-}B=B$，$\lim\limits_{x\to 1^+}F(x)=\lim\limits_{x\to 1^+}(1-Ae^{1-x})=1-A$，得到 $B=1-A$。

因此，$A=B=\frac{1}{2}$。因而分布函数为

$$F(x)=\begin{cases}\frac{1}{2}e^x & x<0\\ \frac{1}{2} & 0\leqslant x<1\\ 1-\frac{1}{2}e^{1-x} & x\geqslant 1\end{cases}$$

(2) $P\left(X>\frac{1}{3}\right)=1-P\left(X\leqslant\frac{1}{3}\right)=1-F\left(\frac{1}{3}\right)=\frac{1}{2}$。

例 7-3-3　在区间$[0,a]$上任意投掷一个质点，以 X 表示这个质点的坐标。设这个质点落在$[0,a]$小区间内的概率与这个小区间的长度成正比，试求 X 的分布函数。

解　设 $F(x)$为 X 的分布函数，

当 $x<0$，$F(x)=P(X\leqslant x)=0$；

当 $x>a$，$F(x)=P(X\leqslant x)=1$；

当 $0\leqslant x<a$，$F(x)=P(X\leqslant x)=kx$（k 为常数）；

由于 $P(0\leqslant X\leqslant a)=ka=1$，$k=\frac{1}{a}$，故当 $0\leqslant x<a$ 时，$F(x)=P(X\leqslant x)=\frac{x}{a}$。

故分布函数为

$$F(x)=\begin{cases}0 & x<0\\ \dfrac{x}{a} & 0\leqslant x\leqslant a\\ 1 & x>a\end{cases}$$

这就是在区间$[0,a]$上服从均匀分布的随机变量 X 的分布函数。

习题 7-3

1. 设随机变量 X 的分布律为$\begin{pmatrix}0 & 1 & 2\\ 0.4 & 0.1 & 0.5\end{pmatrix}$，求：

(1) X 的分布函数；

(2) $P(X\leqslant 1.5)$，$P(0\leqslant X<2)$，$P(0<X\leqslant 2)$。

2. 设袋中有 5 个小球，其中有 2 个黑的，3 个白的。从中任取 3 个球，其中黑球数记为 X，求随机变量 X 的分布律和分布函数。

3. 设随机变量 X 的分布函数为$F(x)=\begin{cases}0 & x<-1\\ 0.4 & -1\leqslant x<0\\ 0.8 & 0\leqslant x<1\\ 1 & x\geqslant 1\end{cases}$，求 X 的分布律。

4. 设随机变量 X 的分布函数为$F(x)=\begin{cases}0 & x<-1\\ a & -1\leqslant x<1\\ \dfrac{2}{3}-a & 1\leqslant x<2\\ a+b & x\geqslant 2\end{cases}$，且 $P(X=2)=\dfrac{1}{2}$，求：

(1) a 和 b 的值；

(2) X 的分布律。

7.4 连续型随机变量及其概率密度

对于取值非离散的随机变量，最常见最重要的一类就是连续型随机变量。

7.4.1 连续型随机变量的概率密度

定义 7-4-1 设 $F(x)$是随机变量 X 的分布函数，如果存在非负函数 $f(x)$，使得对于任意实数 x 均有

$$F(x)=P(X\leqslant x)=\int_{-\infty}^{x}f(t)\mathrm{d}t$$

则称 X 为**连续型随机变量**，$f(x)$为 X 的**概率密度函数**或**密度函数**。

由定义 7-4-1 可知，连续型随机变量 X 的概率密度函数 $f(x)$具有以下性质：

(1) $f(x)\geqslant 0$；

(2) $\int_{-\infty}^{\infty} f(x)\mathrm{d}x = 1$;

(3) 对于任意实数 $x_1, x_2(x_1 \leqslant x_2)$,有 $P(x_1 < x \leqslant x_2) = \int_{x_1}^{x_2} f(t)\mathrm{d}t$;

(4) 若 $f(x)$在点 x 处连续,则有 $F'(x) = f(x)$;

(5) 连续型随机变量 X 取任意定值 a 的概率为 0,即 $P(X=a)=0$,从而对于任意的常数 $a,b(a\leqslant b)$有

$$\begin{aligned} P(a \leqslant X \leqslant b) &= P(a < X \leqslant b) = P(a \leqslant X < b) = P(a < X < b) \\ &= F(b) - F(a) = \int_a^b f(x)\mathrm{d}x \end{aligned}$$

例 7-4-1 设随机变量 X 具有概率密度为

$$f(x) = \begin{cases} kx & 0 \leqslant x < 3 \\ 2 - \dfrac{x}{2} & 3 \leqslant x \leqslant 4 \\ 0 & 其他 \end{cases}$$

(1) 确定常数 k;

(2) 求 X 的分布函数;

(3) 求 $P\left(1 < X \leqslant \dfrac{7}{2}\right)$。

解 (1) 由 $\int_{-\infty}^{+\infty} f(x)\mathrm{d}x = 1$

得
$$\int_0^3 kx\mathrm{d}x + \int_3^4 \left(2 - \frac{x}{2}\right)\mathrm{d}x = 1$$

解得
$$k = \frac{1}{6}$$

则 X 的密度函数为

$$f(x) = \begin{cases} \dfrac{x}{6} & 0 \leqslant x < 3 \\ 2 - \dfrac{x}{2} & 3 \leqslant x \leqslant 4 \\ 0 & 其他 \end{cases}$$

(2) X 的分布函数为

$$F(x) = \begin{cases} 0 & x < 0 \\ \int_0^x \dfrac{x}{6}\mathrm{d}x & 0 \leqslant x < 3 \\ \int_0^3 \dfrac{x}{6}\mathrm{d}x + \int_3^x \left(2 - \dfrac{x}{2}\right)\mathrm{d}x & 3 \leqslant x < 4 \\ 1 & x \geqslant 4 \end{cases}$$

即
$$F(x)=\begin{cases}0 & x<0\\ \dfrac{x^2}{12} & 0\leqslant x<3\\ -3+2x-\dfrac{x^2}{4} & 3\leqslant x<4\\ 1 & x\geqslant 4\end{cases}$$

(3) $P\left(1<X\leqslant\dfrac{7}{2}\right)=F\left(\dfrac{7}{2}\right)-F(1)=\dfrac{41}{48}$。

7.4.2　几种常见的连续型分布

1. 均匀分布

定义 7-4-2　设连续型随机变量 X 的概率密度为

$$f(x)=\begin{cases}\dfrac{1}{b-a} & a<x<b\\ 0 & \text{其他}\end{cases}$$

则称随机变量 X 在区间 (a,b) 上服从**均匀分布**，记作 $X\sim U(a,b)$。

(1) 若 $X\sim U(a,b)$，则对于长度为 l 的区间 $(c,c+l)$，$a\leqslant c<c+l\leqslant b$，有

$$P(c<X<c+l)=\int_c^{c+l}\frac{1}{b-a}\mathrm{d}x=\frac{l}{b-a}$$

即随机变量 X 落在区间 (a,b) 中任意长度的子区间内的可能性是相同的，或者说 X 落在 (a,b) 的子区间内的概率只依赖于子区间的长度而与子区间的位置无关。

(2) 若 $X\sim U(a,b)$，则 X 的分布函数为

$$F(x)=P(X\leqslant x)=\begin{cases}0 & x<a\\ \dfrac{x-a}{b-a} & a\leqslant x<b\\ 1 & x\geqslant b\end{cases}$$

例 7-4-2　某公共汽车站从上午 7:00 起，每 15 分钟来一班车，即 7:00、7:15、7:30、7:45 等时刻有汽车到达此站。如果乘客到达此站的时间 X 是 7:00—7:30 之间的均匀随机变量，试求他候车时间少于 5 分钟的概率。

解　以 7:00 为起点 0，以分为单位，依题意有 $X\sim U(0,30)$，因此

$$f(x)=\begin{cases}\dfrac{1}{30} & 0<x<30\\ 0 & \text{其他}\end{cases}$$

为使候车时间 X 少于 5 分钟，乘客必须在 7:10—7:15，或在 7:25—7:30 到达车站。因此所求概率为

$$P(10<X<15)+P(25<X<30)=\int_{10}^{15}\frac{1}{30}\mathrm{d}x+\int_{25}^{30}\frac{1}{30}\mathrm{d}x=\frac{1}{3}$$

即乘客候车时间少于 5 分钟的概率是 1/3。

2. 指数分布

定义 7-4-3 若随机变量 X 具有概率密度

$$f(x)=\begin{cases}\dfrac{1}{\theta}e^{-\frac{x}{\theta}} & x>0\\ 0 & x\leqslant 0\end{cases}$$

其中，$\theta>0$，为常数，则称 X 服从参数为 θ 的**指数分布**。

指数分布常用于可靠性统计研究中，如电子元件的寿命、随机服务系统的服务时间等。

若 X 服从参数为 θ 的指数分布，则其分布函数为

$$F(x)=P(X\leqslant x)=\begin{cases}1-e^{-\frac{x}{\theta}} & x>0\\ 0 & x\leqslant 0\end{cases}$$

服从指数分布的随机变量 X 具有以下性质。

对于任意 $s,t>0$，有

$$\begin{aligned}P(X>s+t\mid X>s)&=\frac{P(X>s+t,X>s)}{P(X>s)}=\frac{P(X>s+t)}{P(X>s)}\\&=\frac{\displaystyle\int_{s+t}^{\infty}\theta^{-1}e^{-\frac{x}{\theta}}dx}{\displaystyle\int_{s}^{\infty}\theta^{-1}e^{-\frac{x}{\theta}}dx}=\frac{e^{-\frac{(s+t)}{\theta}}}{e^{-\frac{s}{\theta}}}=e^{-\frac{t}{\theta}}=1-(1-e^{-\frac{t}{\theta}})\\&=1-F(t)=P(X>t)\end{aligned}$$

这条性质称为**无记忆性**。如果 X 是某一元件的寿命，那么上式表明：已知元件已经使用了 s 小时，它总共能用 $s+t$ 小时的条件概率，与从开始使用时算起它至少能用 t 小时的概率相等。这就是说，元件对它已使用过 s 小时没有记忆。具有这一性质是指数分布有广泛应用的重要原因。

例 7-4-3 某台电子计算机在发生故障前正常运行的时间 $T(h)$ 服从参数为 $\theta=100$ 的指数分布，求：

(1) 正常运行时间为 50～100 小时的概率；

(2) 运行 100 小时尚未发生故障的概率。

解 T 的密度函数为

$$f(x)=\begin{cases}\dfrac{1}{100}e^{-\frac{x}{100}} & x>0\\ 0 & x\leqslant 0\end{cases}$$

(1) 正常运行时间为 50～100 小时的概率为

$$P(50<T<100)=\int_{50}^{100}\frac{1}{100}e^{-\frac{x}{100}}dx=e^{-\frac{1}{2}}-e^{-1}\approx 0.2387$$

(2) 运行 100 小时尚未发生故障的概率为

$$P(T>100)=\int_{100}^{+\infty}\frac{1}{100}e^{-\frac{x}{100}}dx=e^{-1}\approx 0.3679$$

3. 正态分布

定义 7-4-4　若连续型随机变量 X 的概率密度为

$$f(x)=\frac{1}{\sqrt{2\pi}\sigma}e^{-\frac{(x-\mu)^2}{2\sigma^2}}\quad(-\infty<x<+\infty)$$

其中，μ 和 $\sigma(\sigma>0)$都是常数，则称 X 服从参数为 μ 和 σ 的**正态分布**或**高斯分布**，记作

$$X\sim N(\mu,\sigma^2)$$

$f(x)$具有下述性质：

(1) $f(x)\geqslant 0$；

(2) $\int_{-\infty}^{+\infty}f(x)\mathrm{d}x=1$；

(3) 正态分布的概率密度函数 $f(x)$的图像称为**正态曲线**，曲线 $f(x)$关于 μ 轴对称；

(4) 函数 $f(x)$在$(-\infty,\mu]$上单调增加，在$[\mu,+\infty)$上单调减少，在 $x=\mu$ 处取得最大值。

μ 决定了图形的中心位置。随着 μ 的增加或减少，曲线向右或向左平移，称 μ 为位置参数(见图 7-4-1)。σ 决定了图形中峰的陡峭程度，σ 越大，曲线越扁平，称 σ 为形状参数(见图 7-4-2)。

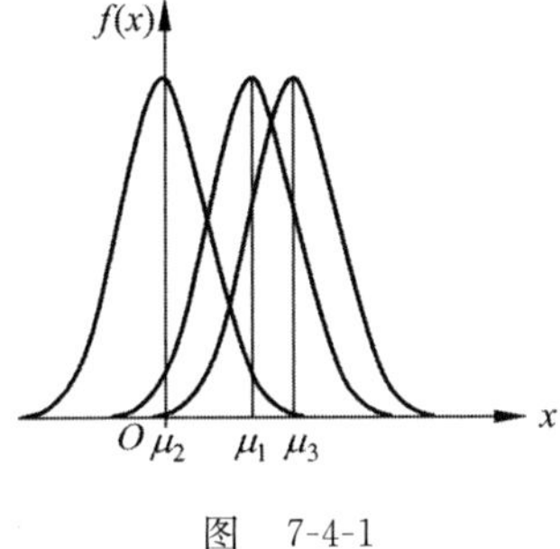

图　7-4-1

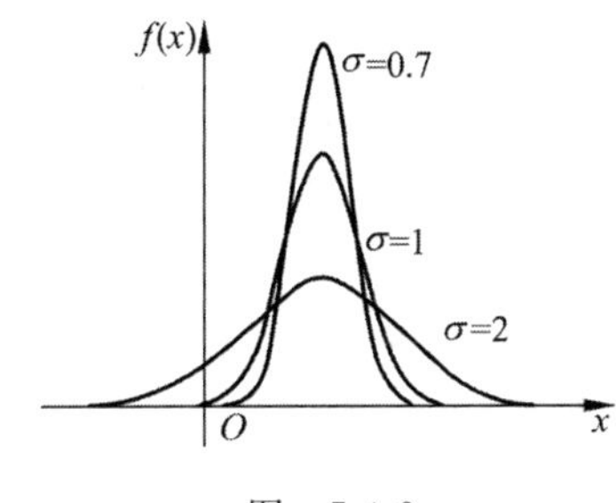

图　7-4-2

设 $X\sim N(\mu,\sigma^2)$，X 的分布函数为

$$F(x)=\frac{1}{\sqrt{2\pi}\sigma}\int_{-\infty}^{x}e^{-\frac{(t-\mu)^2}{2\sigma^2}}\mathrm{d}t\quad(-\infty<x<\infty)$$

正态分布由它的两个参数 μ 和 σ 唯一确定，当 μ 和 σ 不同时，是不同的正态分布。当 $\mu=0,\sigma=1$ 时的正态分布称为标准正态分布。

其密度函数和分布函数常用 $\varphi(x)$和 $\Phi(x)$表示，$\varphi(x)$的图像如图 7-4-3 所示。

$$\varphi(x)=\frac{1}{\sqrt{2\pi}}e^{-\frac{x^2}{2}}\quad(-\infty<x<\infty)$$

$$\Phi(x)=\frac{1}{\sqrt{2\pi}}\int_{-\infty}^{x}e^{-\frac{t^2}{2}}\mathrm{d}t\quad(-\infty<x<\infty)$$

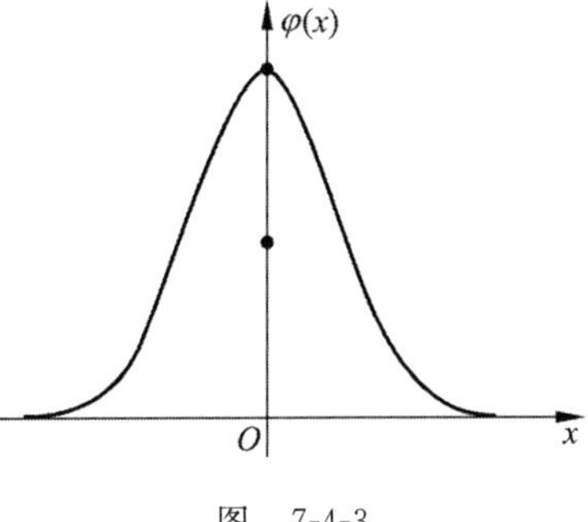

图　7-4-3

$\Phi(x)$具有以下性质：

(1) $\Phi(0)=\frac{1}{2}\left(\Phi(0)=\frac{1}{\sqrt{2\pi}}\int_{-\infty}^{0}\mathrm{e}^{-\frac{t^2}{2}}\mathrm{d}t=\frac{1}{2}\times\frac{1}{\sqrt{2\pi}}\int_{-\infty}^{+\infty}\mathrm{e}^{-\frac{t^2}{2}}\mathrm{d}t=\frac{1}{2}\right)$；

(2) $\forall x\in R,\Phi(-x)=1-\Phi(x)$。

定理 7-4-1 若 $X\sim N(\mu,\sigma^2)$，则 $Z=\frac{X-\mu}{\sigma}\sim N(0,1)$。

标准正态分布的重要性在于，任何一个一般的正态分布都可以通过线性变换转化为标准正态分布。

证明 Z 的分布函数为

$$P(Z\leqslant x)=P\left(\frac{X-\mu}{\sigma}\leqslant x\right)=P(X\leqslant\mu+\sigma x)=\frac{1}{\sigma\sqrt{2\pi}}\int_{-\infty}^{\mu+\sigma x}\mathrm{e}^{-\frac{(t-\mu)^2}{2\sigma^2}}\mathrm{d}t$$

令 $u=\frac{t-\mu}{\sigma}$，则有

$$P(Z\leqslant x)=\frac{1}{\sqrt{2\pi}}\int_{-\infty}^{x}\mathrm{e}^{-\frac{u^2}{2}}\mathrm{d}u$$

故

$$Z=\frac{X-\mu}{\sigma}\sim N(0,1)$$

证毕。

根据定理 7-4-1，只要将标准正态分布的分布函数制成表，就可以解决一般正态分布的概率计算问题。本书附录 C 提供了标准正态分布函数数值表，有了它，可以查表解决一般正态分布的概率计算。

若 $X\sim N(0,1)$，则

$$P(a<X<b)=\Phi(b)-\Phi(a)$$

若 $X\sim N(\mu,\sigma^2)$，则

$$\begin{aligned}P(a<X<b)&=P\left(\frac{a-\mu}{\sigma}<\frac{X-\mu}{\sigma}<\frac{b-\mu}{\sigma}\right)\\&=\Phi\left(\frac{b-\mu}{\sigma}\right)-\Phi\left(\frac{a-\mu}{\sigma}\right)\end{aligned}$$

例 7-4-4 设 $X\sim N(2,9)$，求下列概率。

(1) $P(X\leqslant 11)$　　(2) $P(X>-4)$

(3) $P(-1<X\leqslant 8)$　　(4) $P(|X|\leqslant 2)$

解 (1) $P(X\leqslant 11)=\Phi\left(\frac{11-2}{3}\right)=\Phi(3)=0.99865$

(2) $P(X>-4)=1-P(X\leqslant -4)=1-\Phi\left(\frac{-4-2}{3}\right)=1-\Phi(-2)=\Phi(2)=0.97725$

(3) $P(-1<X\leqslant 8)=\Phi\left(\frac{8-2}{3}\right)-\Phi\left(\frac{-1-2}{3}\right)=\Phi(2)-\Phi(-1)$

$$=\Phi(2)-1+\Phi(1)=0.97725-1+0.8413=0.81855$$

(4) $P(|X|\leqslant 2)=P(-2\leqslant X\leqslant 2)=\Phi\left(\frac{2-2}{3}\right)-\Phi\left(\frac{-2-2}{3}\right)$

$$=\Phi(0)-\Phi\left(-\frac{4}{3}\right)=0.5-\left[1-\Phi\left(\frac{4}{3}\right)\right]=0.40824$$

一般地，设 $X\sim N(\mu,\sigma^2)$，则通过计算可得

$$P(\mu-\sigma<X<\mu+\sigma)=0.6826$$

$$P(\mu-2\sigma<X<\mu+2\sigma)=0.9544$$

$$P(\mu-3\sigma<X<\mu+3\sigma)=0.9974$$

可以认为，服从正态分布 $N(\mu,\sigma^2)$ 的随机变量 X 落在 $(\mu-3\sigma,\mu+3\sigma)$ 区间内的概率为 99.74%，几乎是必然事件；而落在 $(\mu-3\sigma,\mu+3\sigma)$ 之外的概率很小，几乎是不可能事件。服从正态分布的随机变量 X 的这个重要性质，称为 **3σ 准则**。

例 7-4-5　公共汽车车门的高度是按男子与车门顶头碰头机会在 0.01 以下来设计的。设男子身高 $X\sim N(170,6^2)$，问车门高度应如何确定？

解　设车门高度为 $h$cm，按设计要求 h 应满足 $P(X\geqslant h)<0.01$ 或 $P(X<h)\geqslant 0.99$。

因为　$X\sim N(170,6^2)$

所以　$\dfrac{X-170}{6}\sim N(0,1)$

故　$P(X<h)=\Phi\left(\dfrac{h-170}{6}\right)\geqslant 0.99$

查表得　$\Phi(2.33)=0.9901>0.99$

因而　$\dfrac{h-170}{6}=2.33$

即　$h=170+13.98\approx 184(\text{cm})$

即车门高度为 184cm 时，可使男子与车门碰头的机会不超过 0.01。

例 7-4-6　测量某目标的距离时发生的随机误差 X(单位：m)具有概率密度函数

$$f(x)=\frac{1}{40\sqrt{2\pi}}e^{-\frac{(x-20)^2}{3200}}$$

试求在 3 次测量中至少有一次误差的绝对值不超过 30m 的概率。

解　X 的概率密度函数为

$$f(x)=\frac{1}{40\sqrt{2\pi}}e^{-\frac{(x-20)^2}{3200}}=f(x)=\frac{1}{\sqrt{2\pi}\times 40}e^{-\frac{(x-20)^2}{2\times 40^2}}$$

故 $X\sim N(20,1600)$，一次测量中随机误差的绝对值不超过 30m 的概率为

$$P(|X|\leqslant 30)=P(-30\leqslant X\leqslant 30)=\Phi\left(\frac{30-20}{40}\right)-\Phi\left(\frac{-30-20}{40}\right)$$

$$=\Phi(0.25)-\Phi(-1.25)=0.4931$$

设 Y 表示 3 次测量中误差的绝对值不超过 30 的次数，则 $Y\sim b(3,0.4931)$，故

$$P(Y\geqslant 1)=1-P(Y=0)=1-(0.5069)^3=0.8698。$$

习题 7-4

1. 设连续型随机变量 X 的分布函数为 $F(x)=\begin{cases}0 & x<0\\ Ax^2 & 0\leqslant x<1\\ 1 & x\geqslant 1\end{cases}$，求：

(1) 系数 A;

(2) $P\left(-1<X<\frac{1}{2}\right)$,$P\left(\frac{1}{3}<X\leqslant 2\right)$,$P\left(X>\frac{1}{5}\right)$;

(3) X 的概率密度函数。

2. 设随机变量 X 的分布函数为 $F(x)=\begin{cases}1-e^{-x} & x>0\\ 0 & x\leqslant 0\end{cases}$,求:

(1) $P(X\leqslant 3)$,$P(X>1.5)$;

(2) X 的概率密度函数。

3. 设随机变量 X 的概率密度为 $f(x)=\begin{cases}x & 0\leqslant x<1\\ 2-x & 1\leqslant x<2\\ 0 & \text{其他}\end{cases}$,求:

(1) X 的分布函数;

(2) $P(X<0.5)$,$P(1.5<X<3)$。

*4. 某种型号元件的寿命 X(小时)的概率密度为

$$f(x)=\begin{cases}\dfrac{1000}{x^2} & x>1000\\ 0 & x\leqslant 1000\end{cases}$$

现有一大批此种元件(设各元件损坏与否相互独立),任取 5 件,问其中至少有 2 件寿命大于 1500 小时的概率是多少?

5. 已知随机变量 $X\sim N(3,2^2)$,求:

(1) $P(X<4)$　(2) $P(2<X\leqslant 5)$　(3) $P(X>3)$

(4) $P(|X|>2)$　(5) $P(|X-1|<2)$

6. 设随机变量 X 在(1,6)上服从均匀分布,求方程 $t^2+Xt+1=0$ 有实根的概率。

7. 已知 $X\sim N(2,\sigma^2)$,且 $P(2<X<4)=0.3$,求 $P(X<0)$。

*7.5 随机变量函数的分布

在实际应用中,人们常常对随机变量的函数更感兴趣。例如,已知圆轴截面直径 d 的分布,求截面面积 $A=\frac{\pi d^2}{4}$ 的分布。

下面讨论如何由已知的随机变量 X 的分布去求它的函数 $Y=g(X)$(设 g 是已知的连续函数)的概率分布。

7.5.1 离散型随机变量函数的分布

设 X 为离散型随机变量,则 $Y=g(X)$ 也是离散型随机变量。如果 X 的概率分布为

$$P(X=x_k)=p_k \quad (k=1,2,\cdots)$$

那么,当 $y_k=g(x_k)(k=1,2,\cdots)$ 互不相同时,随机变量 Y 的概率分布为

$$P(Y=y_k)=p_k \quad (k=1,2,\cdots)$$

如果 $y_k=g(x_k)(k=1,2,\cdots)$中有相同的值，则将这些相同的值合并为一个值，其概率为对应概率之和。

例 7-5-1　设 $X\sim\begin{pmatrix}1 & 2 & 5\\ 0.2 & 0.5 & 0.3\end{pmatrix}$，求 $Y=2X+3$ 的概率分布。

解　当 X 取值 1,2,5 时，Y 取对应值 5,7,13，而且 X 取某值与 Y 取其对应值是两个同时发生的事件，两者具有相同的概率，故

$$Y\sim\begin{pmatrix}5 & 7 & 13\\ 0.2 & 0.5 & 0.3\end{pmatrix}$$

例 7-5-2　设 $X\sim\begin{pmatrix}-2 & -1 & 0 & 1 & 2\\ 0.2 & 0.1 & 0.2 & 0.3 & 0.2\end{pmatrix}$，求 $Y=X^2$ 的概率分布。

解　$P(Y=0)=P(X=0)=0.2$

$P(Y=1)=P(X=-1)+P(X=1)=0.4$

$P(Y=4)=P(X=-2)+P(X=2)=0.4$

故

$$Y\sim\begin{pmatrix}0 & 1 & 4\\ 0.2 & 0.4 & 0.4\end{pmatrix}$$

7.5.2　连续型随机变量函数的分布

设连续型随机变量 X 的概率密度函数为 $f(x)$，$y=g(x)$为一个连续函数，应如何求随机变量 $Y=g(X)$的概率密度函数？先看例 7-5-3。

例 7-5-3　设 X 的概率密度函数为

$$f_X(x)=\begin{cases}\dfrac{x}{8} & 0<x<4\\ 0 & 其他\end{cases}$$

求 $Y=2X+8$ 的概率密度。

解　设 X 的分布函数为 $F_X(x)$，Y 的分布函数为 $F_Y(y)$。由分布函数的概念可知

$$F_Y(y)=P(Y\leqslant y)=P(2X+8\leqslant y)=P\left(X\leqslant\frac{y-8}{2}\right)=F_X\left(\frac{y-8}{2}\right)$$

将 $F_Y(y)$关于 y 求导数，得 $Y=2X+8$ 的概率密度为

$$f_Y(y)=\frac{\mathrm{d}F_Y(y)}{\mathrm{d}y}=f_X\left(\frac{y-8}{2}\right)\times\frac{1}{2}$$

$$=\begin{cases}\dfrac{1}{8}\times\dfrac{y-8}{2}\times\dfrac{1}{2} & 0<\dfrac{y-8}{2}<4\\ 0 & 其他\end{cases}$$

$$=\begin{cases}\dfrac{y-8}{32} & 8<y<16\\ 0 & 其他\end{cases}$$

例 7-5-4　设 X 具有概率密度 $f_X(x)$，求 $Y=X^2$ 的概率密度。

解　设 X 的分布函数为 $F_X(x)$，Y 的分布函数为 $F_Y(y)$，由分布函数的概念可知

$$F_Y(y)=P(Y\leqslant y)=P(X^2\leqslant y)=P(-\sqrt{y}\leqslant X\leqslant\sqrt{y})$$
$$=F_X(\sqrt{y})-F_X(-\sqrt{y})$$

将 $F_Y(y)$ 关于 y 求导数,得 $Y=X^2$ 的概率密度为

$$f_Y(y)=\frac{\mathrm{d}F_Y(y)}{\mathrm{d}y}=\begin{cases}\dfrac{1}{2\sqrt{y}}\left[f_X(\sqrt{y})+f_X(-\sqrt{y})\right] & y>0\\ 0 & y\leqslant 0\end{cases}$$

从上述两例中可以看到,在求 $P(Y\leqslant y)$ 的过程中,关键的一步是设法从 $(g(X)\leqslant y)$ 中解出 X,从而得到与 $(g(X)\leqslant y)$ 等价的 X 的不等式。这样做是为了利用已知的 X 的分布求出相应的概率。这是求连续型随机变量的函数的分布的一种常用方法。

定理 7-5-1 设 X 具有概率密度 $f_X(x)(-\infty<x<+\infty)$,又设函数 $y=g(x)$ 处处可导,且恒有 $g'(x)>0$(或恒有 $g'(x)<0$),则 $Y=g(X)$ 是一个连续型随机变量,它的概率密度为

$$f_Y(y)=\begin{cases}f_X[h(y)]\,|h'(y)| & \alpha<y<\beta\\ 0 & \text{其他}\end{cases}$$

其中,$\alpha=\min\{g(-\infty),g(+\infty)\}$,$\beta=\max\{g(-\infty),g(+\infty)\}$,$x=h(y)$ 是 $y=g(x)$ 的反函数。

习题 7-5

1. 设离散型随机变量 X 的概率分布为 $\begin{pmatrix}-2 & -1 & 0 & 1 & 2\\ 0.2 & 0.1 & 0.3 & 0.2 & 0.2\end{pmatrix}$,求 $Y=X^2$ 的概率分布。

2. 设 X 的概率密度为

$$f_X(x)=\begin{cases}3x^2 & 0<x<1\\ 0 & \text{其他}\end{cases}$$

求 $Y=2X+1$ 的概率密度。

3. 设连续性随机变量 X 的概率密度为

$$f_X(x)=\begin{cases}\dfrac{10}{x^2} & x\geqslant 10\\ 0 & x<10\end{cases}$$

求随机变量 $Y=3X-1$ 的概率密度。

4. 对一圆片直径进行测量,其值服从(5,6)上的均匀分布,求圆片面积的概率密度。

第8章

多维随机变量及其分布

前面讨论了一维随机变量及其分布，但有些随机现象用一个随机变量来描述还不够，而需要用几个随机变量来描述。例如，在打靶时，命中点的位置是由一对随机变量（两个坐标）来确定的，飞机的重心在空中的位置是由3个随机变量（3个坐标值）来确定的等。

一般来说，设 E 是一个随机试验，它的样本空间是 $S=\{e\}$，设 $X_1=X_1(e)$，$X_2=X_2(e)$，…，$X_n=X_n(e)$ 是定义在 S 上的随机变量，由它们构成的一个 n 维向量 $(X_1, X_2, \cdots, X_n)$ 叫作 n 维随机向量或 n 维随机变量。

8.1 二维随机变量及其联合分布

8.1.1 二维随机变量的分布函数

定义 8-1-1 设 (X,Y) 是二维随机变量，对于任意实数 x 和 y，二元函数

$$F(x,y)=P\{(X\leqslant x)\cap(Y\leqslant y)\}\xlongequal{\text{记作}}P(X\leqslant x,Y\leqslant y)$$

称为二维随机变量 (X,Y) 的**分布函数**，或者称为随机变量 X 和 Y 的**联合分布函数**。

二维随机变量 (X,Y) 的分布函数 $F(x,y)$ 在点 (x_0,y_0) 的值 $F(x_0,y_0)$ 表示随机点 (X,Y) 落在平面无限区域 $\{(x,y)\mid -\infty<x\leqslant x_0, -\infty<y\leqslant y_0\}$ 内的概率，如图 8-1-1 所示。

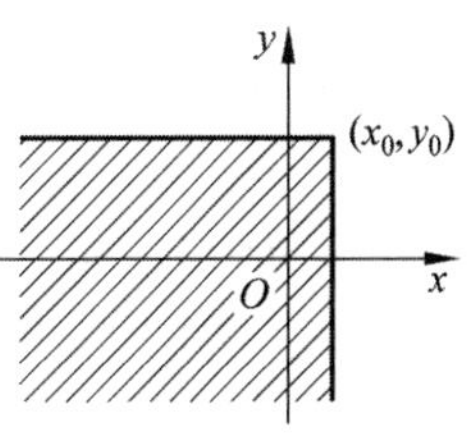

图 8-1-1

8.1.2 二维离散型随机变量

定义 8-1-2 如果二维随机变量 (X,Y) 全部可能取到的不相同的值是有限对或可列无限多对，则称 (X,Y) 是**离散型随机变量**。

设二维离散型随机变量 (X,Y) 可能取的值是 $(x_i,y_j)(i,j=1,2,\cdots)$，记 $P(X=x_i, Y=y_j)$ 为 p_{ij}，称为二维离散型随机变量 (X,Y) 的**分布律**，或随机变量 X 和 Y 的**联合分

布律。

二维离散型随机变量(X,Y)的分布律具有以下性质：

(1) $p_{ij}\geqslant 0(i,j=1,2,\cdots)$；

(2) $\sum\limits_{i}\sum\limits_{j}p_{ij}=1$。

上述(X,Y)的分布律也可以描述为如下形式：

$X\backslash Y$	y_1	y_2	$\cdots$	y_j	$\cdots$
x_1	p_{11}	p_{12}	$\cdots$	p_{1j}	$\cdots$
x_2	p_{21}	p_{22}	$\cdots$	p_{2j}	$\cdots$
$\vdots$	$\vdots$	$\vdots$		$\vdots$	
x_i	p_{i1}	p_{i2}	$\cdots$	p_{ij}	$\cdots$
$\vdots$	$\vdots$	$\vdots$		$\vdots$	

例 8-1-1 设随机变量 X 在 1,2,3 三个整数中等可能地取一个值,随机变量 Y 在 $1\sim X$ 中等可能地取一整数值。求(X,Y)的分布律。

解 X 所有可能取的值为 1,2,3,Y 所有可能取的值为不大于 X 取值的整数。

由乘法公式可得

$$P(X=i,Y=j)=P(X=i)P(Y=j\mid X=i)=\frac{1}{3}\cdot\frac{1}{i}\quad(i=1,2,3;j\leqslant i)$$

所以(X,Y)的分布律如下：

$X\backslash Y$	1	2	3
1	$\frac{1}{3}$	0	0
2	$\frac{1}{6}$	$\frac{1}{6}$	0
3	$\frac{1}{9}$	$\frac{1}{9}$	$\frac{1}{9}$

8.1.3 二维连续型随机变量

定义 8-1-3 对于二维随机变量(X,Y)的分布函数 $F(x,y)$,如果存在非负函数 $f(x,y)$,使对于任意的 x,y 有

$$F(x,y)=\int_{-\infty}^{y}\int_{-\infty}^{x}f(u,v)\mathrm{d}u\mathrm{d}v$$

则称(X,Y)是**连续型的二维随机变量**,函数 $f(x,y)$ 称为二维随机变量(X,Y)的**概率密度**,或称为随机变量 X 和 Y 的**联合概率密度**。

(X,Y)的概率密度具有以下性质：

(1) $f(x,y)\geqslant 0$；

(2) $\int_{-\infty}^{\infty}\int_{-\infty}^{\infty}f(x,y)\mathrm{d}x\mathrm{d}y=1\left(\iint\limits_{R^2}f(x,y)\mathrm{d}x\mathrm{d}y=1\right)$；

(3) 设 G 是 xOy 平面上的区域，则随机点 (X,Y) 落在 G 内的概率为

$$P\{(X,Y)\in G\}=\iint_{G} f(x,y)\mathrm{d}x\mathrm{d}y$$

例 8-1-2　设 (X,Y) 的概率密度是 $f(x,y)=\begin{cases}k\mathrm{e}^{-(x+y)} & x\geqslant 0,y\geqslant 0\\ 0 & \text{其他}\end{cases}$，求：

(1) 常数 k；

(2) $P(X<1,Y<1)$。

解　(1) 根据概率密度的性质(2)可知

$$1=\int_{-\infty}^{\infty}\int_{-\infty}^{\infty} f(x,y)\mathrm{d}x\mathrm{d}y$$

$$=\int_{0}^{\infty}\int_{0}^{\infty} k\mathrm{e}^{-(x+y)}\mathrm{d}x\mathrm{d}y=k$$

故 $k=1$。

(2) 将 (X,Y) 看作平面随机点的坐标，则有

$$P(X<1,Y<1)=P((X,Y)\in G)$$

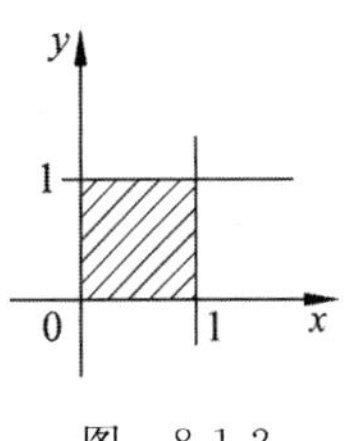

图　8-1-2

其中 G 为图 8-1-2 所示的阴影部分，因此

$$P(X<1,Y<1)=P((X,Y)\in G)$$

$$=\iint_{(X,Y)\in G} f(x,y)\mathrm{d}x\mathrm{d}y$$

$$=\int_{0}^{1}\mathrm{d}x\int_{0}^{1}\mathrm{e}^{-(x+y)}\mathrm{d}y=(1-\mathrm{e}^{-1})^{2}$$

习题 8-1

1. 设随机变量 (X,Y) 的联合分布律如下，求常数 a 的值。

X \ Y	1	2	3
1	$\frac{1}{8}$	$\frac{1}{12}$	$\frac{1}{16}$
2	$\frac{1}{3}$	$\frac{1}{6}$	a

2. 袋中有 3 只黑球，4 只白球，从袋中取球两次，每次任取一球，令

$$X=\begin{cases}1 & \text{第一次取得黑球}\\ 0 & \text{第一次取得白球}\end{cases},\quad Y=\begin{cases}1 & \text{第二次取得黑球}\\ 0 & \text{第二次取得白球}\end{cases}$$

在下列情形下，写出 (X,Y) 的联合分布律。

(1) 有放回取球；

(2) 无放回取球。

3. 把一枚均匀硬币抛掷 3 次，设 X 为 3 次抛掷中正面出现的次数，而 Y 为正面出现次数与反面出现次数之差的绝对值，求：

(1) (X,Y) 的分布律；

(2) $P(X=Y),P(X>Y)$。

4. 设随机变量(X,Y)的概率密度为

$$f(x,y)=\begin{cases}kx^2+\dfrac{1}{3}xy & 0\leqslant x\leqslant 1,0\leqslant y<2\\ 0 & \text{其他}\end{cases}$$

(1) 确定常数 k;

(2) 求 $P(X<1,Y<1)$。

5. 设随机变量(X,Y)的概率密度为

$$f(x,y)=\begin{cases}k(6-x-y) & 0<x<2,2<y<4\\ 0 & \text{其他}\end{cases}$$

(1) 确定常数 k;

(2) 求 $P(X<1,Y<3)$;

(3) 求 $P(X+Y\leqslant 4)$。

8.2 边缘分布

在对二维随机变量(X,Y)的讨论中,通常将 X 和 Y 作为一个整体看待。事实上,X 和 Y 各自也是随机变量,也有各自的分布。

对于随机变量(X,Y),变量 X 的概率分布称为(X,Y)关于 X 的**边缘分布**;变量 Y 的概率分布称为(X,Y)关于 Y 的**边缘分布**。(X,Y)关于 X 和 Y 的边缘分布函数分别为 $F_X(x)$,$F_Y(y)$,它们可以由(X,Y)的联合分布函数 $F(x,y)$来确定,即

$$F_X(x)=P\{X\leqslant x\}=P\{X\leqslant x,Y<\infty\}=F(x,\infty) \tag{8-2-1}$$

$$F_Y(y)=P\{Y\leqslant y\}=P\{X<\infty,Y\leqslant y\}=F(\infty,y) \tag{8-2-2}$$

下面具体讨论离散型和连续型随机变量。

8.2.1 离散型随机变量的边缘分布

设(X,Y)为二维离散型随机变量,分布律为 $P(X=x_i,Y=y_j)=p_{ij}$,由式(8-2-1)及式(8-2-2)得 X 和 Y 的边缘分布律分别为

$$P(X=x_i)=P(X=x_i,Y<\infty)=\sum_{j=1}^{\infty}p_{ij}\quad(i=1,2,\cdots) \tag{8-2-3}$$

$$P(Y=y_j)=P(X<\infty,Y=y_j)=\sum_{i=1}^{\infty}p_{ij}\quad(j=1,2,\cdots) \tag{8-2-4}$$

通常将 X 和 Y 的边缘分布律分别记为 $p_{i\cdot}$ 和 $p_{\cdot j}$,于是

$$p_{i\cdot}=P(X=x_i)=\sum_j p_{ij}\quad(i=1,2,\cdots)$$

$$p_{\cdot j}=P(Y=y_j)=\sum_i p_{ij}\quad(j=1,2,\cdots)$$

随机变量 X 和 Y 的边缘分布律也可以如下表示：

$X \backslash Y$	y_1	y_2	$\cdots$	y_j	$\cdots$	$p_{i\cdot}$
x_1	p_{11}	p_{12}	$\cdots$	p_{1j}	$\cdots$	$p_{1\cdot}$
x_2	p_{21}	p_{22}	$\cdots$	p_{2j}	$\cdots$	$p_{2\cdot}$
$\vdots$	$\vdots$	$\vdots$		$\vdots$		$\vdots$
x_i	p_{i1}	p_{i2}	$\cdots$	p_{ij}	$\cdots$	$p_{i\cdot}$
$\vdots$	$\vdots$	$\vdots$		$\vdots$		$\vdots$
$p_{\cdot j}$	$p_{\cdot 1}$	$p_{\cdot 2}$	$\cdots$	$p_{\cdot j}$	$\cdots$	$\sum\limits_{i,j} p_{ij} = 1$

在随机变量 X 和 Y 的联合分布律中，将第 i 行的各数之和记为 $p_{i\cdot}$ $(i=1,2,\cdots)$，列于表中最后一列，就是关于 X 的边缘分布律；将第 j 列的各数之和记为 $p_{\cdot j}$ $(j=1,2,\cdots)$，列于表中最后一行，就是关于 Y 的边缘分布律。

例 8-2-1 已知随机变量(X,Y)的联合分布律如下：

$X \backslash Y$	1	2	3
1	a	0.3	0.1
2	0.1	0.2	0.1

求：(1) a；

(2) (X,Y)的联合分布律及 X,Y 的边缘分布律。

解 (1) 由联合分布律的性质可知 $a+0.3+0.1+0.1+0.2+0.1=1$，由此得到 $a=0.2$。

(2) 联合分布律及边缘分布律如下：

$X \backslash Y$	1	2	3	$p_{i\cdot}$
1	0.2	0.3	0.1	0.6
2	0.1	0.2	0.1	0.4
$p_{\cdot j}$	0.3	0.5	0.2	1

也可如下表示：

X	1	2
p_k	0.6	0.4

Y	1	2	3
p_k	0.3	0.5	0.2

8.2.2 连续型随机变量的边缘分布

对连续型随机变量(X,Y)，X 和 Y 的联合概率密度为 $f(x,y)$，则根据二维连续型随机变量分布函数的定义及边缘分布函数可知：

$$F_X(x) = F(x, +\infty) = \int_{-\infty}^{x} \left[\int_{-\infty}^{+\infty} f(x,y)\mathrm{d}y\right]\mathrm{d}x$$

由连续型随机变量的定义可以知道，X 是一个连续型随机变量，其概率密度为

$$f_X(x)=\int_{-\infty}^{\infty}f(x,y)\mathrm{d}y\quad(-\infty<x<\infty)$$

同样，Y 也是一个连续型随机变量，其概率密度为

$$f_Y(y)=\int_{-\infty}^{\infty}f(x,y)\mathrm{d}x\quad(-\infty<y<\infty)$$

分别称 $f_X(x)$，$f_Y(y)$为(X,Y)关于 X 和关于 Y 的**边缘概率密度**。

设 G 是平面上的有界区域，其面积为 A。若二维随机变量(X,Y)具有如下概率密度：

$$f(x,y)=\begin{cases}\dfrac{1}{A} & (x,y)\in G\\ 0 & \text{其他}\end{cases}$$

则称(X,Y)在 G 上服从**均匀分布**。

例 8-2-2　设(X,Y)服从区域 $G=\{(x,y)\mid x^2\leqslant y\leqslant x\}$上的均匀分布，求：

(1) (X,Y)的联合概率密度；

(2) X 和 Y 的边缘概率密度。

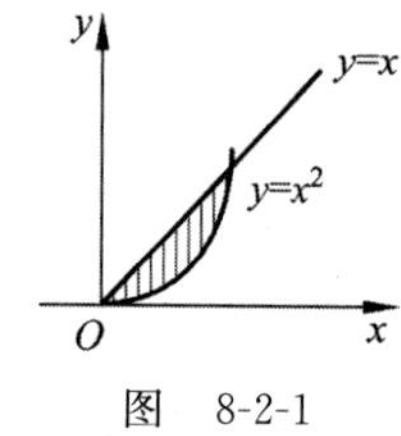

图　8-2-1

解　区域 G 为图 8-2-1 所示的阴影部分。

(1) $A=\int_0^1(x-x^2)\mathrm{d}x=\dfrac{1}{6}$

故(X,Y)的联合概率密度为

$$f(x,y)=\begin{cases}6 & (x,y)\in G\\ 0 & \text{其他}\end{cases}$$

(2) $$f_X(x)=\int_{-\infty}^{\infty}f(x,y)\mathrm{d}y=\begin{cases}\int_{x^2}^{x}6\mathrm{d}y=6(x-x^2) & 0\leqslant x\leqslant 1\\ 0 & \text{其他}\end{cases}$$

$$f_Y(y)=\int_{-\infty}^{\infty}f(x,y)\mathrm{d}x=\begin{cases}\int_{y}^{\sqrt{y}}6\mathrm{d}x=6(\sqrt{y}-y) & 0\leqslant y\leqslant 1\\ 0 & \text{其他}\end{cases}$$

注意：虽然(X,Y)的联合分布在 G 上服从均匀分布，但是它们的边缘分布却不是均匀分布。

*8.2.3　二维正态分布

设(X,Y)的联合概率密度为

$$f(x,y)=\frac{1}{2\pi\sigma_1\sigma_2\sqrt{1-\rho}}\mathrm{e}^{-\frac{1}{2(1-\rho^2)}\left[\left(\frac{x-\mu_1}{\sigma_1}\right)^2-\frac{2\rho(x-\mu_1)(y-\mu_2)}{\sigma_1\sigma_2}+\left(\frac{y-\mu_2}{\sigma_2}\right)^2\right]}$$

式中的 5 个参数满足 $\mu_1,\mu_2,\sigma_1>0,\sigma_2>0,|\rho|<1$，则称$(X,Y)$服从二维正态分布，记作

$$(X,Y)\sim N(\mu_1,\mu_2,\sigma_1^2,\sigma_2^2,\rho)$$

由边缘概率密度的计算公式可以推出二维正态分布的两个边缘分布仍为正态分布，反推则错。即

$$X \sim N(\mu_1, \sigma_1^2)$$
$$Y \sim N(\mu_2, \sigma_2^2)$$

习题 8-2

1. 设(X,Y)的联合概率密度为

$$f(x,y)=\begin{cases} cy(2-x) & 0 \leqslant x \leqslant 1, 0 \leqslant y \leqslant x \\ 0 & \text{其他} \end{cases}$$

求：(1) 常数 c 的值；

(2) X 和 Y 的边缘概率密度 $f_X(x), f_Y(y)$。

2. 设(X,Y)的联合概率密度为

$$f(x,y)=\begin{cases} c\mathrm{e}^{-(3x+4y)} & x \geqslant 0, y \geqslant 0 \\ 0 & \text{其他} \end{cases}$$

求：(1) 常数 c；

(2) $P(0<X<1, 0<Y<2)$；

(3) X 和 Y 的边缘概率密度 $f_X(x), f_Y(y)$。

8.3　条件分布及随机变量的独立性

给定二维随机变量(X,Y)的联合分布，可以确定随机变量 X 和 Y 的边缘分布。通常情况下，无法通过 X 和 Y 的边缘分布来确定(X,Y)的联合分布。但是，如果 X 和 Y 满足一定的条件，即可解决问题。这就是本节要讨论的条件分布及随机变量的独立性问题。

*8.3.1　二维离散型随机变量的条件分布

定义 8-3-1　设(X,Y)为二维离散型随机变量，并且其联合分布律为

$$P\{(X,Y)=(x_i,y_j)\}=p_{ij} \quad (i,j=1,2,\cdots)$$

在已知 $Y=y_j$ 的条件下，X 取值的条件分布为

$$P\{X=x_i \mid Y=y_j\}=\frac{P\{X=x_i, Y=y_j\}}{P\{Y=y_j\}}=\frac{p_{ij}}{p_{\cdot j}} \quad (i=1,2,\cdots)$$

在已知 $X=x_i$ 的条件下，Y 取值的条件分布为

$$P\{Y=y_j \mid X=x_i\}=\frac{P\{X=x_i, Y=y_j\}}{P\{X=x_i\}}=\frac{p_{ij}}{p_{i\cdot}} \quad (j=1,2,\cdots)$$

式中，$p_{i\cdot}, p_{\cdot j}$分别为 X 和 Y 的边缘分布。

例 8-3-1　设(X,Y)的联合分布律如下：

X \ Y	0.4	0.8
2	0.15	0.05
5	0.30	0.12
8	0.35	0.03

求：(1) X 和 Y 的边缘分布；

(2) X 关于 $Y=0.4$ 下的条件分布；

(3) Y 关于 $X=2$ 下的条件分布。

解　(1) X 和 Y 的边缘分布如下：

X \ Y	0.4	0.8	$p_{i\cdot}$
2	0.15	0.05	0.2
5	0.30	0.12	0.42
8	0.35	0.03	0.38
$p_{\cdot j}$	0.8	0.2	1

(2) 在 $Y=0.4$ 的条件下 X 的条件分布律如下：

$$P(X=2 \mid Y=0.4)=\frac{P(X=2,Y=0.4)}{P(Y=0.4)}=\frac{0.15}{0.8}$$

$$P(X=5 \mid Y=0.4)=\frac{P(X=5,Y=0.4)}{P(Y=0.4)}=\frac{0.30}{0.8}$$

$$P(X=8 \mid Y=0.4)=\frac{P(X=8,Y=0.4)}{P(Y=0.4)}=\frac{0.35}{0.8}$$

也可以写成如下形式：

$X=k$	2	5	8
$P(X=k\mid Y=0.4)$	$\frac{0.15}{0.8}$	$\frac{0.30}{0.8}$	$\frac{0.35}{0.8}$

(3) 同样可得 Y 关于 $X=2$ 的条件分布如下：

$Y=k$	0.4	0.8
$P(Y=k\mid X=2)$	$\frac{0.15}{0.2}$	$\frac{0.05}{0.2}$

*8.3.2　二维连续型随机变量的条件分布

定义 8-3-2　设(X,Y)为连续型随机变量，并且其联合概率密度为 $f(x,y)$，若对于固定的 y，有 $f_Y(y)>0$，则称$\frac{f(x,y)}{f_Y(y)}$为在 $Y=y$ 的条件下 X 的**条件概率密度**，记作

$$f_{X|Y}(x \mid y) = \frac{f(x,y)}{f_Y(y)}$$

类似地，可以定义在 $X=x$ 的条件下 Y 的**条件概率密度**为

$$f_{Y|X}(y \mid x) = \frac{f(x,y)}{f_X(x)}, \quad f_X(x) > 0$$

其中，$f_X(x)>0$，$f_Y(y)>0$ 分别为 X 和 Y 的边缘概率密度。

例 8-3-2 设(X,Y)服从单位圆上的均匀分布，即其概率密度为

$$f(x,y) = \begin{cases} \frac{1}{\pi} & x^2+y^2 \leqslant 1 \\ 0 & \text{其他} \end{cases}$$

求 $f_{Y|X}(y|x)$。

解 X 的边缘概率密度为

$$f_X(x) = \int_{-\infty}^{\infty} f(x,y)\mathrm{d}y = \begin{cases} \frac{2}{\pi}\sqrt{1-x^2} & |x| \leqslant 1 \\ 0 & |x| > 1 \end{cases}$$

当$|x|<1$ 时，有

$$f_{Y|X}(y \mid x) = \frac{f(x,y)}{f_X(x)} = \frac{\frac{1}{\pi}}{\frac{2}{\pi}\sqrt{1-x^2}} = \frac{1}{2\sqrt{1-x^2}}$$

$$(-\sqrt{1-x^2} \leqslant y \leqslant \sqrt{1-x^2})$$

即当$-1<x<1$ 时，有

$$f_{Y|X}(y \mid x) = \begin{cases} \frac{1}{2\sqrt{1-x^2}} & -\sqrt{1-x^2} \leqslant y \leqslant \sqrt{1-x^2} \\ 0 & \text{其他} \end{cases}$$

例 8-3-3 甲、乙两人约定 14:30 在某地会面。如果甲到达的时间均匀分布在 14:15 到 15:45 之间，乙到达的时间均匀分布在 14:00 到 15:00 之间，设他们到达的时间相互独立，求两人到达会面地点的时间相差不超过 5 分钟的概率。

解 以 2 时为起点，分为单位，设甲乙两人达到时刻分别为 X,Y，则 $X\sim U(15,45)$，$Y\sim U(0,60)$，概率密度函数分别为

$$f_X(x)=\begin{cases} \frac{1}{30} & 15<x<45 \\ 0 & \text{其他} \end{cases} \qquad f_Y(y)=\begin{cases} \frac{1}{60} & 0<y<60 \\ 0 & \text{其他} \end{cases}$$

由于 X,Y 相互独立，可知(X,Y)的概率密度为

$$f(x,y)=f_X(x)f_y(y)=\begin{cases} \frac{1}{1800} & 15<x<45, 0<y<60 \\ 0 & \text{其他} \end{cases}$$

两人到达会面地点的时间相差不超过 5 分钟的概率即为 $P(|X-Y|\leqslant 5)$。

画出区域$|X-Y|\leqslant 5$，如图 8-3-1 所示。

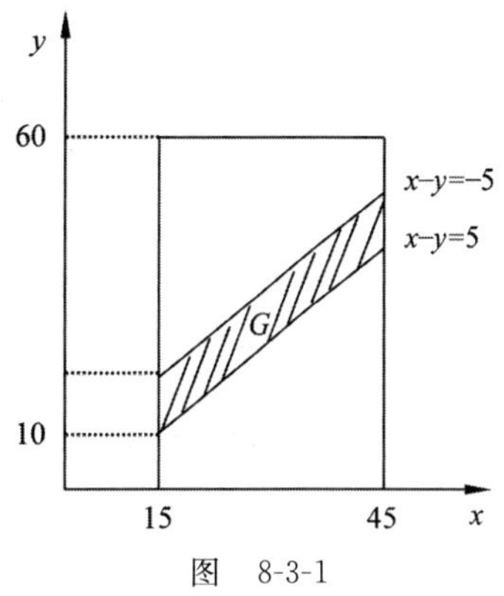

图 8-3-1

则所求概率为概率密度函数在 G 上的二重积分。

$$P(|X-Y|\leqslant 5)=P(-5<X-Y<5)$$
$$=\iint_G f(x,y)\mathrm{d}x\mathrm{d}y=\int_{15}^{45}\mathrm{d}x\int_{x-5}^{x+5}\frac{1}{1800}\mathrm{d}y$$
$$=\frac{1}{1800}\int_{15}^{45}10\mathrm{d}x=\frac{1}{6}$$

注：这是连续型随机变量的会面问题。设 $X\sim U(a,b)$，$Y\sim U(c,d)$，且相互独立，则能够会面的概率可以表示为 $P(|X-Y|\leqslant m)$，其中 m 为等候时间。实际中有许多问题类似于会面问题，如码头上轮船等候码头空出，机场上飞机等候机位，请你尝试编写一道题目并加以解决。

8.3.3 随机变量的独立性

定义 8-3-3 设 X 与 Y 为两个随机变量，如果对任意的实数 x 和 y，事件 $\{X\leqslant x\}$ 和 $\{Y\leqslant y\}$ 均相互独立，即

$$P(X\leqslant x,Y\leqslant y)=P(X\leqslant x)P(Y\leqslant y)$$

则称随机变量 X 与 Y 相互独立。

设 X 与 Y 均为离散型随机变量，X 的一切可能取值为 $x_1,x_2,\cdots,x_i,\cdots$，$Y$ 的一切可能取值为 $y_1,y_2,\cdots,y_j,\cdots$，则 X 与 Y 相互独立的充分必要条件是对一切 i,j，均有

$$P(X=x_i,Y=y_j)=P(X=x_i)P(Y=y_j)$$

即

$$p_{ij}=p_{i\cdot}p_{\cdot j}\quad(i,j=1,2,\cdots)$$

设 $f(x,y)$ 为二维连续型随机变量 (X,Y) 的联合概率密度，$f_X(x)$，$f_Y(y)$ 分别为连续型随机变量 X 与 Y 的边缘概率密度，则 X 与 Y 相互独立的充分必要条件是对任意的实数 x 与 y 均有

$$f(x,y)=f_X(x)f_Y(y)$$

例 8-3-3 设随机变量 (X,Y) 的联合分布律如下，且 X 与 Y 相互独立，试确定其中未知常数的值。

X \ Y	y_1	y_2	y_3	$p_{i\cdot}$
x_1	$\frac{1}{8}$	p_{12}	p_{13}	$p_{1\cdot}$
x_2	p_{21}	$\frac{1}{8}$	p_{23}	$p_{2\cdot}$
$p_{\cdot j}$	$\frac{1}{6}$	$p_{\cdot 2}$	$p_{\cdot 3}$	1

解 由离散型随机变量边缘分布律定义及独立的充分必要条件知

$$\frac{1}{8}+p_{21}=\frac{1}{6}$$

可求得

$$p_{21}=\frac{1}{24}$$

又由于

$$\frac{1}{24}=p_{21}=p_{2\cdot}p_{\cdot 1}=p_{2\cdot}\cdot\frac{1}{6}$$

故

$$p_{2\cdot}=\frac{1}{4}$$

类似可以得到

$$p_{\cdot 2}=\frac{1}{2},\quad p_{12}=\frac{3}{8},\quad p_{1\cdot}=\frac{3}{4},\quad p_{13}=\frac{1}{4},\quad p_{23}=\frac{1}{12},\quad p_{\cdot 3}=\frac{1}{3}$$

例 8-3-4 设随机变量(X,Y)的联合概率密度为

$$f(x,y)=\begin{cases}x\mathrm{e}^{-(x+y)} & x>0,y>0\\ 0 & \text{其他}\end{cases}$$

判断 X 与 Y 是否相互独立。

解 $f_X(x)=\int_0^{\infty}x\mathrm{e}^{-(x+y)}\mathrm{d}y=x\mathrm{e}^{-x}\quad(x>0)$

$f_Y(y)=\int_0^{\infty}x\mathrm{e}^{-(x+y)}\mathrm{d}x=\mathrm{e}^{-y}\quad(y>0)$

即

$$f_X(x)=\begin{cases}x\mathrm{e}^{-x} & x>0\\ 0 & x\leqslant 0\end{cases}$$

$$f_Y(y)=\begin{cases}\mathrm{e}^{-y} & y>0\\ 0 & y\leqslant 0\end{cases}$$

可见,对任意的实数 x 与 y 均有

$$f(x,y)=f_X(x)f_Y(y)$$

故 X 与 Y 相互独立。

习题 8-3

1. 已知随机变量 X 与 Y 相互独立,联合概率分布律如下,求 a 与 b 的值。

X \ Y	1	2	3
1	$\frac{1}{6}$	$\frac{1}{9}$	a
2	$\frac{1}{3}$	b	$\frac{1}{9}$

2. 设随机变量 X 与 Y 相互独立,其概率分布分别如下,求 $P(X=Y)$及 $P(X<Y)$。

X	0	1
p_k	$\frac{1}{3}$	$\frac{2}{3}$

Y	0	1
p_k	$\frac{1}{3}$	$\frac{2}{3}$

*3. 设随机变量(X,Y)的联合概率密度为

$$f(x,y)=\begin{cases}6xy^2 & 0\leqslant x\leqslant 1,0\leqslant y\leqslant 1\\ 0 & \text{其他}\end{cases}$$

(1) 判断 X 与 Y 是否相互独立；

(2) 求 $f_{X|Y}(x|y)$，$f_{Y|X}(y|x)$。

*4. 设随机变量 X 关于 Y 的条件概率密度为

$$f_{X|Y}(x\mid y)=\begin{cases}\dfrac{3x}{y^2} & 0<x<y\\ 0 & \text{其他}\end{cases}$$

且已知 $f_Y(y)=\begin{cases}5y^4 & 0<y<1\\ 0 & \text{其他}\end{cases}$，求 $P(X>0.3)$。

5. 设二维随机变量(X,Y)的联合概率密度为

$$f(x,y)=\begin{cases}\mathrm{e}^{-3y} & 0<x<y\\ 0 & \text{其他}\end{cases}$$

(1) 求 X 与 Y 的边缘概率密度；

(2) 判断 X 与 Y 是否相互独立；

(3) 求概率 $P\left\{0<X<\frac{1}{3},0<Y<\frac{1}{3}\right\}$。

8.4　二维随机变量函数的分布

与一维随机变量类似，也可以求二维随机变量(X,Y)的函数分布。下面仅讨论随机变量和的函数 $Z=X+Y$ 的分布。

设二维连续型随机变量(X,Y)的联合概率密度为 $f(x,y)$，则随机变量 $Z=X+Y$ 的概率密度函数的求法如下。

首先从 Z 的分布函数 $F_Z(z)$出发，求出 Z 的密度函数。

$$F_Z(z)=P(Z\leqslant z)=P(X+Y\leqslant z)=\iint\limits_{x+y\leqslant z}f(x,y)\mathrm{d}x\mathrm{d}y$$

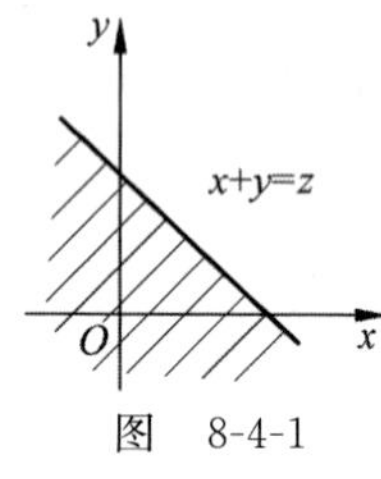

图　8-4-1

其中，积分区域是直线 $x+y=z$ 及其左下方的半平面，如图 8-4-1 的阴影部分所示。

将二重积分转换为累次积分，得

$$F_Z(z)=\iint\limits_{x+y\leqslant z}f(x,y)\mathrm{d}x\mathrm{d}y=\int_{-\infty}^{\infty}\left[\int_{-\infty}^{z-y}f(x,y)\mathrm{d}x\right]\mathrm{d}y$$

固定 z 和 y，对积分 $\int_{-\infty}^{z-y}f(x,y)\mathrm{d}x$ 作变量代换 $x=u-y$，得

$$\int_{-\infty}^{z-y}f(x,y)\mathrm{d}x=\int_{-\infty}^{z}f(u-y,y)\mathrm{d}u$$

故

$$\begin{aligned}F_Z(z) &= \int_{-\infty}^{\infty}\left[\int_{-\infty}^{z-y} f(x,y)\mathrm{d}x\right]\mathrm{d}y \\ &= \int_{-\infty}^{\infty}\left[\int_{-\infty}^{z} f(u-y,y)\mathrm{d}u\right]\mathrm{d}y \\ &= \int_{-\infty}^{z}\left[\int_{-\infty}^{\infty} f(u-y,y)\mathrm{d}y\right]\mathrm{d}u\end{aligned}$$

由此得到随机变量 Z 的概率密度函数为

$$f_Z(z) = \int_{-\infty}^{\infty} f(z-y,y)\mathrm{d}y$$

类似地，有

$$f_Z(z) = \int_{-\infty}^{\infty} f(x,z-x)\mathrm{d}x$$

当 X 与 Y 相互独立时，$f(x,y)=f_X(x)f_Y(y)$，则上述公式可简化为

$$f_Z(z) = \int_{-\infty}^{\infty} f_X(x)f_Y(z-x)\mathrm{d}x$$

$$f_Z(z) = \int_{-\infty}^{\infty} f_X(z-y)f_Y(y)\mathrm{d}y$$

称以上二式为**卷积公式**。

例 8-4-1　若 X 与 Y 独立，且具有共同的概率密度

$$f(x) = \begin{cases}1 & 0\leqslant x\leqslant 1 \\ 0 & 其他\end{cases}$$

求 $Z=X+Y$ 的概率密度。

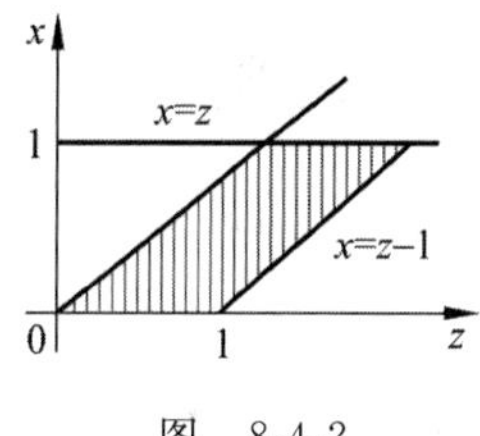

图　8-4-2

解　解本题可利用卷积公式 $f_Z(z) = \int_{-\infty}^{\infty} f_X(x)f_Y(z-x)\mathrm{d}x$。

为确定积分限，先找出使被积函数不为 0 的区域，如图 8-4-2 所示。

$$\begin{cases}0\leqslant x\leqslant 1 \\ 0\leqslant z-x\leqslant 1\end{cases}$$

即

$$\begin{cases}0\leqslant x\leqslant 1 \\ x\leqslant z\leqslant x+1\end{cases}$$

故当 $z<0$ 或 $z\geqslant 2$ 时，$f_Z(z)=0$；

当 $0\leqslant z\leqslant 1$ 时，$f_Z(z) = \int_0^z \mathrm{d}x = z$；

当 $1\leqslant z\leqslant 2$ 时，$f_Z(z) = \int_{z-1}^1 \mathrm{d}x = 2-z$。

故

$$f_Z(z) = \begin{cases}z & 0\leqslant z<1 \\ 2-z & 1\leqslant z<2 \\ 0 & 其他\end{cases}$$

例 8-4-2　若 X 与 Y 是两个相互独立的随机变量，且具有相同的分布 $N(0,1)$，求 $Z=X+Y$ 的概率密度。

解　X 的概率密度为

$$f(x)=\frac{1}{\sqrt{2\pi}\sigma}e^{-\frac{(x-\mu)^2}{2\sigma^2}}\quad(-\infty<x<\infty)$$

由卷积公式得

$$\begin{aligned}f_{X+Y}(z)&=\int_{-\infty}^{\infty}f(x,z-x)dx=\int_{-\infty}^{\infty}f_X(x)f_Y(z-x)dx\\&=\frac{1}{2\pi}\int_{-\infty}^{\infty}e^{-\frac{x^2}{2}}\cdot e^{-\frac{(z-x)^2}{2}}dx\\&=\frac{1}{2\pi}e^{-\frac{z^2}{4}}\int_{-\infty}^{\infty}e^{-\left(x-\frac{z}{2}\right)^2}dx\end{aligned}$$

令 $t=x-\frac{z}{2}$,即得

$$f_z(z)=\frac{1}{2\pi}e^{-\frac{z^2}{4}}\int_{-\infty}^{\infty}e^{-t^2}dt=\frac{1}{2\pi}e^{-\frac{z^2}{4}}\cdot\sqrt{\pi}=\frac{1}{\sqrt{2\pi}\sqrt{2}}e^{-\frac{z^2}{2(\sqrt{2})^2}}$$

由此可知,Z 是一个 $N(0,2)$ 分布的随机变量。

一般来说,若 $X_i(i=1,2,\cdots,n)$ 是 n 个相互独立的服从 $N(\mu_i,\sigma_i^2)$ 分布的随机变量,则 $\sum_{i=1}^{n}X_i$ 仍然是一个服从正态分布 $N(\mu,\sigma^2)$ 的随机变量,并且参数为 $\mu=\sum_{i=1}^{n}\mu_i,\sigma^2=\sum_{i=1}^{n}\sigma_i^2$,这一事实称为**正态分布具有可加性**。

习题 8-4

1. 设随机变量(X,Y)的联合分布律如下:

X \ Y	0	1	2
0	$\frac{1}{18}$	$\frac{2}{9}$	$\frac{1}{18}$
1	$\frac{2}{9}$	$\frac{1}{18}$	$\frac{1}{18}$
2	$\frac{1}{18}$	$\frac{1}{18}$	$\frac{2}{9}$

求:(1) $Z_1=X\cdot Y$ 的分布律;

(2) $Z_2=\max\{X,Y\}$的分布律。

2. 设 X 与 Y 是两个相互独立的随机变量,其概率密度分别为

$$f_X(x)=\begin{cases}1 & 0\leqslant x\leqslant 1\\0 & \text{其他}\end{cases},\quad f_Y(y)=\begin{cases}e^{-y} & y>0\\0 & y\leqslant 0\end{cases}$$

求 $Z=X+Y$ 的概率密度。

3. 若 X 与 Y 独立,且具有共同的概率密度:

$$f(x)=\begin{cases}e^{1-x} & x>1\\0 & x\leqslant 0\end{cases}$$

求 $Z=X+Y$ 的概率密度。

第9章

随机变量的数字特征

随机变量的分布虽能刻画随机变量的统计规律性，但在实际问题中其分布往往不易确定，而它的某些特征却容易估算出来，这些特征正是我们所关心的。例如，考察某班学生的数学水平，常常只须了解该班学生的平均分数；评价棉花的质量时，我们注意的是纤维的平均长度及纤维的长度与平均长度的偏离程度。平均值与偏离程度都表现为一些数字，这些数字反映了随机变量的某些特征。我们把用来刻画随机变量的某些特征的数字称为随机变量的数字特征。本章将介绍随机变量中常用的两种数字特征：数学期望和方差。

9.1 数学期望

引例 要检验一批同类圆形零件的直径，从中任意抽取10个零件进行测量，测量结果是有1件、2件、3件和4件的直径分别为98mm、100mm、102mm和99mm，则这10个零件的平均直径为

$$\begin{aligned}&(1\times 98+2\times 100+3\times 102+4\times 99)\times\frac{1}{10}\\&=0.1\times 98+0.2\times 100+0.3\times 102+0.4\times 99\\&=100(\text{mm})\end{aligned}$$

实际上，它也是这4个不同的数98,100,102,99依“频率”分别为0.1,0.2,0.3,0.4的“加权平均”。类似地，我们可以定义依“概率”的加权平均，这就是数学期望。

9.1.1 离散型随机变量的数学期望

定义9-1-1 设离散型随机变量X的概率分布为

$$P(X=x_k)=p_k\quad(k=1,2,\cdots)$$

称$\sum_{k=1}^{\infty}x_kp_k=x_1p_1+x_2p_2+\cdots+x_kp_k+\cdots$为随机变量$X$的**数学期望**，简称**期望**或**均值**，记作$E(X)$。

例 9-1-1 甲、乙两个工人在一天生产中出现废品的概率分布如表 9-1-1 所示。

表 9-1-1

工人	甲				乙			
废品数	0	1	2	3	0	1	2	3
概率	0.4	0.3	0.2	0.1	0.3	0.5	0.2	0

甲、乙出现的废品数分别用 X、Y 表示。若两人的日产量相等，问谁的技术好？

解 $E(X)=0\times 0.4+1\times 0.3+2\times 0.2+3\times 0.1=1$

$E(Y)=0\times 0.3+1\times 0.5+2\times 0.2+3\times 0=0.9$

由于甲每天出现废品的件数要比乙多，所以，在产量相同的情况下，乙的技术比甲的技术要好一些。

***例 9-1-2** 按规定，某车站每天 8:00—9:00，9:00—10:00 都恰有一辆客车到站，但到站时刻是随机的，且两者到站的时间相互独立，其规律如表 9-1-2 所示。

表 9-1-2

到站时刻	8:10 9:10	8:30 9:30	8:50 9:50
概率	$\frac{1}{6}$	$\frac{3}{6}$	$\frac{2}{6}$

一旅客 8:20 到车站，求他候车时间的数学期望。

解 设旅客候车时间为 X(以分计)，则 X 所有取值为 10，30，50，70，90。令事件

$$A=\{第一班车\ 8:10\ 到站\}$$
$$B=\{第二班车\ 9:10\ 到站\}$$
$$C=\{第二班车\ 9:30\ 到站\}$$
$$D=\{第二班车\ 9:50\ 到站\}$$

则有

$$P(X=10)=\frac{3}{6}\ (第一班车\ 8:30\ 到站)$$

$$P(X=30)=\frac{2}{6}(第一班车\ 8:50\ 到站)$$

$$P(X=50)=P(AB)=P(A)P(B)=\frac{1}{6}\times\frac{1}{6}$$

$$P(X=70)=P(AC)=P(A)P(C)=\frac{1}{6}\times\frac{3}{6}$$

$$P(X=90)=P(AD)=P(A)P(D)=\frac{1}{6}\times\frac{2}{6}$$

得 X 的分布律为

X	10	30	50	70	90
p	$\frac{3}{6}$	$\frac{2}{6}$	$\frac{1}{6}\times\frac{1}{6}$	$\frac{1}{6}\times\frac{3}{6}$	$\frac{1}{6}\times\frac{2}{6}$

则候车时间的数学期望为

$$E(X)=10\times\frac{3}{6}+30\times\frac{2}{6}+50\times\frac{1}{36}+70\times\frac{3}{36}+90\times\frac{2}{36}=27.22(\text{分钟})$$

9.1.2　连续型随机变量的数学期望

定义 9-1-2　设 X 是连续型随机变量，其密度函数为 $f(x)$，若积分 $\int_{-\infty}^{\infty}xf(x)\mathrm{d}x$ 绝对收敛，则称此积分 $\int_{-\infty}^{\infty}xf(x)\mathrm{d}x$ 的值为 X 的**数学期望**，即

$$E(X)=\int_{-\infty}^{\infty}xf(x)\mathrm{d}x$$

例 9-1-3　某地铁站每 5 分钟有一列地铁进站，乘客在任一时刻到达该站候车是等可能的，求任一乘客候车的平均时间。

解　设乘客的候车时间为 X，X 服从$[0,5]$上的均匀分布，即 X 的密度函数为

$$f(x)=\begin{cases}\dfrac{1}{5} & 0\leqslant x\leqslant 5\\ 0 & \text{其他}\end{cases}$$

乘客候车的平均时间就是 X 的数学期望：

$$E(X)=\int_{-\infty}^{\infty}xf(x)\mathrm{d}x=\int_{0}^{5}\frac{1}{5}x\mathrm{d}x=\frac{1}{5}\times\frac{x^2}{2}\bigg|_0^5=2.5(\text{分钟})$$

即任一乘客候车的平均时间为 2.5 分钟。

9.1.3　随机变量函数的数学期望

设 $g(x)$为连续函数，$Y=g(X)$也是随机变量 X 的函数。

(1) 若离散型随机变量 X 的概率分布为

$$P(X=x_k)=p_k\quad(k=1,2,\cdots)$$

则随机变量函数 Y 的数学期望为

$$E(Y)=E[g(X)]=\sum_{k=1}^{\infty}g(x_k)p_k\tag{9-1-1}$$

(2) 若连续型随机变量 X 的概率密度为 $f(x)$，则随机变量函数 Y 的数学期望为

$$E(Y)=E[g(X)]=\int_{-\infty}^{+\infty}g(x)f(x)\mathrm{d}x\tag{9-1-2}$$

例 9-1-4　设风速 v 在$(0,a)$上服从均匀分布，即具有概率密度

$$f(v)=\begin{cases}\dfrac{1}{a} & 0<v<a\\ 0 & \text{其他}\end{cases}$$

又设飞机机翼受到的正压力 W 是 v 的函数 $W=kv^2(k>0$，常数)，求 W 的数学期望。

解　由公式(9-1-2)可得

$$E(W)=\int_{-\infty}^{+\infty}kv^2f(v)\mathrm{d}v=\int_0^a kv^2\,\frac{1}{a}\mathrm{d}v=\frac{1}{3}ka^2$$

9.1.4 数学期望的性质

性质 9-1-1 $E(C)=C$(C为任意常数)。

性质 9-1-2 $E(CX)=CE(X)$。

性质 9-1-3 $E(X+Y)=E(X)+E(Y)$。

性质 9-1-4 若 X,Y 相互独立,则 $E(XY)=E(X)E(Y)$。

注: X,Y 相互独立是指对任意实数 x,y,事件 $X\leqslant x$ 和 $Y\leqslant y$ 相互独立,即

$$P(X\leqslant x,Y\leqslant y)=P(X\leqslant x)P(Y\leqslant y)$$

性质 9-1-3 和性质 9-1-4 可推广到有限多个情形。

***例 9-1-5** 一民航客车载有 20 位旅客自机场开出,旅客有 10 个车站可以下车,若到达一个车站没有旅客下车就不停车。以 X 表示停车的次数,求 $E(X)$(设每位旅客在各个车站下车是等可能的,并设各旅客是否下车相互独立)。

解 引入随机变量

$$X_i=\begin{cases}0 & (\text{在第 } i \text{ 站没有人下车})\\ 1 & (\text{在第 } i \text{ 站有人下车})\end{cases}\quad (i=1,2,\cdots,10)$$

可知

$$X=X_1+X_2+\cdots+X_{10}$$

$$P(X_i=0)=\left(\frac{9}{10}\right)^{20}$$

$$P(X_i=1)=1-\left(\frac{9}{10}\right)^{20}$$

由此

$$E(X_i)=1-\left(\frac{9}{10}\right)^{20}$$

故

$$\begin{aligned}E(X)&=E(X_1+X_2+\cdots+X_{10})=E(X_1)+E(X_2)+\cdots+E(X_{10})\\&=10\left[1-\left(\frac{9}{10}\right)^{20}\right]=8.784(\text{次})\end{aligned}$$

本题是将 X 分解成多个随机变量之和,然后利用随机变量和的数学期望等于随机变量数学期望之和来求数学期望,此法具有一定的普遍意义。

习题 9-1

1. 设随机变量 X 的概率分布为$\begin{pmatrix}-1 & 0 & 1 & 2 & 3\\ 0.2 & 0.1 & 0.3 & 0.1 & 0.3\end{pmatrix}$,求 $E(X)$,$E(X^2)$,$E(2X-1)$。

2. 在射击比赛中,每人射击 4 次,规定全部击不中得 0 分;只击中 1 发得 10 分;击中 2 发得 20 分;击中 3 发得 30 分;全部击中得 50 分。若某射手每次射击的命中率为 0.7,求此射手得分的数学期望。

3. 设随机变量 X 的密度函数为 $f(x)=\begin{cases}2(1-x) & 0<x<1\\ 0 & \text{其他}\end{cases}$,求 $E(X)$,$E(X^2)$。

4. 设某车间生产的圆盘直径服从(1,2)上的均匀分布,试求圆盘面积的数学期望。

*5. 将 n 只球($1\sim n$)随机地放进 n 个盒子($1\sim n$)中，一个盒子装一只球。若一只球装入与球同号的盒子中，称为一个配对。记 X 为总的配对数，求 $E(X)$。

9.2 方差

随机变量的数学期望表示随机变量的取值"中心"。但对许多实际问题来说，仅仅知道随机变量的取值平均程度还远远不够，还需要了解随机变量的取值偏离其均值的程度。这就是本节要介绍的方差。

9.2.1 方差的定义

定义 9-2-1 设 X 是一个随机变量，若 $E\{[X-E(X)]^2\}$ 存在，称 $E\{[X-E(X)]^2\}$ 为 X 的**方差**，记作 $D(X)$，即

$$D(X)=E\{[X-E(X)]^2\}$$

称 $\sqrt{D(X)}$ 为 X 的**均方差**或**标准差**，记作 $\sigma(X)$。

若离散型随机变量 X 的概率分布为

$$P(X=x_k)=p_k \quad (k=1,2,\cdots)$$

则 X 的方差为

$$D(X)=\sum_{k=1}^{\infty}[x_k-E(X)]^2 p_k$$

若连续型随机变量 X 的概率密度为 $f(x)$，则 X 的方差为

$$D(X)=\int_{-\infty}^{+\infty}[x-E(X)]^2 f(x)\mathrm{d}x$$

由方差的定义和期望的性质可得方差的计算公式如下：

$$D(X)=E(X^2)-[E(X)]^2$$

证明 $D(X)=E[X-E(X)]^2=E\{X^2-2XE(X)+[E(X)]^2\}$

$$=E(X^2)-2[E(X)]^2+[E(X)]^2=E(X^2)-[E(X)]^2$$

9.2.2 常见随机变量的期望和方差

常见随机变量的期望和方差见表 9-2-1。

表 9-2-1 常见随机变量的期望和方差

分布名称及记号	参数	分布律或概率密度	数学期望	方差
(0−1)分布	$0<p<1$	$P(X=k)=p^k(1-p)^{1-k}$ $(k=0,1)$	p	$p(1-p)$
二项分布 $b(n,p)$	$n\geqslant 1$，$0<p<1$	$P(X=k)=C_n^k p^k(1-p)^{n-k}$ $(k=0,1,2,\cdots,n)$	np	$np(1-p)$

续表

分布名称及记号	参数	分布律或概率密度	数学期望	方差
泊松分布 $\pi(\lambda)$	$\lambda>0$	$P(X=k)=\dfrac{\lambda^k}{k!}e^{-\lambda}(k=0,1,2,\cdots)$	λ	λ
均匀分布 $U(a,b)$	$a<b$	$f(x)=\begin{cases}\dfrac{1}{b-a} & a<x<b\\0 & \text{其他}\end{cases}$	$\dfrac{a+b}{2}$	$\dfrac{(b-a)^2}{12}$
指数分布 $E(\theta)$	$\theta>0$	$f(x)=\begin{cases}\dfrac{1}{\theta}e^{-\frac{x}{\theta}} & x>0\\0, & \text{其他}\end{cases}$	$\dfrac{1}{\theta}$	$\dfrac{1}{\theta^2}$
正态分布 $N(\mu,\sigma^2)$	$\sigma>0$	$f(x)=\dfrac{1}{\sqrt{2\pi}\sigma}e^{-\frac{(x-\mu)^2}{2\sigma^2}},(-\infty<x<+\infty)$	μ	σ^2

例 9-2-1 设 $X\sim U(a,b)$,求 $E(X),D(X)$。

解 $f(x)=\begin{cases}\dfrac{1}{b-a} & a<x<b\\0 & \text{其他}\end{cases}$

$$E(X)=\int_{-\infty}^{+\infty}xf(x)\mathrm{d}x=\int_a^b\frac{x}{b-a}\mathrm{d}x=\frac{a+b}{2}$$

$$D(X)=E(X^2)-E^2(X)=\int_a^b x^2\frac{1}{b-a}\mathrm{d}x-\left(\frac{a+b}{2}\right)^2=\frac{(b-a)^2}{12}$$

例 9-2-2 设随机变量 X 服从指数分布,其概率密度为

$$f(x)=\begin{cases}\dfrac{1}{\theta}e^{-\frac{x}{\theta}} & x>0\\0 & x\leqslant 0\end{cases}$$

其中,$\theta>0$,求 $E(X),D(X)$。

解 $$E(X)=\int_{-\infty}^{+\infty}xf(x)\mathrm{d}x=\int_0^{+\infty}x\frac{1}{\theta}e^{-\frac{x}{\theta}}\mathrm{d}x$$

$$=-xe^{-\frac{x}{\theta}}\Big|_0^{+\infty}+\int_0^{+\infty}e^{-\frac{x}{\theta}}\mathrm{d}x=\theta$$

$$E(X^2)=\int_{-\infty}^{+\infty}x^2f(x)\mathrm{d}x=\int_0^{+\infty}x^2\frac{1}{\theta}e^{-\frac{x}{\theta}}\mathrm{d}x$$

$$=-x\,e^{-\frac{x}{\theta}}\Big|_0^{+\infty}+\int_0^{+\infty}2x\frac{1}{\theta}e^{-\frac{x}{\theta}}\mathrm{d}x=2\theta^2$$

$$D(X)=\theta^2$$

9.2.3 方差的性质

利用方差的定义和期望的性质,可推出方差的如下几个性质。

性质 9-2-1 设 C 是常数,则 $D(C)=0$。

性质 9-2-2 若 C 是常数,则 $D(CX)=C^2D(X)$。

性质 9-2-3 设 X 与 Y 是两个随机变量，则 $D(X+Y)=D(X)+D(Y)+2\{[X-E(X)][Y-E(Y)]\}$；若 X 与 Y 相互独立，则 $D(X+Y)=D(X)+D(Y)$。

下面证明性质 9-2-3。

***证明**

$$\begin{aligned}D(X+Y) &= E\{[(X+Y)-E(X+Y)]^2\} \\ &= E\{[(X-E(X))+(Y-E(Y))]^2\} \\ &= E\{[X-E(X)]^2\}+E\{[Y-E(Y)]^2\} \\ &\quad +2E\{[X-E(X)][Y-E(Y)]\} \\ &= D(X)+D(Y)+2E\{[X-E(X)][Y-E(Y)]\}\end{aligned}$$

其中：

$$\begin{aligned}2E\{[X-E(X)][Y-E(Y)]\} &= 2E[XY-XE(Y)-YE(X)+E(X)E(Y)] \\ &= 2[E(XY)-E(X)E(Y)-E(Y)E(X)+E(X)E(Y)] \\ &= 2[E(XY)-E(X)E(Y)]\end{aligned}$$

若 X 与 Y 相互独立，由数学期望的性质 9-2-4 得

$$2E\{[X-E(X)][Y-E(Y)]\}=0$$

于是

$$D(X+Y)=D(X)+D(Y)$$

证毕。

此性质可以推广到有限多个相互独立的随机变量之和的情况。

***例 9-2-3** 设 $X\sim b(n,p)$，求 $E(X)$，$D(X)$。

解 由 $X\sim b(n,p)$，可知 X 表示 n 重伯努利试验中事件 A 发生的次数，且每次试验中 $P(A)=p$。设 $X_i=\begin{cases}1 & (\text{第 } i \text{ 次试验 } A \text{ 发生}) \\ 0 & (\text{第 } i \text{ 次试验 } A \text{ 不发生})\end{cases}$ $(i=1,2,\cdots)$，则 $X=\sum\limits_{i=1}^{n}X_i$ 是 n 次试验中 A 发生的次数，且 $X_i\sim(0-1)$。

$$E(X_i)=p,D(X_i)=p(1-p) \quad (i=1,2,\cdots)$$

由于 $X_1,X_2,\cdots,X_n$ 相互独立，所以

$$E(X)=\sum_{i=1}^{n}E(X_i)=np$$

$$D(X)=\sum_{i=1}^{n}D(X_i)=np(1-p)$$

***例 9-2-4** 已知 $X\sim N(0,1)$，求 $E(X)$和 $D(X)$。

解 X 的概率密度为

$$\varphi(x)=\frac{1}{\sqrt{2\pi}}\mathrm{e}^{-\frac{x^2}{2}} \quad (-\infty<x<+\infty)$$

$$E(X)=\int_{-\infty}^{+\infty}x\varphi(x)\mathrm{d}x=\frac{1}{\sqrt{2\pi}}\int_{-\infty}^{+\infty}x\mathrm{e}^{-\frac{x^2}{2}}\mathrm{d}x=-\frac{1}{\sqrt{2\pi}}\mathrm{e}^{-\frac{x^2}{2}}\Big|_{-\infty}^{+\infty}=0$$

$$D(X)=\int_{-\infty}^{+\infty}[x-E(X)]^2\varphi(x)\mathrm{d}x=\frac{1}{\sqrt{2\pi}}\int_{-\infty}^{+\infty}x^2\mathrm{e}^{-\frac{x^2}{2}}\mathrm{d}x$$

$$=-\frac{1}{\sqrt{2\pi}}x\mathrm{e}^{-\frac{x^2}{2}}\Big|_{-\infty}^{+\infty}+\frac{1}{\sqrt{2\pi}}\int_{-\infty}^{+\infty}\mathrm{e}^{-\frac{x^2}{2}}\mathrm{d}x=1$$

即 $X \sim N(0,1)$，因此 $E(X)=0, D(X)=1$。

若 $X \sim N(\mu,\sigma^2)$，则 $Z=\frac{X-\mu}{\sigma} \sim N(0,1), E(Z)=0, D(Z)=1$。

因为 $X=\sigma Z+\mu$，由数学期望和方差的性质得

$$E(X) = E(\sigma Z + \mu) = \sigma E(Z) + E(\mu) = \mu$$

$$D(X) = D(\sigma Z + \mu) = \sigma^2 D(Z) + D(\mu) = \sigma^2$$

故 $X \sim N(\mu,\sigma^2)$，有 $E(X)=\mu, D(X)=\sigma^2$。

这就是说，正态分布的概率密度中的两个参数 μ 和 σ^2 分别是该分布的数学期望和方差，因而正态分布完全可以由它的数学期望和方差所确定。

若 $X_i \sim N(\mu_i,\sigma_i^2)(i=1,2,\cdots,n)$ 且它们相互独立，则它们的线性组合 $C_1X_1+C_2X_2+\cdots+C_nX_n(C_1,C_2,\cdots,C_n$ 是不全为 0 的常数)仍然服从正态分布。

例如，若 $X \sim N(1,3), Y \sim N(2,4)$，且 X 与 Y 相互独立，则 $Z=2X-3Y$ 也服从正态分布，且 $E(Z)=-4, D(Z)=48$，因此 $Z \sim N(-4,48)$。

***例 9-2-5** 设活塞的直径(以 cm 计)$X \sim N(22.40, 0.03^2)$，气缸的直径 $Y \sim N(22.50, 0.04^2)$，X 和 Y 相互独立。任取一只活塞，任取一只气缸，求活塞能装入气缸的概率。

解 本题须求 $P(X<Y)$，即 $P(X-Y<0)$。

由于 $X-Y \sim N(-0.10, 0.0025)$，故有

$$\begin{aligned} P(X<Y) &= P(X-Y<0) \\ &= P\left[\frac{(X-Y)-(-0.10)}{\sqrt{0.0025}} < \frac{0-(-0.10)}{\sqrt{0.0025}}\right] \\ &= \Phi\left(\frac{0.10}{0.05}\right) = \Phi(2) = 0.9772 \end{aligned}$$

习题 9-2

1. 一台设备由三大部件构成，在设备运转过程中各部件需要调整的概率分别为 0.1，0.2，0.3。假设各部件的状态相互独立，以 X 表示同时需要调整的部件数，求 X 的数学期望和方差。

2. 已知随机变量 X 服从二项分布且 $E(X)=8, D(X)=1.6$，求该二项分布的参数。

3. 已知随机变量 X 服从参数为 λ 的泊松分布，且 $E[(X-1)(X-2)]=1$，求 λ。

4. 设随机变量 $X \sim b\left(9,\frac{1}{3}\right), Y \sim N(1,5)$，$X$ 与 Y 相互独立。设 $Z=2X+3Y$，求 Z 的数学期望和方差。

5. 设长方形的长 X 服从区间(0,2)上的均匀分布，已知长方形的周长为 20m，求长方形面积的数学期望和方差。

6. 国际市场上每年对我国某种出口商品的需求量是随机变量 X(单位：吨)，X 服从(2000,4000)上的均匀分布。设每售出这种商品 1 吨，可获得外汇 3 万元；但若销售不出而囤积于仓库，则每 1 吨需保养费 1 万元。问：需组织多少货源，才能使平均收益达到最大？

9.3　随机变量的其他数字特征

对于二维随机变量(X,Y)，除了要讨论X与Y的数学期望和方差以外，还要讨论描述X与Y之间关系的数字特征，这就是本节要讨论的协方差与相关系数以及随机变量的矩等数字特征。

9.3.1　协方差

定义 9-3-1　设(X,Y)为二维随机变量，若$E\{[X-E(X)][Y-E(Y)]\}$存在，则称其为随机变量X与Y的**协方差**，记作$\mathrm{Cov}(X,Y)$，即

$$\mathrm{Cov}(X,Y)=E\{[X-E(X)][Y-E(Y)]\}$$

根据数学期望的性质，可以推出协方差的一些性质。

(1) $\mathrm{Cov}(X,Y)=\mathrm{Cov}(Y,X)$；

(2) 对于任意常数a,b，有$\mathrm{Cov}(aX,bY)=ab\mathrm{Cov}(X,Y)$；

(3) $\mathrm{Cov}(X_1+X_2,Y)=\mathrm{Cov}(X_1,Y)+\mathrm{Cov}(X_2,Y)$；

(4) $\mathrm{Cov}(X,Y)=E(XY)-E(X)E(Y)$，当$X$与$Y$独立时，$\mathrm{Cov}(X,Y)=0$。特别地，有$\mathrm{Cov}(X,X)=E(X^2)-E(X)^2=D(X)$。

协方差的大小在一定程度上反映了随机变量X和Y之间的关系，但其本身受到度量单位的影响，给计算带来一定的麻烦，为了避免这种现象，引入相关系数的概念。

9.3.2　相关系数

定义 9-3-2　若$D(X)>0,D(Y)>0$，则称$\rho_{XY}=\dfrac{\mathrm{Cov}(X,Y)}{\sqrt{D(X)}\sqrt{D(Y)}}$为随机变量$X$和$Y$的**相关系数**。相关系数具有以下性质：

(1) $|\rho_{XY}|\leqslant 1$；

(2) $|\rho_{XY}|=1$的充要条件是，存在常数a,b使$P(Y=aX+b)=1$。

若$\rho_{XY}=0$，则称X,Y不相关。

例 9-3-1　设二维随机变量(X,Y)的分布律如下：

X \ Y	-1	0	1	$p_{i\cdot}$
-1	0	$\frac{1}{4}$	0	$\frac{1}{4}$
0	$\frac{1}{4}$	0	$\frac{1}{4}$	$\frac{1}{2}$
1	0	$\frac{1}{4}$	0	$\frac{1}{4}$
$p_{\cdot j}$	$\frac{1}{4}$	$\frac{1}{2}$	$\frac{1}{4}$	1

验证 X 和 Y 不相关,但 X 和 Y 不是相互独立的。

解 经计算得到 $E(X)=0, E(Y)=0, E(XY)=0$,可知 $\rho_{XY}=0$,故 X 和 Y 不相关。

由于 $P(X=1,Y=1)=0\neq P(X=1)P(Y=1)=\frac{1}{16}$,故 X 和 Y 不是相互独立的。

9.3.3 矩

定义 9-3-3 设 X 是随机变量,若 $E(X^k)(k=1,2,\cdots)$存在,称它为 X 的 **k 阶原点矩**,简称 **k 阶矩**。若 $E\{[X-E(X)]^k\}(k=2,3,\cdots)$存在,称它为 X 的 **k 阶中心矩**。

可见,均值 $E(X)$是 X 的一阶原点矩,方差 $D(X)$是 X 的二阶中心矩。

定义 9-3-4 设 X 和 Y 是随机变量,若 $E(X^kY^l)(k,l=1,2,\cdots)$存在,称它为 X 和 Y 的 $k+l$ 阶混合(原点)矩。

若 $E\{[X-E(X)]^k[Y-E(Y)]^l\}$存在,称它为 X 和 Y 的 **$k+l$ 阶混合中心矩**。

可见,协方差 $\mathrm{Cov}(X,Y)$是 X 和 Y 的二阶混合中心矩。

9.3.4 分位数

定义 9-3-5 设有随机变量 X 和常数 $\alpha(0<\alpha<1)$,如果 x_α 使得

$$P(X>x_\alpha)=\alpha$$

则称 x_α 为概率 α 的**上 α 分位数**,简称**分位数**。

设 $X\sim N(0,1)$,若 z_α 满足条件

$$P(X>z_\alpha)=\alpha \quad (0<\alpha<1)$$

则称点 z_α 为标准正态分布的上 α 分位数,如图 9-3-1 所示。下面列出了几个常用的 z_α 的值。

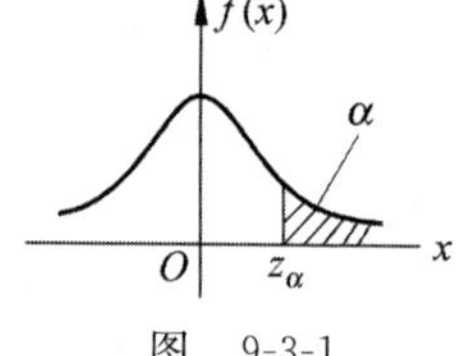

图 9-3-1

α	0.001	0.005	0.01	0.025	0.05	0.10
z_α	3.090	2.576	2.326	1.960	1.645	1.282

由标准正态分布密度函数图形的对称性可知:$z_{1-\alpha}=-z_\alpha$。

9.4 大数定律与中心极限定理

9.4.1 大数定律

尽管随机事件 A 在一次试验中可能出现也可能不出现,但在大量的试验中则呈现出明显的统计规律性——频率的稳定性。频率是概率的反映,随着观测次数 n 的增加,频率将会逐渐稳定到概率。这里说的“频率逐渐稳定于概率”实质上是频率依某种收敛意义趋于概率,这个稳定性就是“大数定律”研究的客观背景。

定理 9-4-1(切比雪夫不等式) 设随机变量 X 的数学期望 $E(X)$与方差 $D(X)$均存

在，则对任意的 $\varepsilon>0$，有

$$P(|X-E(X)|\geqslant\varepsilon)\leqslant\frac{D(X)}{\varepsilon^2}$$

或等价地有

$$P(|X-E(X)|<\varepsilon)\geqslant 1-\frac{D(X)}{\varepsilon^2} \tag{9-4-1}$$

切比雪夫不等式给出了在随机变量 X 的分布未知的情况下，对事件$\{|X-E(X)|\geqslant\varepsilon\}$或$\{|X-E(X)|<\varepsilon\}$概率的一种估计，具有重要的理论意义。

定律 9-4-1（辛钦大数定律） 设 $X_1,X_2,\cdots$是一系列独立同分布的随机变量，且数学期望与方差均存在：

$$E(X_k)=\mu,D(X_k)=\sigma^2\quad(k=1,2,\cdots)$$

则对任意的 $\varepsilon>0$，有

$$\lim_{n\to\infty}P\left(\left|\frac{1}{n}\sum_{k=1}^{n}X_k-\mu\right|<\varepsilon\right)=1 \tag{9-4-2}$$

辛钦大数定律表明，当 n 充分大时，随机变量在 n 次观察中的算术平均值接近于它的数学期望。辛钦大数定律为寻找随机变量的数学期望提供了一个切实可行的方法。

定律 9-4-2（伯努利大数定律） 设 f_A 是 n 重伯努利试验中事件 A 出现的次数，又 A 在每次试验中出现的概率为 $p(0<p<1)$，则对任意的 $\varepsilon>0$，有

$$\lim_{n\to\infty}P\left(\left|\frac{f_A}{n}-p\right|<\varepsilon\right)=1 \tag{9-4-3}$$

伯努利大数定律从理论上阐述了频率的稳定性：当 n 充分大时，事件 A 出现的频率 $\frac{f_A}{n}$ 与事件发生的概率 p 的偏差小于 ε，实际上非常接近必定发生。伯努利大数定律为用频率估计概率$\left(p\approx\frac{f_A}{n}\right)$提供了理论依据。

9.4.2 中心极限定理

在实际问题中，许多随机变量是由相互独立的随机因素的综合影响形成的。例如，炮弹射击的落点与目标的偏差，就受许多随机因素（如瞄准、空气阻力、炮弹或炮身结构等）的综合影响。每个随机因素对弹着点所起的作用都很小。这种随机变量往往近似地服从正态分布。这种现象就是中心极限定理的客观背景。

定理 9-4-2（独立同分布下的中心极限定理） 设随机变量 $X_1,X_2,\cdots,X_n,\cdots$相互独立，服从同一分布，且具有数学期望和方差

$$E(X_k)=\mu,\quad D(X_k)=\sigma^2>0\quad(k=1,2,\cdots)$$

则随机变量之和 $\sum\limits_{k=1}^{n}X_k$ 的标准化变量

$$Y_n = \frac{\sum_{k=1}^{n} X_k - E\left(\sum_{k=1}^{n} X_k\right)}{\sqrt{D\left(\sum_{k=1}^{n} X_k\right)}} = \frac{\sum_{k=1}^{n} X_k - n\mu}{\sqrt{n}\sigma} \tag{9-4-4}$$

的分布函数 $F_n(x)$对于任意 x 满足

$$\lim_{n\to\infty} F_n(x) = \lim_{n\to\infty} P\left(\frac{\sum_{i=1}^{n} X_i - n\mu}{\sigma\sqrt{n}} \leqslant x\right) = \int_{-\infty}^{x} \frac{1}{\sqrt{2\pi}} e^{-\frac{t^2}{2}} dt = \Phi(x)$$

该定理表明,均值为 μ、方差为 $\sigma^2>0$ 的独立同分布的随机变量之和 $\sum_{k=1}^{n} X_k$ 及其标准化变量,当 n 充分大时,有

$$\sum_{k=1}^{n} X_k \overset{\text{近似地}}{\sim} N(n\mu, n\sigma^2)$$

$$\frac{\sum_{k=1}^{n} X_k - n\mu}{\sqrt{n}\sigma} \overset{\text{近似地}}{\sim} N(0,1) \tag{9-4-5}$$

式(9-4-5)可写为

$$\overline{X} \overset{\text{近似地}}{\sim} N(\mu, \sigma^2/n), \quad \frac{\overline{X} - \mu}{\sigma/\sqrt{n}} \overset{\text{近似地}}{\sim} N(0,1) \tag{9-4-6}$$

定理 9-4-3(棣莫弗—拉普拉斯定理) 设随机变量 $X_n(n=1,2,\cdots)$服从参数为 n,$p(0<p<1)$的二项分布,则对任意 x,有

$$\lim_{n\to\infty} P\left(\frac{X_n - np}{\sqrt{np(1-p)}} \leqslant x\right) = \int_{-\infty}^{x} \frac{1}{\sqrt{2\pi}} e^{-\frac{t^2}{2}} dt = \Phi(x)$$

中心极限定理表明,随机变量 X_k 无论服从什么分布,在一般条件下,当独立随机变量的个数不断增加时,其和 $\sum_{k=1}^{n} X_k$ 的分布趋于正态分布。可以用正态分布来对 $\sum_{k=1}^{n} X_k$ 作理论研究或实际计算。

例 9-4-1 计算器在进行加法计算时,先对每个加数四舍五入取整。设所有的取整误差是相互独立的,且在(−0.5,0.5)上服从均匀分布。现将 1200 个数相加,求总误差的绝对值不大于 14 的概率。

解 设这些数的四舍五入取整误差分别是 $X_1, X_2, \cdots, X_{1200}$,它们是相互独立的且均服从(−0.5,0.5)上的均匀分布,有

$$E(X_k) = 0, \quad D(X_k) = \frac{1}{12} \quad (k = 1,2,\cdots,1200)$$

总误差为

$$X = \sum_{k=1}^{1200} X_k \overset{\text{近似地}}{\sim} N\left(0, 1200 \times \frac{1}{12}\right)$$

则

$$P(|X| \leqslant 14) = P(-14 \leqslant X \leqslant 14) \approx \Phi\left(\frac{14}{\sqrt{1200/12}}\right) - \Phi\left(\frac{-14}{\sqrt{1200/12}}\right)$$

$$=2\Phi(1.4)-1\approx 0.8384$$

例 9-4-2 某小区有 200 住户，一户住户拥有汽车辆数 X 的分布律如下。

X	0	1	2
p_k	0.1	0.6	0.3

问：该小区需要有多少车位，才能使每辆汽车都具有一个车位的概率至少为 0.95?

解 设该小区需要 n 个车位，且设第 $i(i=1,2,\cdots,200)$ 户有车辆数为 X_i，则有

$$E(X_i)=0\times 0.1+1\times 0.6+2\times 0.3=1.2$$
$$E(X_i^2)=0^2\times 0.1+1^2\times 0.6+2^2\times 0.3=1.8$$
$$D(X_i)=E(X_i^2)-[E(X_i)]^2=0.36$$

由于各户占有车位相互独立，由中心极限定理有

$$\sum_{i=1}^{200}X_i\overset{\text{近似}}{\sim}N(200\times 1.2,200\times 0.36)$$

该题要求

$$P\left(\sum_{i=1}^{200}X_i\leqslant n\right)\geqslant 0.95$$

而

$$P\left(\sum_{i=1}^{200}X_i\leqslant n\right)=\Phi\left(\frac{n-200\times 1.2}{\sqrt{200\times 0.36}}\right)=\Phi\left(\frac{n-240}{\sqrt{72}}\right)$$

即

$$\Phi\left(\frac{n-240}{\sqrt{72}}\right)\geqslant 0.95$$

由于 $\Phi(1.64)=0.95$，$\Phi(x)$ 单调不减，故 $\frac{n-240}{\sqrt{72}}\geqslant 1.645$，即 $n\geqslant 240+1.65\times\sqrt{72}=253.96$，因此至少需要 254 个车位。

注：当 n 充分大时，方差存在的 n 个独立同分布的随机变量的和近似服从正态分布，中心极限定理的这个结论说明了正态分布在数理统计中的重要地位，也使得中心极限定理具有了广泛的应用。通过例 9-4-1 和 9-4-2，我们了解了这类问题解决的一般步骤，请同学们结合实际编写相应的题目并加以解决。

习题 9-4

1. 根据以往的经验，某种电器元件的寿命服从均值为 100 小时的指数分布。现随机取 16 只，设它们的寿命是相互独立的，求这 16 只元件寿命的总和大于 1920 小时的概率。

2. 一加法器同时收到 20 个噪声电压 $X_i(i=1,2,\cdots,20)$。设它们是相互独立的随机变量，且都服从 $(0,10)$ 的均匀分布，记 $X=\sum_{i=1}^{20}X_i$，求 $P(X>105)$。

第10章

数理统计

数理统计是具有广泛应用的一个数学分支，它是以概率论为基础，研究如何以有效的方式收集、整理和分析带有随机性的数据，从而对所考察的问题做出正确的判断和预测；研究如何以局部的观测结果去推断整体的分布规律，即统计推断。统计推断是数理统计学理论的主要部分，它对于统计实践有指导性的作用。统计推断的内容大致可以分为两个方面：参数估计与统计假设检验。

本章介绍数理统计的基本概念，重点研究参数估计和假设检验问题。

10.1　基本概念

在实际工作中常常会遇到这样一些问题，如通过对部分产品进行测试来研究一批产品的寿命，讨论这批产品的平均寿命是否小于某数值；又如通过对某地区一部分人的测量，了解该地区的全体男性成人的身高及体重的分布情况等。解决这类问题采用随机抽样法。这种方法的基本思想是，从研究对象的全体中抽取一小部分进行观察和讨论，从而对整体进行推断。

10.1.1　总体与样本

在数理统计学中，研究对象的全体所构成的集合称为**总体**，而组成总体的每个基本元素称为**个体**。总体中所包含的个体的个数称为总体的**容量**。容量为有限的总体称为**有限总体**，容量为无限的总体称为**无限总体**。

在数理统计中，人们关心的是总体中的个体的某项指标（如人的身高、灯泡的寿命，汽车的耗油量等），由于每个个体的出现是随机的，所以相应的数量指标的出现也带有随机性，从而可以把这种数量指标看作一个随机变量 X，随机变量 X 的分布就是该数量指标在总体中的分布。这样，总体就可以用一个随机变量及其分布来描述。因此在理论上可以把总体与概率分布等同起来。

例如，研究某批灯泡的寿命时，关心的数量指标是寿命，那么，这批灯泡的寿命的全体就是总体，而其中每个灯泡的寿命就是个体。此总体可以用随机变量 X 表示，或用其分布函数 $F(x)$表示。

类似地，在研究某地区中学生的营养状况时，若关心的数量指标是身高和体重，用 X 和 Y 分别表示身高和体重，那么此总体就可用二维随机变量(X,Y)或其联合分布函数 $F(x,y)$来表示。

总体分布一般是未知，或只知道是包含未知参数的分布。为推断总体分布及各种特征，按一定规则从总体中抽取若干个体进行观察试验，以获得有关总体的信息，这一抽取过程称为**抽样**，所抽取的部分个体称为**样本**，样本中所包含的个体数目称为**样本容量**。

从总体中抽取一个个体，就是对总体 X 进行一次观察并记录其结果。对总体 X 在相同条件下，进行 n 次重复、独立观察，其结果依次记为 $X_1,X_2,\cdots,X_n$，这样得到的随机变量 $X_1,X_2,\cdots,X_n$ 称为来自总体 X 的一个**简单随机样本**，与总体随机变量具有相同的分布，n 即是这个样本的**容量**。

一旦取定一组样本 $X_1,X_2,\cdots,X_n$，就得到了 n 个具体的数$(x_1,x_2,\cdots,x_n)$，称为样本的一次观察值，简称**样本值**。

例如，在研究灯泡的寿命中，对任意抽取的 100 个灯泡进行寿命测试，测试结果分别为 $x_1,x_2,\cdots,x_{100}$，这些常数称为样本 $X_1,X_2,\cdots,X_{100}$ 的样本值。

事实上，样本值是观察或测量到的具体的数据，也是推断总体的依据和出发点，而样本是联系二者的桥梁，统计是从手中已有的资料——样本值去推断总体的情况——总体分布 $F(x)$的性质。

10.1.2　统计量

由样本值去推断总体情况，需要对样本值进行“加工”，这就要构造一些样本的函数，它把样本中所含的某一方面的信息集中起来。这种不含任何未知参数的样本的函数称为**统计量**。它是完全由样本决定的量。

设 $X_1,X_2,\cdots,X_n$ 是来自总体的一个样本，$g(X_1,X_2,\cdots,X_n)$是 $X_1,X_2,\cdots,X_n$ 的函数，若 g 中不含未知参数，则 $g(X_1,X_2,\cdots,X_n)$是一个统计量。

设 $X_1,X_2,\cdots,X_n$ 是来自总体的一个样本，$x_1,x_2,\cdots,x_n$ 是一个样本的观察值，则 $g(x_1,x_2,\cdots,x_n)$也是统计量 $g(X_1,X_2,\cdots,X_n)$的观察值。

下面介绍在数量统计中几个常见的统计量。

(1) 样本平均值：$\overline{X}=\dfrac{1}{n}\sum\limits_{i=1}^{n}X_i$；

(2) 样本方差：$S^2=\dfrac{1}{n-1}\sum\limits_{i=1}^{n}(X_i-\overline{X})^2=\dfrac{1}{n-1}\left(\sum\limits_{i=1}^{n}X_i^2-n\overline{X}^2\right)$；

(3) 样本标准差：$S=\sqrt{\dfrac{1}{n-1}\sum\limits_{i=1}^{n}(X_i-\overline{X})^2}$；

(4) 样本 k 阶原点矩：$A_k=\dfrac{1}{n}\sum\limits_{i=1}^{n}X_i^k\quad(k=1,2,\cdots)$；

(5) 样本 k 阶中心矩：

$$B_k = \frac{1}{n}\sum_{i=1}^{n}(X_i - \overline{X})^k \quad (k = 1,2,\cdots);$$

它们的观察值分别为

(1) $\bar{x} = \frac{1}{n}\sum_{i=1}^{n} x_i$;

(2) $s^2 = \frac{1}{n-1}\sum_{i=1}^{n}(x_i - \bar{x})^2 = \frac{1}{n-1}\left(\sum_{i=1}^{n} x_i^2 - n\bar{x}^2\right)$;

(3) $s = \sqrt{\frac{1}{n-1}\sum_{i=1}^{n}(x_i - \bar{x})^2}$;

(4) $a_k = \frac{1}{n}\sum_{i=1}^{n} x_i^k \quad (k = 1,2,\cdots)$;

(5) $b_k = \frac{1}{n-1}\sum_{i=1}^{n}(x_i - \bar{x})^k \quad (k = 1,2,\cdots)$。

这些观察值仍分别称为**样本均值**、**样本方差**、**样本标准差**、**样本 k 阶原点矩**、**样本 k 阶中心矩**。

10.1.3 统计三大分布

由于样本 $X_1, X_2, \cdots, X_n$ 为随机变量,而统计量 $g(X_1, X_2, \cdots, X_n)$ 为样本的函数,因此统计量也是随机变量,一般来说,它应有概率分布,统计量的分布称为**抽样分布**。下面介绍几种常用的抽样分布。

1. χ^2 分布

χ^2 分布是由正态分布派生出来的一种分布。

定义 10-1-1 设 $X_1, X_2, \cdots, X_n$ 相互独立,都服从正态分布 $N(0,1)$,则称随机变量

$$\chi^2 = X_1^2 + X_2^2 + \cdots + X_n^2$$

所服从的分布为**自由度为 n 的 χ^2 分布**,记作 $\chi^2 \sim \chi^2(n)$。其概率密度函数如图 10-1-1 所示,有

$$E(\chi^2) = n, \quad D(\chi^2) = 2n$$

对于给定的正数 $\alpha(0<\alpha<1)$,称满足条件 $P\{\chi^2 > \chi_\alpha^2(n)\} = \alpha$ 的点 $\chi_\alpha^2(n)$ 为 $\chi^2(n)$ 的上 α 分位点,如图 10-1-1 所示。

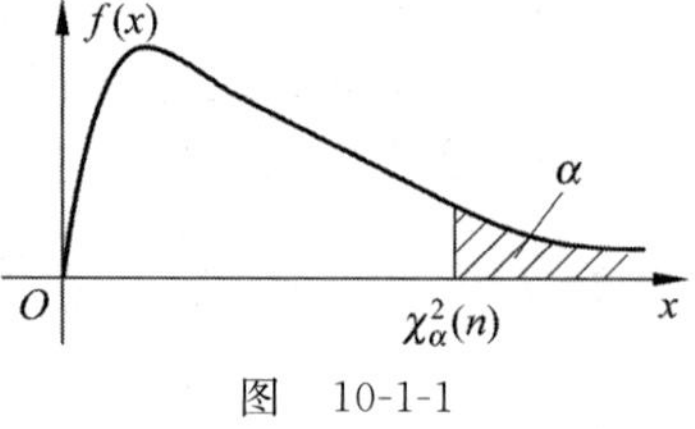

图 10-1-1

χ^2 分布的上 α 分位点 $\chi_\alpha^2(n)$ 可查表(见附录 B)求得。例如,$\chi_{0.1}^2(19) = 27.203$。

2. t 分布

定义 10-1-2 设 $X \sim N(0,1)$,$Y \sim \chi^2(n)$,且 X 与 Y 相互独立,则称变量 $t = \frac{X}{\sqrt{Y/n}}$ 所服从的分布为**自由度为 n 的 t 分布**,记作 $t \sim t(n)$。其概率密度函数如图 10-1-2 所示。

对于给定的 $\alpha(0<\alpha<1)$,称满足条件 $P\{t>t_\alpha(n)\}=\alpha$ 的点 $t_\alpha(n)$ 为 $t(n)$ 分布的上 α 分位点,如图 10-1-2 所示。

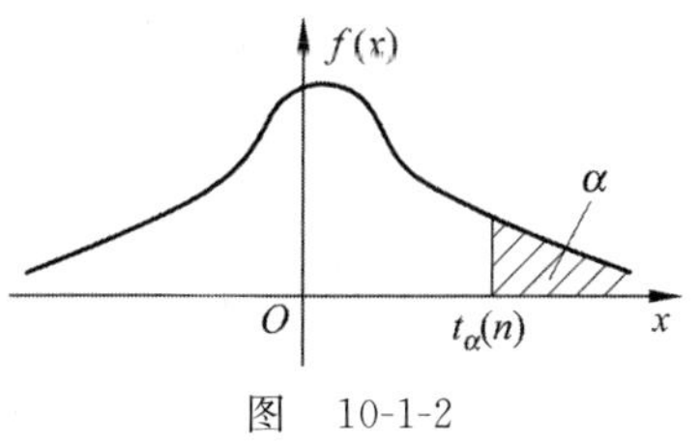

图　10-1-2

t 分布的上 α 分位点具有如下性质:

$$t_{1-\alpha}(n)=-t_\alpha(n)$$

t 分布的上 α 分位点 $t_\alpha(n)$ 可查表(见附录 A)求得。例如,$t_{0.025}(15)=2.1315$。

3. F 分布

定义 10-1-3　设 $U\sim\chi^2(n_1)$,$V\sim\chi^2(n_2)$,U 与 V 相互独立,则称随机变量 $F=\dfrac{U/n_1}{V/n_2}$ 服从自由度为 n_1 及 n_2 的 **F 分布**,记作 $F\sim F(n_1,n_2)$。

设 $X_1,X_2,\cdots,X_n$ 为来自正态总体 $N(\mu,\sigma^2)$ 的一个样本,$\overline{X}$,S^2 分别是样本均值和样本方差,则有

(1) $Z=\dfrac{\overline{X}-\mu}{\sigma/\sqrt{n}}\sim N(0,1)$;

(2) $T=\dfrac{\overline{X}-\mu}{S/\sqrt{n}}\sim t(n-1)$;

(3) $Y=\dfrac{(n-1)S^2}{\sigma^2}\sim\chi^2(n-1)$;

其中,$t(n-1)$ 表示自由度为 $n-1$ 的 t 分布,$\chi^2(n-1)$ 表示自由度为 $n-1$ 的 χ^2 分布。

10.2　参数估计

在参数估计中,总假定总体具有已知的分布形式,未知的仅仅是若干参数而已。参数估计问题就是利用对总体的抽样得到的信息来估计总体的某些参数或者参数的某个函数,从而估计总体的分布。

参数估计问题的一般提法是:设有一个统计总体 X,总体的分布函数为 $F(x)=F(x,\theta)$,其中 θ 为未知参数(θ 可以是向量)。现从该总体 X 抽样,得样本 $X_1,X_2,\cdots,X_n$,要依据该样本对参数 θ 的值做出估计(或估计 θ 的某个已知函数 $g(\theta)$),这类问题称为**参数估计**。

参数估计有两种基本形式:点估计和区间估计。

10.2.1　点估计

设 θ 为总体 X 的待估参数,$X_1,X_2,\cdots,X_n$ 为来自总体 X 的一个样本,如能确定该样本的一个统计量 $\hat{\theta}=\hat{\theta}(X_1,X_2,\cdots,X_n)$ 来估计参数 θ,则称该统计量 $\hat{\theta}$ 为参数 θ 的**估计量**。从而可用该估计量的观察值 $\hat{\theta}(x_1,x_2,\cdots,x_n)$ 作为参数 θ 的**估计值**。

下面介绍点估计中常用的两种方法：矩估计法和最大似然估计法。

1. 矩估计法

矩估计法就是利用样本各阶原点矩与相应的总体矩来建立估计量应满足的方程，从而求出未知参数估计量的方法。

设总体 X 的分布函数 $F(x)$ 中共含有 m 个未知参数 $\theta_1,\theta_2,\cdots,\theta_m$，则其分布函数可以表示成 $F(x;\theta_1,\theta_2,\cdots,\theta_m)$。$X$ 的 m 阶原点矩 $\mu_1,\mu_2,\cdots,\mu_m$ 也是这 m 个参数 $\theta_1,\theta_2,\cdots,\theta_m$ 的函数，记作

$$\begin{cases}\mu_1=\mu_1(\theta_1,\theta_2,\cdots,\theta_m)\\ \mu_2=\mu_2(\theta_1,\theta_2,\cdots,\theta_m)\\ \vdots\\ \mu_m=\mu_m(\theta_1,\theta_2,\cdots,\theta_m)\end{cases}$$

由于样本矩依概率收敛于相应的总体矩，样本矩的连续函数依概率收敛于相应的总体矩的连续函数，因此在上式中分别以样本矩 $A_1,A_2,\cdots,A_m$ 代替相应的总体矩 $\mu_1,\mu_2,\cdots,\mu_m$，从而得到方程组

$$\begin{cases}A_1=\mu_1(\theta_1,\theta_2,\cdots,\theta_m)\\ A_2=\mu_2(\theta_1,\theta_2,\cdots,\theta_m)\\ \vdots\\ A_m=\mu_m(\theta_1,\theta_2,\cdots,\theta_m)\end{cases}$$

在上述方程组中解出 $\theta_1,\theta_2,\cdots,\theta_m$，即 $\hat{\theta}_1=\hat{\theta}_1(A_1,A_2,\cdots,A_m)$，$\hat{\theta}_2=\hat{\theta}_2(A_1,A_2,\cdots,A_m)$，…，$\hat{\theta}_m=\hat{\theta}_m(A_1,A_2,\cdots,A_m)$就分别是 $\theta_1,\theta_2,\cdots,\theta_m$ 的估计量，称为 $\theta_1,\theta_2,\cdots,\theta_m$ 的矩估计量。

例 10-2-1 设总体 X 在$[a,b]$上服从均匀分布，a,b 未知，求 a,b 的矩估计量。

解 由于 $\mu_1=E(X)=\dfrac{a+b}{2}$

$$\mu_2=E(X^2)=D(X)+[E(X)]^2=\frac{(b-a)^2}{12}+\frac{(a+b)^2}{4}$$

即

$$\begin{cases}a+b=2\mu_1\\ b-a=\sqrt{12(\mu_2-\mu_1^2)}\end{cases}$$

解方程组得

$$a=\mu_1-\sqrt{3(\mu_2-\mu_1^2)},\quad b=\mu_1+\sqrt{3(\mu_2-\mu_1^2)}$$

分别以 A_1,A_2 代替 μ_1,μ_2，得到 a,b 的矩估计量：

$$\hat{a}=A_1-\sqrt{3(A_2-A_1^2)}=\overline{X}-\sqrt{\frac{3}{n}\sum_{i=1}^{n}(X_i-\overline{X})^2}$$

$$\hat{b}=A_1+\sqrt{3(A_2-A_1^2)}=\overline{X}+\sqrt{\frac{3}{n}\sum_{i=1}^{n}(X_i-\overline{X})^2}$$

例 10-2-2 设总体 X 的概率密度为

$$f(x;\theta)=\begin{cases}(\theta+1)x^{\theta} & 0<x<1\\ 0 & \text{其他}\end{cases}$$

其中，$\theta(\theta>-1)$为待估参数。求 θ 的矩估计量。

解 $\mu_1=E(X)=\int_0^1 x(\theta+1)x^{\theta}\mathrm{d}x=\dfrac{\theta+1}{\theta+2}$

以一阶样本矩 $A_1=\overline{X}$ 代替上式中的一阶总体矩 μ_1，得方程

$$A_1=\frac{\theta+1}{\theta+2}$$

解该方程得到 θ 的矩估计量为

$$\hat{\theta}=\frac{1-2A_1}{A_1-1}=\frac{1-2\overline{X}}{\overline{X}-1}$$

例 10-2-3 设总体 X 的均值 μ 和方差 $\sigma^2(\sigma>0)$都存在，μ,σ^2 未知。$X_1,X_2,\cdots,X_n$是来自 X 的样本，求 μ,σ^2 的矩估计量。

解 由

$$\begin{cases}\mu_1=E(X)=\mu\\ \mu_2=E(X^2)=E^2(X)+D(X)=\mu^2+\sigma^2\end{cases}$$

解得

$$\mu=\mu_1,\quad \sigma^2=\mu_2-\mu_1^2$$

分别以 A_1,A_2 代替 μ_1,μ_2，于是 μ,σ^2 的估计量为

$$\hat{\mu}=A_1=\overline{X}$$

$$\hat{\sigma}^2=A_2-A_1^2=\frac{1}{n}\sum_{i=1}^{n}X_i^2-\overline{X}^2=\frac{1}{n}\sum_{i=1}^{n}(X_i-\overline{X})^2$$

2. 最大似然估计法

最大似然估计法就是当用样本的函数值估计总体参数时，应使当参数取这些值时所观测到的样本出现的概率为最大。

设 $X_1,X_2,\cdots,X_n$ 是取自总体 X 的一个样本，样本的概率密度(若 X 为离散型则用分布律代替)为 $f(x_1,x_2,\cdots,x_n;\theta)$，其中 θ 为未知参数。定义**似然函数**为

$$L(\theta)=f(x_1,x_2,\cdots,x_n;\theta)=\prod_{i=1}^{n}f(x_i;\theta)$$

其中，$x_1,x_2,\cdots,x_n$ 是样本的观察值。

最大似然估计法就是用使 $L(\theta)$达到最大值的 $\hat{\theta}$ 去估计 θ，称 $\hat{\theta}(x_1,\cdots,x_n)$为 θ 的**最大似然估计值**，而相应的统计量 $\hat{\theta}(X_1,\cdots,X_n)$称为 θ 的**最大似然估计量**。

这样，确定最大似然估计量的问题就归结为微分学中的求最大值的问题。由于 $\ln x$ 是 x 的增函数，因此 $\ln L(\theta)$与 $L(\theta)$在 θ 的同一值处达到它的最大值。假定 θ 是一实数，且 $\ln L(\theta)$是 θ 的一个可微函数，可以通过求解对数似然方程

$$\frac{\mathrm{d}\ln L(\theta)}{\mathrm{d}\theta}=0$$

得到 θ 的最大似然估计量。

若 X 为离散型随机变量,分布律为 $P(X=x_i)=p(x_i,\theta)(i=1,2,\cdots)$,其中 θ 为未知参数,则其似然函数为

$$L(\theta)=f(x_1,x_2,\cdots,x_n;\theta)=\prod_{i=1}^{n}p(x_i;\theta)$$

其他求解步骤相同。

例 10-2-4 设 $X_1,X_2,\cdots,X_n$ 为总体 X 的一个样本,X 的概率密度函数为

$$f(x)=\begin{cases}\theta e^{-\theta x} & x\geqslant 0\\ 0 & x<0\end{cases}$$

其中,θ 是未知参数,试求参数 θ 的最大似然估计量。

解 写出似然函数:

$$L(\theta)=\prod_{i=1}^{n}f(x_i;\theta)=\prod_{i=1}^{n}\theta e^{-\theta x_i}=\theta^n e^{-\theta\sum\limits_{i=1}^{n}x_i}$$

取对数得

$$\ln L(\theta)=n\ln\theta-\theta\sum_{i=1}^{n}x_i$$

令 $\dfrac{\mathrm{d}\ln L(\theta)}{\mathrm{d}\theta}=0$,即 $\dfrac{n}{\theta}-\sum\limits_{i=1}^{n}x_i=0$,解得

$$\hat{\theta}=\frac{n}{\sum\limits_{i=1}^{n}x_i}$$

θ 的最大似然估计量为

$$\hat{\theta}=\frac{n}{\sum\limits_{i=1}^{n}X_i}=\frac{1}{\overline{X}}$$

例 10-2-5 设 $X_1,X_2,\cdots,X_n$ 是取自总体 $X\sim b(1,p)$ 的一个样本,求参数 p 的最大似然估计量。

解 X 的分布律为

$$p(X=x)=p^x(1-p)^{1-x}\quad(x=0,1)$$

其似然函数为

$$L(p)=\prod_{i=1}^{n}p^{x_i}(1-p)^{1-x_i}=p^{\sum\limits_{i=1}^{n}x_i}(1-p)^{n-\sum\limits_{i=1}^{n}x_i}$$

取对数得

$$\ln L(p)=\left(\sum_{i=1}^{n}x_i\right)\ln p+\left(n-\sum_{i=1}^{n}x_i\right)\ln(1-p)$$

对 p 求导并令导数为 0,得

$$\frac{\mathrm{d}\ln L(p)}{\mathrm{d}p}=\frac{1}{p}\sum_{i=1}^{n}x_i-\frac{1}{1-p}\left(n-\sum_{i=1}^{n}x_i\right)=0$$

解得 p 的最大似然估计值为

$$\hat{p} = \frac{1}{n}\sum_{i=1}^{n} x_i = \bar{x}$$

p 的最大似然估计量为

$$\hat{p} = \frac{1}{n}\sum_{i=1}^{n} X_i = \bar{X}$$

10.2.2　估计量的优良性标准

参数的估计量是样本的函数，也是一个随机变量。由于样本值不同，所求的参数估计值也未必相同。要确定同一总体、同一参数的不同估计量的优劣，不能仅仅根据一次试验的结果，而必须由多次试验的结果来衡量。下面介绍评价估计量优良性的几个标准。

1. 无偏性

估计量是随机变量，对于不同的样本值会得到不同的估计值。通常希望估计值在未知参数真值附近摆动，而它的期望值等于未知参数的真值，这就引出了无偏性这个标准。

定义 10-2-1　设 $\hat{\theta}=\hat{\theta}(X_1,\cdots,X_n)$ 是未知参数 θ 的估计量，若

$$E(\hat{\theta}) = \theta$$

则 $\hat{\theta}$ 称为 θ 的**无偏估计量**。

例 10-2-6　设总体 X 服从参数为 θ 的指数分布，其概率密度为

$$f(x) = \begin{cases} \dfrac{1}{\theta}\mathrm{e}^{-x/\theta} & x > 0 \\ 0 & x \leqslant 0 \end{cases}$$

其中，$\theta>0$ 为未知参数，$X_1,X_2,\cdots,X_n$ 是取自总体的一个样本，试证明 $\bar{X}$ 是参数 θ 的无偏估计量。

证明　由于

$$E(X_i)=\theta \quad (i=1,2,\cdots,n)$$

有

$$E(\bar{X}) = E\left(\frac{1}{n}\sum_{i=1}^{n} X_i\right) = \theta = E(X)$$

所以，$\bar{X}$ 是参数 θ 的无偏估计量。

证毕。

2. 有效性

一个参数往往有不止一个无偏估计量，若 $\hat{\theta}_1$ 和 $\hat{\theta}_2$ 都是参数 θ 的无偏估计量，可以比较 $E(\hat{\theta}_1-\theta)^2$ 与 $E(\hat{\theta}_2-\theta)^2$ 的大小来决定二者谁更优。由于 $D(\hat{\theta}_1)=E(\hat{\theta}_1-\theta)^2$，$D(\hat{\theta}_2)=E(\hat{\theta}_2-\theta)^2$，所以无偏估计量以方差小者为好，这就引入了有效性的概念。

定义 10-2-2　设 $\hat{\theta}_1=\hat{\theta}_1(X_1,\cdots,X_n)$ 和 $\hat{\theta}_2=\hat{\theta}_2(X_1,\cdots,X_n)$ 都是参数 θ 的无偏估计量。

若有 $D(\hat{\theta}_1)<D(\hat{\theta}_2)$，则称 $\hat{\theta}_1$ 较 $\hat{\theta}_2$ 有效。

3. 一致性(相合性)

无偏性和有效性是在样本容量固定的前提下提出的，人们自然希望随着样本容量的增大，一个估计量的值稳定于待估参数的真值，因此，对估计量又提出一致性的要求。

定义 10-2-3　设 $\hat{\theta}(X_1,X_2,\cdots,X_n)$ 为参数 θ 的估计量，若当 $n\to\infty$ 时 $\hat{\theta}(X_1,X_2,\cdots,X_n)$ 依概率收敛于 θ，则称 $\hat{\theta}$ 为 θ 的**一致估计量(或相合估计量)**

由辛钦大数定律可以证明：样本平均数 $\overline{X}$ 是总体均值 μ 的一致估计量，样本方差 S^2 及二阶样本中心矩 A_2 都是总体方差 σ^2 的一致估计量。

10.2.3　区间估计

参数点估计是用样本计算得到的一个值去估计未知参数。但是，点估计值仅仅是未知参数的一个近似值，它没有反映出这个近似值的误差范围，使用起来把握不大。例如，用样本均值 $\overline{X}$ 来估计总体 X 的均值 $\theta=E(X)$(假设未知)时，虽然已经知道它是无偏估计，即 $E(\overline{X})=E(X)$，但实际要用 $\overline{X}$ 的观察值 $\bar{x}$ 来代替 $\theta=E(X)$，其误差是多少难以确定。为了弥补这个缺陷，引入区间估计，指出估计值与参数真值的偏差范围。也就是说，确定一个区间，可使以比较高的可靠程度相信它包含真参数值。这里所说的“可靠程度”是用概率来度量的，称为**置信度**或**置信水平**。

定义 10-2-4　设总体 X 的分布中含有未知参数 θ，$X_1,X_2,\cdots,X_n$ 是来自总体 X 的一个样本。对于给定的 $\alpha(0<\alpha<1)$，若由样本 $X_1,X_2,\cdots,X_n$ 确定的两个统计量 $\underline{\theta}=\underline{\theta}(X_1,X_2,\cdots,X_n)$，$\bar{\theta}=\bar{\theta}(X_1,X_2,\cdots,X_n)$ 满足 $P(\underline{\theta}<\theta<\bar{\theta})=1-\alpha$，则称区间 $(\underline{\theta},\bar{\theta})$ 是 θ 的置信水平(置信度)为 $1-\alpha$ 的置信区间。$\underline{\theta}$ 和 $\bar{\theta}$ 分别称为**置信下限**和**置信上限**。一般而言，α 要根据具体情况而定，通常取 α 为 0.1，0.05，0.01 等。

置信区间不同于一般的区间，它是一个随机区间，对于不同的样本值会取到不同的区间，在这些区间中，有些包含了参数的真值，有些则不包含。置信水平 $1-\alpha$ 表明：随机区间 $(\underline{\theta},\bar{\theta})$ 包含参数真值的概率为 $100(1-\alpha)\%$，不包含真值的概率约仅占 $100\alpha\%$。例如，当 $\alpha=0.05$ 时，反复抽样 100 次，则在得到的 100 个区间中，包含参数真值的区间约为 95 个，不包含的仅仅约为 5 个。

可见，对参数 θ 做区间估计，就是要设法找出两个只依赖于样本的界限(构造统计量)。下面通过几个例子介绍正态总体期望与方差的区间估计。

例 10-2-7　设 $X_1,X_2,\cdots,X_n$ 是取自 $N(\mu,\sigma^2)$ 的样本，σ^2 已知，求参数 μ 的置信度为 $1-\alpha$ 的置信区间。

解　选 μ 的点估计为 $\overline{X}$，由 10.1 节知识可知

$$Z=\frac{\overline{X}-\mu}{\sigma/\sqrt{n}}\sim N(0,1)$$

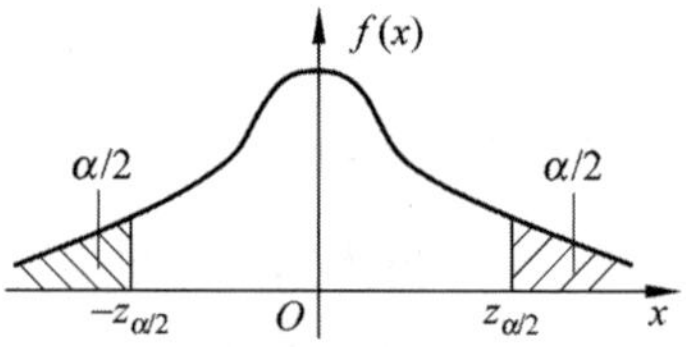

对给定的置信水平 $1-\alpha$，参考图 10-2-1，查正态分

图　10-2-1

布表得 $z_{\alpha/2}$,使

$$P\left(\left|\frac{\overline{X}-\mu}{\sigma/\sqrt{n}}\right|\leqslant z_{\alpha/2}\right)=P\left(-z_{\alpha/2}<\frac{\overline{X}-\mu}{\sigma/\sqrt{n}}<z_{\alpha/2}\right)$$
$$=1-\alpha$$

从中解得

$$P\left(\overline{X}-\frac{\sigma}{\sqrt{n}}z_{\alpha/2}<\mu<\overline{X}+\frac{\sigma}{\sqrt{n}}z_{\alpha/2}\right)=1-\alpha$$

于是所求 μ 的置信区间为

$$\left(\overline{X}-\frac{\sigma}{\sqrt{n}}z_{\alpha/2},\overline{X}+\frac{\sigma}{\sqrt{n}}z_{\alpha/2}\right)$$

也可简记为

$$\left(\overline{X}\pm\frac{\sigma}{\sqrt{n}}z_{\alpha/2}\right)$$

从例 10-2-7 解题的过程可归纳出求置信区间的一般步骤。

(1) 弄清题意,明确待估参数和置信水平。

(2) 寻找参数 θ 的一个良好的点估计 $\hat{\theta}(X_1,\cdots,X_n)$。

(3) 寻找一个待估参数 θ 和估计量 $\hat{\theta}$ 的二元函数 $g(\theta,\hat{\theta})$,且其分布为已知。

(4) 对于给定的置信水平 $1-\alpha$,根据 $g(\theta,\hat{\theta})$ 的分布,确定常数 a,b,使得

$$P(a<g(\theta,\hat{\theta})<b)=1-\alpha$$

(5) 对 $a<g(\theta,\hat{\theta})<b$ 作等价变形,得到形式 $\underline{\theta}<\theta<\overline{\theta}$,即 $P(\underline{\theta}<\theta<\overline{\theta})=1-\alpha$。于是,区间$(\underline{\theta},\overline{\theta})$ 就是 θ 的置信水平为 $1-\alpha$ 的置信区间。

例 10-2-8 设 $X_1,X_2,\cdots,X_n$ 是取自 $N(\mu,\sigma^2)$的样本,σ^2 未知,求参数 μ 的置信度为 $1-\alpha$ 的置信区间。

解 选 μ 的点估计为 $\overline{X}$,由于 σ^2 未知,故取样本方差 S^2 代替它。由 10.1 节知识可知

$$T=\frac{\overline{X}-\mu}{S/\sqrt{n}}\sim t(n-1)$$

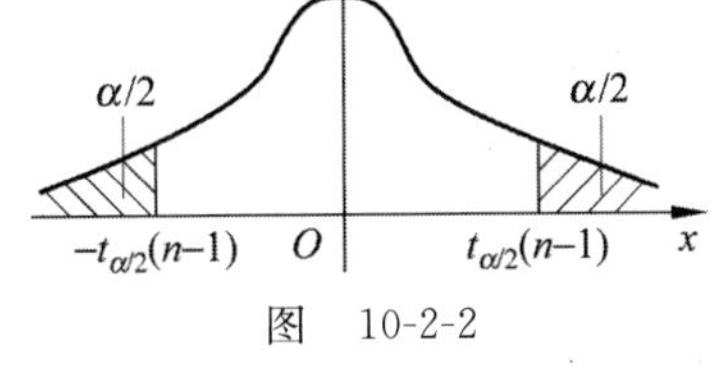

图 10-2-2

对给定的置信水平 $1-\alpha$,参考图 10-2-2,查 t 分布表得 $t_{\alpha/2}(n-1)$,使

$$P\left(\left|\frac{\overline{X}-\mu}{S/\sqrt{n}}\right|\leqslant t_{\alpha/2}(n-1)\right)=P\left(-t_{\alpha/2}(n-1)<\frac{\overline{X}-\mu}{S/\sqrt{n}}<t_{\alpha/2}(n-1)\right)=1-\alpha$$

从中解得

$$P\left(\overline{X}-\frac{S}{\sqrt{n}}t_{\alpha/2}(n-1)<\mu<\overline{X}+\frac{S}{\sqrt{n}}t_{\alpha/2}(n-1)\right)=1-\alpha$$

于是所求 μ 的置信区间为

$$\left(\overline{X}-\frac{S}{\sqrt{n}}t_{\alpha/2}(n-1),\overline{X}+\frac{S}{\sqrt{n}}t_{\alpha/2}(n-1)\right)$$

也可简记为

$$\left(\overline{X}\pm\frac{S}{\sqrt{n}}t_{\alpha/2}(n-1)\right)$$

例 10-2-9　设 $X_1,X_2,\cdots,X_n$ 是取自 $N(\mu,\sigma^2)$ 的样本,求参数 σ^2 的置信水平为 $1-\alpha$ 的置信区间。

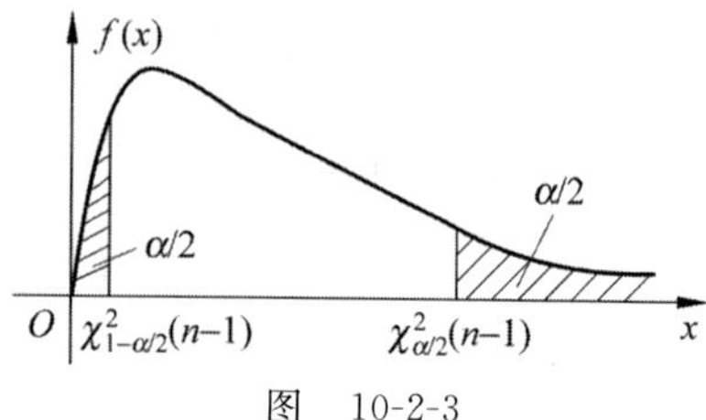

图　10-2-3

解　由 10.1 节知识可知

$$Y=\frac{(n-1)S^2}{\sigma^2}\sim\chi^2(n-1)$$

参考图 10-2-3,对给定的置信水平 $1-\alpha$,使

$$P\left(\chi^2_{1-\alpha/2}(n-1)<\frac{(n-1)S^2}{\sigma^2}<\chi^2_{\alpha/2}(n-1)\right)=1-\alpha$$

从中解得

$$P\left(\frac{(n-1)S^2}{\chi^2_{\alpha/2}(n-1)}<\sigma^2<\frac{(n-1)S^2}{\chi^2_{1-\alpha/2}(n-1)}\right)=1-\alpha$$

于是所求 σ^2 的置信区间为

$$\left(\frac{(n-1)S^2}{\chi^2_{\alpha/2}(n-1)},\frac{(n-1)S^2}{\chi^2_{1-\alpha/2}(n-1)}\right)$$

例 10-2-10　为了估计灯泡使用时数的均值 μ 及方差 σ^2,测试 10 个灯泡,得到 $\bar{x}=1500\text{h}$,$s=20\text{h}$。若已知灯泡使用时数服从正态分布 $N(\mu,\sigma^2)$,求 μ 与 σ^2 的置信水平为 0.95 的置信区间。

解　σ^2 为未知参数,则 μ 的置信区间为

$$\left(\overline{X}\pm\frac{S}{\sqrt{n}}t_{\alpha/2}(n-1)\right)$$

现 $\bar{x}=1500\text{h},s=20\text{h},n=10,\alpha=0.05,t_{\alpha/2}(n-1)=t_{0.025}(9)=2.2622$,代入上式可得 μ 的置信区间为

$$(1485.69,1514.31)$$

由于 σ^2 的置信区间为

$$\left(\frac{(n-1)S^2}{\chi^2_{\alpha/2}(n-1)},\frac{(n-1)S^2}{\chi^2_{1-\alpha/2}(n-1)}\right)$$

将 $n=10,s^2=20^2,\chi^2_{\alpha/2}(n-1)=\chi^2_{0.025}(9)=19.022,\chi^2_{1-\alpha/2}(n-1)=\chi^2_{0.975}(9)=2.70$ 代入上式得置信区间为(189.25,1333.33)。

由此,得到单个正态总体均值与方差的置信区间(置信水平为 $1-\alpha$),见表 10-2-1。

表　10-2-1

待估参数	其他参数	统计量及其分布	置 信 区 间
μ	σ^2 已知	$Z=\dfrac{\overline{X}-\mu}{\sigma/\sqrt{n}}\sim N(0,1)$	$\left(\overline{X}-\dfrac{\sigma}{\sqrt{n}}z_{\alpha/2},\overline{X}+\dfrac{\sigma}{\sqrt{n}}z_{\alpha/2}\right)$

续表

待估参数	其他参数	统计量及其分布	置信区间
μ	σ^2 未知	$T=\dfrac{\overline{X}-\mu}{S/\sqrt{n}}\sim t(n-1)$	$\left(\overline{X}-\dfrac{S}{\sqrt{n}}t_{\alpha/2}(n-1),\overline{X}+\dfrac{S}{\sqrt{n}}t_{\alpha/2}(n-1)\right)$
σ^2	μ	$Y=\dfrac{(n-1)S^2}{\sigma^2}\sim\chi^2(n-1)$	$\left(\dfrac{(n-1)S^2}{\chi^2_{\alpha/2}(n-1)},\dfrac{(n-1)S^2}{\chi^2_{1-\alpha/2}(n-1)}\right)$

习题 10-2

1. 设总体 X 的密度函数为

$$f(x;a)=\begin{cases}\dfrac{2}{a^2}(a-x) & 0<x<a\\ 0 & \text{其他}\end{cases}$$

从中获得样本 $X_1,X_2,\cdots,X_n$，求参数 a 的矩估计量。

2. 设总体 X 具有如下分布律：

X	1	2	3
p_k	θ^2	$2\theta(1-\theta)$	$(1-\theta)^2$

其中，$\theta(0<\theta<1)$为未知参数，已知样本值 $x_1=1,x_2=2,x_3=1$。求 θ 的矩估计值和最大似然估计值。

3. 设总体 X 的概率密度函数为

$$f(x)=\begin{cases}\dfrac{1}{\theta}\mathrm{e}^{-\frac{x}{\theta}} & x>0\\ 0 & x\leqslant 0\end{cases}$$

其中，$\theta>0$ 是未知参数，$X_1,X_2,\cdots,X_n$ 为 X 的一个样本。求参数 θ 的矩估计量和最大似然估计量。

4. 设 X_1,X_2,X_3 为来自 $N(\mu,1)$的一个样本，设有估计量

$$\hat{\mu}_1=\frac{1}{5}X_1+\frac{3}{10}X_2+\frac{1}{2}X_3$$

$$\hat{\mu}_2=\frac{1}{3}X_1+\frac{1}{4}X_2+\frac{5}{12}X_3$$

$$\hat{\mu}_3=\frac{1}{3}X_1+\frac{1}{6}X_2+\frac{1}{2}X_3$$

(1) 指出 $\hat{\mu}_1,\hat{\mu}_2,\hat{\mu}_3$ 哪一个是 μ 的无偏估计量；

(2) 在上述 μ 的无偏估计量中哪一个较为有效。

5. 设某种清漆 9 个样品的干燥时间(以小时计)如下：

6.0　5.7　5.8　6.5　7.0　6.3　5.6　6.1　5.0

并设干燥时间总体服从正态分布 $N(\mu,\sigma^2)$。在下列两种情况下求 μ 的置信水平为 0.95 的置信区间。

(1) 由以往经验知 $\sigma=0.6(\mathrm{h})$；

(2) σ 未知。

6. 已知某公司每星期投入 1 万元广告费使所属每个零售网点每星期销售增加的糖果数量服从正态分布 $N(\mu,\sigma^2)$,从公司所属众多零售网点中随机调查 12 个零售网点,它们每星期销售增加的糖果平均数量为 418kg,标准差为 25kg。求每个零售网点每星期销售增加的糖果平均数量 μ 的置信水平为 0.9 的置信区间。

7. 某饮料厂用自动灌装机装饮料,规定每瓶饮料的净质量为 500g。某天随机抽取了 9 瓶饮料进行检测,测得净质量的样本均值为 $\bar{x}=499$g,样本方差为 $s^2=16.03^2$。求总体方差σ^2 的置信水平为 0.95 的置信区间。

8. 设某自动车床加工的零件直径服从正态分布 $N(\mu,\sigma^2)$,今抽查 5 个零件,测得长度(以 mm 计)如下:

6.661　6.661　6.667　6.667　6.664

若 μ 与 σ^2 均未知,求 μ 与 σ^2 的置信水平为 0.95 的置信区间。

10.3 假设检验

假设检验是统计推断的另一类问题,它根据历史资料和实际经验,首先对总体的某种统计特征做出某种假设,然后利用样本所提供的信息,运用统计分析方法来检验(判断)事先的假设是否正确,最后做出接受或拒绝原假设的决定。

10.3.1 假设检验的基本原理

引例 某厂生产一批产品,资料表明:这批产品的质量服从正态分布,且标准差为 $\sigma=5$g,规定要求平均质量为 200g。如今抽查了 10 件产品,测得质量如下:

201　208　212　179　205　209　194　207　199　206

试问这批产品的平均质量是否为 200g。

解 这批产品的质量组成一个总体 X,则随机变量 X 服从正态分布 $N(\mu,\sigma^2)$。这里 $\sigma=5$,即 $X\sim N(\mu,5^2)$,需要根据样本值来判断 X 的均值 $\mu=200$ 是否成立。

根据这个检验目的提出一个统计假设,即**原假设**(或**零假设**)H_0 和一个相反的假设,即**对立假设**(或**备择假设**)H_1:

$$H_0:\mu=\mu_0=200$$
$$H_1:\mu\neq\mu_0$$

那么,如何判断原假设 H_0 是否成立?由于 μ 是正态分布的期望值,它的估计量是样本均值 $\overline{X}$,因此可以根据 $\overline{X}$ 与 μ_0 的差距 $|\overline{X}-\mu_0|$ 来判断 H_0 是否成立。当 $|\overline{X}-\mu_0|$ 较小时,可以认为 H_0 是成立的;当 $|\overline{X}-\mu_0|$ 较大时,应认为 H_0 不成立,即这批产品的平均质量不是 200g,生产线中出现了问题。较大和较小是一个相对的概念,合理的界限在何处?应由什么原则来确定?这里用到人们在实践中普遍采用的一个原则:**小概率事件在一次试验中基本上不会发生**。

在假设检验中,称这个小概率为**显著性水平**,用 α 表示。α 的选择要根据实际情况而定。常取 $\alpha=0.1,\alpha=0.01,\alpha=0.05$。

由于 σ 已知，选检验统计量 $Z=\dfrac{\overline{X}-\mu_0}{\sigma/\sqrt{n}}\sim N(0,1)$，它能衡量差异 $|\overline{X}-\mu_0|$ 的大小且分布已知。对给定的显著性水平 α，可以查到分位点的值 $z_{\alpha/2}$，使 $P(|Z|>z_{\alpha/2})=\alpha$，也就是说，$|Z|>z_{\alpha/2}$ 是一个小概率事件。故可以取**拒绝域**为 W：$|Z|>z_{\alpha/2}$（见图 10-3-1）。如果由样本值算得该统计量的实测值落入区域 W，则拒绝 H_0；否则，不能拒绝 H_0。

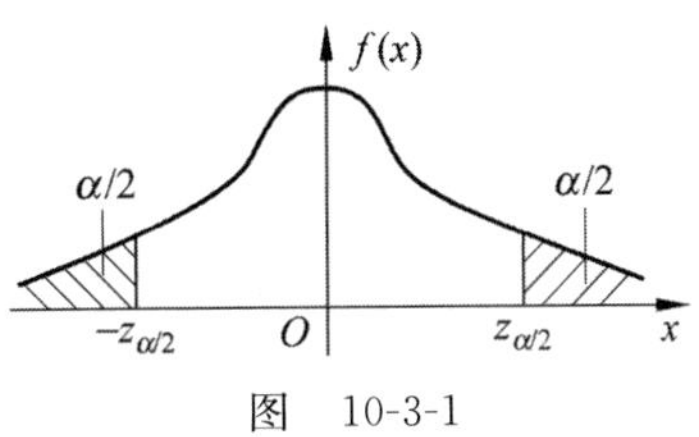

图 10-3-1

在该问题中，选取统计量

$$Z=\frac{\overline{X}-200}{5/\sqrt{10}}\sim N(0,1)$$

于是有

$$P\left(\left|\frac{\overline{X}-200}{5/\sqrt{10}}\right|>z_{\alpha/2}\right)=\alpha$$

若取定显著性水平 $\alpha=0.05$，查正态分布分位数表，得到临界值 $z_{\alpha/2}=z_{0.025}=1.96$，于是拒绝域为

$$W=\left\{\left|\frac{\overline{X}-200}{5/\sqrt{10}}\right|>1.96\right\}$$

依据抽样检验结果，可得到：$\bar{x}=203.8$。则

$$\left|\frac{\bar{x}-200}{5/\sqrt{10}}\right|=\left|\frac{203.8-200}{5/\sqrt{10}}\right|=2.40>z_{\alpha/2}=1.96$$

上式说明检验结果落入 H_0 的拒绝域。

由此得到判断：拒绝原假设 $H_0:\mu=\mu_0=200$，即这批产品的平均质量不是 200g。这个结论的可靠度为 95%。

从上面的分析中可以看出，假设检验所采用的基本原理是一种反证法：假设原假设成立，如果小概率事件在一次试验中居然发生了，那么就有理由否定原假设。但它又不同于一般的反证法，因为小概率事件在一次试验中基本上不会发生并不等于不可能事件，所以只能说这是一种带有概率意义的反证法。

*10.3.2 假设检验的两类错误

由于小概率事件并非绝对不会发生，因此在进行假设检验时，是冒着犯错误的风险的。假设检验的错误分为两大类。

1. 第一类错误：以真为假

如果在一次试验中，原假设 H_0 为真，而小概率事件却发生了，统计量的值落入拒绝域，按照假设检验的法则，应当否定 H_0，这时就犯了“以真为假”的错误，称为第一类错误。由定义可知，犯第一类错误的概率恰好为显著性水平 α，即

$$P(\text{否定 } H_0 \mid H_0 \text{ 为真})=P(\text{第一类错误})=\alpha$$

2. 第二类错误：以假乱真

如果在一次试验中，原假设 H_0 为假，而小概率事件却没有发生，统计量的值没有落入拒绝域，按照假设检验的法则，应当接受 H_0，这时就犯了“以假乱真”的错误，称为第二类错误。把犯第二类错误的概率记为 β，即

$$P(\text{接受 } H_0 \mid H_0 \text{ 为假}) = P(\text{第二类错误}) = \beta$$

人们总是希望做出的检验能使犯两类错误的概率同时都很小，但遗憾的是，当样本容量确定后，一般情况下，α 与 β 不能同时都非常小：若 α 变小，则 β 变大；否则若 β 变小，则 α 变大。为了能使犯这两类错误的概率都尽可能地小，在进行假设检验时，通常先确定 α 的值，然后再通过增加样本容量的方法来减少 β 的值。

由于犯第一类错误的概率是可以控制的，即当 H_0 为真时错误地拒绝 H_0 的概率是可以控制的，这意味着 H_0 是受到保护的。在一对对立假设中，选哪一个作为 H_0 需要小心。例如，考虑某种药品是否为真，这里可能犯两种错误：①将假药误作为真药，则冒着伤害病人的健康甚至生命的风险；②将真药误作为假药，则冒着造成经济损失的风险。显然，犯错误①比犯错误②的后果严重，因此，选择 H_0：药品为假和 H_1：药品为真，这样，犯后果严重的错误的概率就是可以控制的，可以选择小一些的 α。

10.3.3 单个正态总体的假设检验

下面介绍单个正态总体常见的几种检验法。

1. Z 检验法(均值 μ 的检验，方差 σ^2 已知)

设 $X_1, X_2, \cdots, X_n$ 是取自总体 $N(\mu, \sigma^2)$ 的一个样本，其中均值 μ 未知，方差 $\sigma^2 = \sigma_0^2$ 已知。检验步骤如下。

(1) 提出对立假设：原假设 $H_0: \mu = \mu_0$，备择假设 $H_1: \mu \neq \mu_0$。

(2) 构造统计量 Z，在 H_0 为真的条件下，确定该统计量的分布：

$$Z = \frac{\overline{X} - \mu_0}{\sigma / \sqrt{n}} \sim N(0,1)$$

(3) 确定 H_0 的拒绝域：在给定显著性水平 α 的条件下，查统计量的分布表，求出临界值 $z_{\alpha/2}$，从而确定拒绝域 W：

$$W = \left\{ \left| \frac{\overline{X} - \mu_0}{\sigma / \sqrt{n}} \right| > z_{\alpha/2} \right\}$$

(4) 判断：根据样本观测值求出统计量 Z 的观测值 $z = \left| \dfrac{\overline{X} - \mu_0}{\sigma / \sqrt{n}} \right|$。若该值落入拒绝域，则拒绝 H_0；否则接受 H_0。H_0 的接受域是 $(-z_{\alpha/2}, z_{\alpha/2})$，拒绝域是 $(-\infty, z_{\alpha/2}) \cup (z_{\alpha/2}, +\infty)$。

2. t 检验法(均值 μ 的检验，方差 σ^2 未知)

设 $X_1, X_2, \cdots, X_n$ 是取自总体 $N(\mu, \sigma^2)$ 的一个样本，其中均值 μ 与方差 σ^2 未知，检验

均值 μ。检验步骤如下。

(1) 提出对立假设：原假设 $H_0:\mu=\mu_0$，备择假设 $H_1:\mu\neq\mu_0$。

(2) 构造统计量 T，在 H_0 为真的条件下，确定该统计量的分布：

$$T=\frac{\overline{X}-\mu_0}{S/\sqrt{n}}\sim t(n-1)$$

(3) 确定 H_0 的拒绝域：在给定显著性水平 α 的条件下，查统计量的分布表，求出临界值 $t_{\alpha/2}(n-1)$，从而确定拒绝域 W：

$$W=\left\{\left|\frac{\overline{X}-\mu_0}{S/\sqrt{n}}\right|>t_{\alpha/2}(n-1)\right\}$$

(4) 判断：根据样本观测值求出统计量 T 的观测值 $t=\left|\frac{\overline{X}-\mu_0}{S/\sqrt{n}}\right|$。若该值落入拒绝域，则拒绝 H_0；否则接受 H_0。H_0 的接受域是 $(-t_{\alpha/2}(n-1),t_{\alpha/2}(n-1))$，拒绝域是 $(-\infty,-t_{\alpha/2}(n-1))\cup(t_{\alpha/2}(n-1),+\infty)$。

3. χ^2 检验法（方差 σ^2 的检验）

设 $X_1,X_2,\cdots,X_n$ 是取自总体 $N(\mu,\sigma^2)$ 的一个样本，其中方差 σ^2 未知，检验方差 σ^2。检验步骤如下。

(1) 提出对立假设：原假设 $H_0:\sigma^2=\sigma_0^2$，备择假设 $H_1:\sigma^2\neq\sigma_0^2$。

(2) 构造统计量 χ^2，在 H_0 为真的条件下，确定该统计量的分布：

$$\chi^2=\frac{(n-1)S^2}{\sigma_0^2}\sim\chi^2(n-1)$$

(3) 确定 H_0 的拒绝域：在给定显著性水平 α 的条件下，查统计量的分布表，求出临界值 $\chi^2_{\alpha/2}(n-1)$ 和 $\chi^2_{1-\alpha/2}(n-1)$，从而确定拒绝域：

$$W=\left\{\frac{(n-1)S^2}{\sigma_0^2}<\chi^2_{(1-\alpha/2)}(n-1)\right\}$$

或

$$W=\left\{\frac{(n-1)S^2}{\sigma_0^2}>\chi^2_{\alpha/2}(n-1)\right\}$$

(4) 判断：根据样本观测值求出统计量 T 的观测值 $\chi^2=\frac{(n-1)S^2}{\sigma_0^2}$。若该值落入拒绝域，则拒绝 H_0，否则接受 H_0。H_0 的接受域是 $(\chi^2_{1-\alpha/2}(n-1),\chi^2_{\alpha/2}(n-1))$，拒绝域是 $(-\infty,\chi^2_{(1-\alpha/2)}(n-1))\cup(\chi^2_{\alpha/2}(n-1),+\infty)$。

例 10-3-1　据统计，某地区居民家庭食品月支出服从正态分布 $N(\mu,40^2)$。随机抽取 9 个家庭计算食品平均月支出为 980 元，能否据此认为该地区居民家庭食品月支出为 1000 元（$\alpha=0.05$）。

解　在方差已知的条件下检验均值 $\mu=1000$ 是否成立。

提出假设：

$$H_0:\mu=\mu_0=1000,\quad H_1:\mu\neq\mu_0$$

由前面的分析可知拒绝域为

$$W=\left\{\left|\frac{\overline{X}-\mu_0}{\sigma/\sqrt{n}}\right|>z_{\alpha/2}\right\}$$

现在 $n=9,z_{\alpha/2}=z_{0.025}=1.96,\bar{x}=980,\sigma^2=40^2,\mu_0=1000$,计算得

$$z=\frac{\bar{x}-\mu_0}{\sigma/\sqrt{n}}=\frac{980-1000}{40/\sqrt{9}}=-1.5$$

由于$|z|=1.5<1.96$,落在接受域,故接受 H_0。在显著性水平 $\alpha=0.05$ 下可以认为该地区居民食品的月支出为 1000 元。

例 10-3-2 设某批矿砂的镍含量服从正态分布 $N(\mu,\sigma^2)$。今测定 5 个矿砂样本中的镍含量(%)如下:

$$3.25\quad 3.27\quad 3.24\quad 3.26\quad 3.24$$

试问在显著性水平 $\alpha=0.05$ 下,能否接受这批矿砂的镍含量为 3.25%。

解 在方差未知的条件下检验均值 $\mu=3.25\%$是否成立。

提出假设:

$$H_0:\mu=\mu_0=3.25\%,\quad H_1:\mu\neq\mu_0$$

由前面的分析可知拒绝域为

$$W=\left\{\left|\frac{\overline{X}-\mu_0}{S/\sqrt{n}}\right|>t_{\alpha/2}(n-1)\right\}$$

现在 $n=5,t_{\alpha/2}(n-1)=t_{0.025}(4)=2.7764,\bar{x}=3.252,s=0.013,\mu_0=3.25$,计算得

$$t=\frac{\bar{x}-\mu_0}{s/\sqrt{n}}=\frac{3.252-3.25}{0.013/\sqrt{5}}=0.344$$

由于$|t|=0.344<2.7764$,落在接受域,故接受 H_0。在显著性水平 $\alpha=0.05$ 下可以认为这批矿砂的镍含量为 3.25%。

例 10-3-3 某种元件的寿命(以 h 计)长期以来服从方差 $\sigma^2=5000$ 的正态分布。现有一批这种元件,从它的生产情况来看,寿命的波动性有所改变。现测得 26 只元件的寿命的样本方差 $s^2=9200$。问根据这一数据能否推断出这批元件的寿命的波动性较以往的有显著性的变化($\alpha=0.02$)?

解 该题是对方差的检验。

提出假设:

$$H_0:\sigma^2=\sigma_0^2=5000,\quad H_1:\sigma^2\neq\sigma_0^2$$

拒绝域为

$$W=\left\{\frac{(n-1)S^2}{\sigma_0^2}<\chi^2_{(1-\alpha/2)}(n-1)\right\}$$

或

$$W=\left\{\frac{(n-1)S^2}{\sigma_0^2}>\chi^2_{\alpha/2}(n-1)\right\}$$

现在 $n=26,\chi^2_{\alpha/2}(n-1)=\chi^2_{0.01}(25)=44.314,\chi^2_{1-\alpha/2}(n-1)=\chi^2_{0.99}(25)=11.524,\sigma_0^2=5000$,观测值 $s^2=9200$,计算得到

$$\frac{(n-1)s^2}{\sigma_0^2}=46>44.314$$

所以拒绝 H_0。在显著性水平 $\alpha=0.02$ 下认为这批元件寿命的波动性较以往有显著性的改变。

习题 10-3

1. 某厂生产一种灯泡，其寿命服从正态分布 $N(\mu,200^2)$。从过去较长一段时间的生产情况来看，灯泡的平均寿命为 1500h。现采用新工艺后，在所生产的灯泡中抽取 25 只，测得平均寿命为 1675h。问采用新工艺后，灯泡寿命是否有显著提高($\alpha=0.05$)?

2. 某县对初一年级学生语文成绩进行考核，从中随机抽取 400 名学生，考核结果平均分为 67.6。根据历年资料知标准差为 14.4，是否可以说该县初一年级学生语文平均分为 65 分($\alpha=0.05$)?

3. 根据长期资料分析可知，某种钢筋的强度服从正态分布 $N(\mu,\sigma^2)$。今随机抽取 6 根进行强度试验，测得强度(单位：MPa)如下：

48.5　49.0　53.5　49.5　56.0　52.5

试问能否认为该种钢筋的平均强度为 52.0MPa($\alpha=0.05$)?

4. 若某行业的员工年收入服从正态分布。去年员工年收入的平均值为 15660 元，现要研究今年员工的收入情况，随机抽取 10 人，得到各人年收入的资料如下(单位:元)：

14625　15685　17950　14520　13650　16775　15584　16854　19256　15662

试问今年员工年平均收入与去年年平均收入相比是否不同($\alpha=0.05$)?

5. 某公司用自动包装机包装该公司的产品，规定标准含量为每袋净含量 500g。现在随机抽取 10 袋，测得各袋净含量如下：

495　510　505　498　503　492　502　505　497　506

设每袋净含量服从正态分布 $N(\mu,\sigma^2)$，能否认为每袋净含量的标准差为 5g($\alpha=0.05$)?

6. 某炼铁厂的铁水含碳量服从正态分布 $N(\mu,0.108^2)$。现对操作进行了改进，然后抽测了 5 炉铁水，测得样本方差为 $s^2=0.228^2$。由此是否可以认为新操作炼出的铁水含碳量的方差 $\sigma^2=0.108^2$($\alpha=0.05$)?

参 考 文 献

[1] 同济大学应用数学系.线性代数[M].4 版.北京：高等教育出版社，2003.
[2] 吴赣昌.线性代数(经济类)[M].北京：中国人民大学出版社，2006.
[3] 戴立辉，唐晓文，任彦.线性代数[M].上海：同济大学出版社，2007.
[4] 同济大学数学系.高等数学[M].6 版.北京：高等教育出版社，2008.
[5] 顾静相.经济数学基础[M].北京：高等教育出版社，2008.
[6] 姚孟臣.高等数学[M].北京：高等教育出版社，2008.
[7] 吴赣昌.高等数学(理工类)[M].北京：中国人民大学出版社，2007.
[8] 郭建英.概率统计[M].北京：北京大学出版社，2005.
[9] 田长生.概率统计与微积分[M].北京：科学出版社，2006.
[10] 李顺初.概率统计教程[M].北京：科学出版社，2009.
[11] 耿玉霞.经济应用数学[M].北京：电子工业出版社，2007.
[12] 陈刚.经济应用数学[M].北京：高等教育出版社，2008.
[13] 谭国律.文科高等数学[M].北京：北京航空航天大学出版社，2009.
[14] 魏权龄.运筹学简明教程[M].北京：中国人民大学出版社，2004.
[15] 石辅天.高等数学(经管类)[M].大连：东北大学出版社，2006.
[16] 黄廷祝.线性代数[M].北京：高等教育出版社，2009.

附录A

t分布表

n \ α	0.20	0.15	0.10	0.05	0.025	0.01	0.005
1	1.376	1.963	3.077	6.3138	12.7062	31.8207	63.6574
2	1.061	1.386	1.8856	2.9200	4.3027	6.9646	9.9248
3	0.978	1.250	1.6377	2.3534	3.1824	4.5407	5.8409
4	0.941	1.190	1.5322	2.1318	2.7764	3.7469	4.6041
5	0.920	1.156	1.4759	2.0150	2.5706	3.3649	4.0322
6	0.906	1.134	1.4398	1.9432	2.4469	3.1427	3.7074
7	0.896	1.119	1.4149	1.8946	2.3646	2.9980	3.4995
8	0.889	1.108	1.3968	1.8595	2.3060	2.8965	3.3554
9	0.883	1.100	1.3830	1.8331	2.2622	2.8214	3.2498
10	0.879	1.093	1.3722	1.8125	2.2281	2.7638	3.1693
11	0.876	1.088	1.3634	1.7959	2.2010	2.7181	3.1058
12	0.873	1.083	1.3562	1.7823	2.1788	2.6810	3.0545
13	0.870	1.079	1.3502	1.7709	2.1604	2.6503	3.0123
14	0.868	1.076	1.3450	1.7613	2.1448	2.6245	2.9768
15	0.866	1.074	1.3406	1.7531	2.1315	2.6025	2.9467
16	0.865	1.071	1.3368	1.7459	2.1199	2.5835	2.9208
17	0.863	1.069	1.3334	1.7396	2.1098	2.5669	2.8982
18	0.862	1.067	1.3304	1.7341	2.1009	2.5524	2.8784
19	0.861	1.066	1.3277	1.7291	2.0930	2.5395	2.8609
20	0.860	1.064	1.3253	1.7247	2.0860	2.5280	2.8453
21	0.859	1.063	1.3232	1.7207	2.0796	2.5177	2.8314
22	0.858	1.061	1.3212	1.7171	2.0739	2.5088	2.8188
23	0.858	1.060	1.3195	1.7139	2.0687	2.4999	2.8073
24	0.857	1.059	1.3178	1.7109	2.0639	2.4922	2.7969
25	0.856	1.058	1.3163	1.7081	2.0595	2.4851	2.7874
26	0.856	1.058	1.3150	1.7056	2.0555	2.4786	2.7787
27	0.855	1.057	1.3137	1.7033	2.0518	2.4727	2.7707
28	0.855	1.056	1.3125	1.7011	2.0484	2.4671	2.7633
29	0.854	1.055	1.3114	1.6991	2.0452	2.4620	2.7564
30	0.854	1.055	1.3104	1.6973	2.0423	2.4573	2.7500
31	0.8535	1.0541	1.3095	1.6955	2.0395	2.4528	2.7440
32	0.8531	1.0536	1.3086	1.6939	2.0369	2.4487	2.7385
33	0.8527	1.0531	1.3077	1.6924	2.0345	2.4448	2.7333
34	0.8524	1.0526	1.3070	1.6909	2.0322	2.4411	2.7284
35	0.8521	1.0521	1.3062	1.6896	2.0301	2.4377	2.7238
36	0.8518	1.0516	1.3055	1.3055	2.0281	2.4345	2.7195
37	0.8515	1.0512	1.3049	1.3049	2.0262	2.4314	2.7154
38	0.8512	1.0508	1.3042	1.3042	2.0244	2.4286	2.7116
39	0.8510	1.0504	1.3036	1.3036	2.0227	2.4258	2.7079
40	0.8507	1.0501	1.3031	1.3031	2.0211	2.4233	2.7045

附录B

χ^2分布表

n \ α	0.995	0.99	0.975	0.95	0.90	0.10	0.05	0.025	0.01	0.005
1	0.000	0.000	0.001	0.004	0.016	2.706	3.843	5.025	6.637	7.882
2	0.010	0.020	0.051	0.103	0.211	4.605	5.992	7.378	9.210	10.597
3	0.072	0.115	0.216	0.352	0.584	6.251	7.815	9.348	11.344	12.837
4	0.207	0.297	0.484	0.711	1.064	7.779	9.488	11.143	13.277	14.860
5	0.412	0.554	0.831	1.145	1.610	9.236	11.070	12.832	15.085	16.748
6	0.676	0.872	1.237	1.635	2.204	10.645	12.592	11.440	16.812	18.548
7	0.989	1.239	1.690	2.167	2.833	12.017	14.067	16.012	18.474	20.276
8	1.344	1.646	2.180	2.733	3.490	13.362	15.507	17.534	20.090	21.954
9	1.735	2.088	2.700	3.325	4.168	14.684	16.919	19.022	21.665	23.587
10	2.156	2.558	3.247	3.940	4.865	15.987	18.307	20.483	23.209	25.188
11	2.603	3.053	3.816	4.575	5.578	17.275	19.675	21.920	27.724	26.755
12	3.074	3.571	4.404	5.226	6.304	18.549	21.026	23.337	26.217	28.300
13	3.565	4.107	5.009	5.892	7.041	19.812	22.362	24.735	27.687	29.817
14	4.075	4.660	5.629	6.571	7.790	21.064	23.685	26.119	29.141	31.319
15	4.600	5.229	6.262	7.261	8.547	22.307	24.996	27.488	30.577	32.799
16	5.142	5.812	6.908	7.962	9.312	23.542	26.296	28.845	32.000	34.267
17	5.697	6.407	7.564	8.682	10.085	24.769	27.587	30.190	33.408	35.716
18	6.265	7.015	8.231	9.390	10.865	25.989	28.869	31.526	34.805	37.156
19	6.843	7.632	8.906	10.117	11.651	27.203	30.143	32.852	36.190	38.580
20	7.434	8.260	9.591	10.851	12.443	28.412	31.140	34.170	37.556	39.997
21	8.033	8.897	10.283	11.591	13.240	29.615	32.670	35.478	38.930	41.399
22	8.643	9.542	10.982	12.338	14.402	30.813	33.924	36.781	40.289	42.706
23	9.260	10.195	11.688	13.090	14.848	32.007	35.172	38.075	41.637	44.179
24	9.886	10.856	12.401	13.848	15.659	33.196	36.415	39.364	42.980	45.558
25	10.519	11.523	13.120	14.611	16.473	34.381	37.652	40.646	44.313	46.925
26	11.160	12.198	13.844	15.379	17.292	35.563	38.885	41.923	45.642	48.290
27	11.807	12.878	14.573	16.151	18.114	36.471	40.113	43.194	46.962	49.642
28	12.461	13.565	15.308	16.928	18.939	37.916	1.337	44.461	48.278	50.993
29	13.120	14.256	16.147	17.708	19.768	39.087	42.557	45.772	49.586	52.333
30	13.787	14.954	16.791	18.493	20.599	40.256	43.773	46.979	50.892	53.672
31	14.457	15.655	17.538	19.280	21.433	41.422	44.985	48.231	52.190	55.000
32	15.134	13.632	18.291	20.072	22.271	42.585	46.194	49.480	53.486	56.328
33	15.814	17.073	19.046	20.866	23.110	43.745	47.400	50.724	54.774	57.646
34	16.501	17.789	19.806	21.664	23.952	44.903	48.602	51.966	56.061	58.964
35	17.191	18.508	20.569	22.465	24.796	46.059	49.802	53.203	57.340	60.272
36	17.887	19.233	21.336	23.269	25.643	47.212	50.998	54.437	58.619	61.581
37	18.584	19.960	22.105	24.075	26.492	48.363	52.192	55.667	59.891	62.880
38	19.289	20.691	22.878	24.884	27.343	49.513	53.384	56.896	61.162	64.181
39	19.994	21.425	23.654	25.695	28.196	50.660	54.572	58.119	62.426	65.473
40	20.706	22.164	24.433	26.509	29.050	51.805	55.758	59.432	63.691	66.766

附录C

标准正态分布表

$$\Phi(x)=\frac{1}{\sqrt{2\pi}}\int_{-\infty}^{x}e^{-\frac{t^2}{2}}dt$$

x	0.00	0.01	0.02	0.03	0.04	0.05	0.06	0.07	0.08	0.09
0.0	0.5000	0.5040	0.5080	0.5120	0.5160	0.5199	0.5239	0.5279	0.5319	0.5359
0.1	0.5398	0.5438	0.5478	0.5517	0.5557	0.5596	0.5636	0.5675	0.5714	0.5753
0.2	0.5793	0.5832	0.5871	0.5910	0.5948	0.5987	0.6026	0.6064	0.6103	0.6141
0.3	0.6179	0.6217	0.6255	0.6293	0.6331	0.6368	0.6406	0.6443	0.6480	0.6517
0.4	0.6554	0.6591	0.6628	0.6664	0.6700	0.6736	0.6772	0.6808	0.6844	0.6879
0.5	0.6915	0.6950	0.6985	0.7019	0.7054	0.7088	0.7123	0.7157	0.7190	0.7224
0.6	0.7257	0.7291	0.7324	0.7357	0.7389	0.7422	0.7454	0.7486	0.7517	0.7549
0.7	0.7580	0.7611	0.7642	0.7673	0.7703	0.7734	0.7764	0.7794	0.7823	0.7852
0.8	0.7881	0.7910	0.7939	0.7967	0.7995	0.8023	0.8051	0.8078	0.8106	0.8133
0.9	0.8159	0.8186	0.8212	0.8238	0.8264	0.8289	0.8315	0.8340	0.8365	0.8389
1.0	0.8413	0.8438	0.8461	0.8485	0.8508	0.8531	0.8554	0.8577	0.8599	0.8621
1.1	0.8643	0.8665	0.8686	0.8708	0.8729	0.8749	0.8770	0.8790	0.8810	0.8830
1.2	0.8849	0.8869	0.8888	0.8907	0.8925	0.8944	0.8962	0.8980	0.8997	0.9015
1.3	0.9032	0.9049	0.9066	0.9082	0.9099	0.9115	0.9131	0.9147	0.9162	0.9177
1.4	0.9192	0.9207	0.9222	0.9236	0.9251	0.9265	0.9278	0.9292	0.9306	0.9319
1.5	0.9332	0.9345	0.9357	0.9370	0.9382	0.9394	0.9406	0.9418	0.9430	0.9441
1.6	0.9452	0.9463	0.9474	0.9484	0.9495	0.9505	0.9515	0.9525	0.9535	0.9545
1.7	0.9554	0.9564	0.9573	0.9582	0.9591	0.9599	0.9608	0.9616	0.9625	0.9633
1.8	0.9641	0.9648	0.9656	0.9664	0.9671	0.9678	0.9686	0.9693	0.9700	0.9706
1.9	0.9713	0.9719	0.9726	0.9732	0.9738	0.9744	0.9750	0.9756	0.9762	0.9767
2.0	0.9772	0.9778	0.9783	0.9788	0.9793	0.9798	0.9803	0.9808	0.9812	0.9817
2.1	0.9821	0.9826	0.9830	0.9834	0.9838	0.9842	0.9846	0.9850	0.9854	0.9857
2.2	0.9861	0.9864	0.9868	0.9871	0.9874	0.9878	0.9881	0.9884	0.9887	0.9890
2.3	0.9893	0.9896	0.9898	0.9901	0.9904	0.9906	0.9909	0.9911	0.9913	0.9916
2.4	0.9918	0.9920	0.9922	0.9925	0.9927	0.9929	0.9931	0.9932	0.9934	0.9936
2.5	0.9938	0.9940	0.9941	0.9943	0.9945	0.9946	0.9948	0.9949	0.9951	0.9952
2.6	0.9953	0.9955	0.9956	0.9957	0.9959	0.9960	0.9961	0.9962	0.9963	0.9964
2.7	0.9965	0.9966	0.9967	0.9968	0.9969	0.9970	0.9971	0.9972	0.9973	0.9974
2.8	0.9974	0.9975	0.9976	0.9977	0.9977	0.9978	0.9979	0.9979	0.9980	0.9981
2.9	0.9981	0.9982	0.9982	0.9983	0.9984	0.9984	0.9985	0.9985	0.9986	0.9986
3.0	0.9987	0.9987	0.9987	0.9988	0.9988	0.9989	0.9989	0.9989	0.9990	0.9990
3.1	0.9990	0.9991	0.9991	0.9991	0.9992	0.9992	0.9992	0.9992	0.9993	0.9993
3.2	0.9993	0.9993	0.9994	0.9994	0.9994	0.9994	0.9994	0.9995	0.9995	0.9995
3.3	0.9995	0.9995	0.9995	0.9996	0.9996	0.9996	0.9996	0.9996	0.9996	0.9997
3.4	0.9997	0.9997	0.9997	0.9997	0.9997	0.9997	0.9997	0.9997	0.9997	0.9998

附录D

泊松分布表

$$P(X \leqslant x) = \sum_{k=0}^{x} \frac{\lambda^k e^{-\lambda}}{k!}$$

x	λ								
	0.1	0.2	0.3	0.4	0.5	0.6	0.7	0.8	0.9
0	0.9048	0.8187	0.7408	0.6730	0.6065	0.5488	0.4966	0.4493	0.4066
1	0.9953	0.9825	0.9631	0.9384	0.9098	0.8781	0.8422	0.8088	0.7725
2	0.9998	0.9989	0.9964	0.9921	0.9856	0.9769	0.9659	0.9526	0.9371
3	1.0000	0.9999	0.9997	0.9992	0.9982	0.9966	0.9942	0.9909	0.9865
4		1.0000	1.0000	0.9999	0.9998	0.9996	0.9992	0.9986	0.9977
5				1.0000	1.0000	1.0000	0.9999	0.9998	0.9997
6							1.0000	1.0000	1.0000

x	λ								
	1.0	1.5	2.0	2.5	3.0	3.5	4.0	4.5	5.0
0	0.3679	0.2231	0.1353	0.0821	0.0498	0.0302	0.0183	0.0111	0.0067
1	0.7358	0.5578	0.4060	0.2873	0.1991	0.1359	0.0916	0.0611	0.0404
2	0.9197	0.8088	0.6767	0.5438	0.4232	0.3208	0.2381	0.1736	0.1247
3	0.9810	0.9344	0.857	0.7576	0.6472	0.5366	0.4335	0.3423	0.2650
4	0.9963	0.9814	0.9473	0.8912	0.8153	0.7254	0.6288	0.5321	0.4405
5	0.9994	0.9955	0.9834	0.9580	0.9161	0.8576	0.7851	0.7029	0.6160
6	0.9999	0.9991	0.9955	0.9858	0.9665	0.9347	0.8893	0.8311	0.7622
7	1.0000	0.9998	0.9989	0.9958	0.9881	0.9733	0.9489	0.9134	0.8666
8		1.0000	0.9998	0.9989	0.9962	0.9901	0.9786	0.9597	0.9319
9			1.0000	0.9997	0.9989	0.9967	0.9919	0.9829	0.9682
10				0.9999	0.9997	0.9990	0.9972	0.9933	0.9863
11				1.0000	0.9999	0.9997	0.9991	0.9976	0.9945
12					1.0000	0.9999	0.9997	0.9992	0.9980

续表

x	λ								
	5.5	6.0	6.5	7.0	7.5	8.0	8.5	9.0	9.5
0	0.0041	0.0025	0.0015	0.0009	0.0006	0.0003	0.0002	0.0001	0.0001
1	0.0266	0.0174	0.0113	0.0073	0.0047	0.0030	0.0019	0.0012	0.0008
2	0.0884	0.0620	0.0430	0.0296	0.20203	0.0138	0.0093	0.0062	0.0042
3	0.2017	0.1512	0.1118	0.0818	0.0591	0.0424	0.0301	0.0212	0.0149
4	0.3575	0.2851	0.2237	0.1730	0.1321	0.0996	0.0744	0.0550	0.0403
5	0.5289	0.4457	0.3690	0.3007	0.2414	0.1912	0.1496	0.1157	0.0885
6	0.6860	0.6063	0.5265	0.4497	0.3782	0.3134	0.2562	0.2068	0.1649
7	0.8095	0.7440	0.6728	0.5987	0.5246	0.453	0.3856	0.3239	0.2687
8	0.8944	0.8472	0.7916	0.7291	0.6620	0.5925	0.5231	0.4457	0.3918
9	0.9462	0.9161	0.8774	0.8305	0.7764	0.7166	0.6530	0.5874	0.5218
10	0.9747	0.9574	0.9332	0.9015	0.8622	0.8159	0.7634	0.7060	0.6453
11	0.9890	09\.9799	0.9661	0.94666	0.9208	0.8881	0.8487	0.8030	0.7520
12	0.9955	0.9912	0.9840	0.9730	0.9573	0.9362	0.9091	0.8758	0.8364
13	0.9983	0.9964	0.9929	0.9872	0.9784	0.9658	0.9486	0.9261	0.8981
14	0.9994	0.9986	0.9970	0.9943	0.9897	0.9827	0.9726	0.9585	0.9400
15	0.9998	0.9995	0.9988	0.9976	0.9954	0.9918	0.9862	0.9780	0.9665
16	0.9999	0.9998	0.9996	0.9990	0.9980	0.9963	0.9934	0.9889	0.9823
17	1.0000	0.9999	0.9998	0.9996	0.9992	0.9984	0.9970	0.9947	0.9911
18		1.0000	0.9999	0.9999	0.9997	0.9994	0.9987	0.9976	0.9957
19			1.0000	1.0000	0.9999	0.9997	0.9995	0.9989	0.9980
20					1.0000	0.9999	0.9998	0.9996	0.9991

x	λ								
	10.0	11.0	12.0	13.0	14.0	15.0	16.0	17.0	18.0
0	0.0000	0.0000	0.0000						
1	0.0005	0.0002	0.0001	0.0000	0.0000				
2	0.0028	0.0012	0.0005	0.0002	0.0001	0.0000	0.0000		
3	0.0103	0.0049	0.0023	0.0011	0.0005	0.0002	0.0001	0.0000	0.0000
4	0.0293	0.0151	0.0076	0.0037	0.0018	0.0009	0.0004	0.0002	0.0001
5	0.0671	0.0375	0.0203	0.0107	0.0055	0.0028	0.0014	0.0007	0.0003
6	0.1301	0.0786	0.0458	0.0259	0.0142	0.0076	0.0040	0.0021	0.0010
7	0.2202	0.1432	0.0895	0.0540	0.0316	0.0180	0.0100	0.0054	0.0029
8	0.3328	0.2320	0.1550	0.0998	0.0621	0.0374	0.0220	0.0126	0.0071
9	0.4579	0.3405	0.2424	0.1658	0.1094	0.0699	0.0433	0.0261	0.0154
10	0.5830	0.4599	0.3472	0.2517	0.1757	0.1185	0.0774	0.0491	0.0304
11	0.6968	0.5793	0.4616	0.3532	0.2600	0.1848	0.1270	0.0847	0.0549

续表

x	λ								
	10.0	11.0	12.0	13.0	14.0	15.0	16.0	17.0	18.0
12	0.7916	0.6887	0.5760	0.4631	0.3585	0.2676	0.1931	0.1350	0.0917
13	0.8645	0.7813	0.6815	0.5730	0.4644	0.3632	0.2745	0.2009	0.1426
14	0.9165	0.8540	0.7720	0.6751	0.5704	0.4657	0.3675	0.2808	0.2081
15	0.9513	0.9074	0.8444	0.7636	0.6694	0.5681	0.4667	0.3715	0.2867
16	0.9730	0.9441	0.8987	0.8355	0.7559	0.6641	0.5660	0.4677	0.3751
17	0.9857	0.9678	0.9370	0.8905	0.8272	0.7489	0.6593	0.5640	0.4686
18	0.9928	0.9823	0.9626	0.9302	0.8826	0.8195	0.7423	0.6550	0.5622
19	0.9965	0.9907	0.9787	0.9573	0.9235	0.8752	0.8122	0.7363	0.6509
20	0.9984	0.9953	0.9884	0.9750	0.9521	0.9170	0.8682	0.8055	0.7307
21	0.9993	0.9977	0.9939	0.9859	0.9712	0.9469	0.9108	0.8615	0.7991
22	0.9997	0.9990	0.9970	0.9924	0.9833	0.9673	0.9418	0.9047	0.8551
23	0.9999	0.9995	0.9985	0.9960	0.9907	0.9805	0.9633	0.9367	0.8989
24	1.0000	0.9998	0.9993	0.9980	0.9950	0.9888	0.9777	0.9594	0.9317
25		0.9999	0.9997	0.9990	0.9974	0.9938	0.9869	0.9748	0.9554
26		1.0000	0.9999	0.9995	0.9987	0.9967	0.9925	0.9848	0.9718
27			0.9999	0.9998	0.9994	0.9983	0.9959	0.9912	0.9827
28			1.0000	0.9999	0.9997	0.9991	0.9978	0.9950	0.9897
29				1.0000	0.9999	0.9996	0.9989	0.9973	0.9941
30					0.9999	0.9998	0.9994	0.9986	0.9967
31					1.0000	0.9999	0.9997	0.9993	0.9982
32						1.0000	0.9999	0.9996	0.9990
33							0.9999	0.9998	0.9995
34							1.0000	0.9999	0.9998
35								1.0000	0.9999
36									0.9999
37									1.0000

附录E

习题答案

习题 1-1

1. (1) 0 (2) 3

   (3) $\tau(13\cdots(2n-1)24\cdots2n)=\frac{1}{2}n(n-1)$

   (4) $\tau(13\cdots(2n-1)(2n)(2n-2)\cdots2)=n(n-1)$

2. (1) 10,偶排列 (2) 18,偶排列 (3) 36,偶排列

习题 1-2

1. (1) -2 (2) -2 (3) 6
2. $x_1=2,x_2=1$
3. (1) -14 (2) 120 (3) $3abc-a^3-b^3-c^3$ (4) $(a-b)(b-c)(c-a)$

习题 1-3

(1) 正号 (2) 负号

习题 1-4

1. (1) 0 (2) 0 (3) 0 (4) 96 (5) 0 (6) 0
2. (1) -21 (2) 48

*3. 证明略

习题 1-5

1. (1) -156 (2) 0 (3) $2x^6-24x^2$ (4) $-2(x^3+y^3)$ (5) 9 (6) -21 (7) 0
2. $x_1=x_2=0,x_3=2,x_4=-2$

*3. (1) $[x+(n-1)a](x-a)^{n-1}$ (2) $\prod\limits_{0\leqslant i<j\leqslant n}(j-i)$ (3) $\prod\limits_{k=1}^{n}(k!)$

习题 1-6

1. (1) $x_1=\frac{4}{3}, x_2=\frac{-11}{3}, x_3=-2$

   (2) $x_1=1, x_2=1, x_3=1, x_4=1$

2. 当 $\lambda=1$ 或 $\lambda=-1$ 时,方程组有非零解

习题 2-2

1. $a=0, b=3, c=2, d=-5$

2. (1) $\begin{pmatrix}3 & 0\\1 & -2\end{pmatrix}$ (2) $\begin{pmatrix} & 8 & 5\\-11 & 6\end{pmatrix}$ (3) $\begin{pmatrix}35\\6\\49\end{pmatrix}$ (4) (10)

   (5) $\begin{pmatrix}-2 & 4\\-1 & 2\\-3 & 6\end{pmatrix}$ (6) $\begin{pmatrix}6 & -7 & 8\\20 & -5 & -6\end{pmatrix}$ (7) $\begin{pmatrix}-15 & -31\\9 & 17\end{pmatrix}$

   (8) $\begin{pmatrix}9 & -2 & -1\\9 & 9 & 11\end{pmatrix}$ (9) $\begin{pmatrix}2 & 3 & 1\\8 & -2 & 9\\-4 & -6 & 6\end{pmatrix}$

   (10) $a_{11}x_1^2+a_{22}x_2^2+a_{33}x_3^2+2a_{12}x_1x_2+2a_{13}x_1x_3+2a_{23}x_2x_3$

3. (1) $\boldsymbol{AB}\neq\boldsymbol{BA}$ (2) $(\boldsymbol{A}+\boldsymbol{B})^2\neq\boldsymbol{A}^2+2\boldsymbol{AB}+\boldsymbol{B}^2$ (3) $(\boldsymbol{A}+\boldsymbol{B})(\boldsymbol{A}-\boldsymbol{B})\neq\boldsymbol{A}^2-\boldsymbol{B}^2$
4. 提示:用数学归纳法
5. 证明略
6. 证明略

习题 2-3

1. $\begin{pmatrix}1 & 2 & 3 & 2 & -1\\0 & 0 & 1 & 3 & 1\\0 & 0 & 0 & 2 & 4\end{pmatrix}$, $\begin{pmatrix}1 & 2 & 0 & 0 & 10\\0 & 0 & 1 & 0 & -5\\0 & 0 & 0 & 1 & 2\end{pmatrix}$

2. (1) $\begin{pmatrix}1 & 0 & 0 & 0\\0 & 0 & 1 & 0\\0 & 0 & 0 & 1\end{pmatrix}$ (2) $\begin{pmatrix}0 & 1 & 0 & 5\\0 & 0 & 1 & 3\\0 & 0 & 0 & 0\end{pmatrix}$

   (3) $\begin{pmatrix}1 & -1 & 0 & 2 & -3\\0 & 0 & 1 & -2 & 2\\0 & 0 & 0 & 0 & 0\\0 & 0 & 0 & 0 & 0\end{pmatrix}$ (4) $\begin{pmatrix}1 & 0 & 2 & 0 & -2\\0 & 1 & -1 & 0 & 3\\0 & 0 & 0 & 1 & 4\\0 & 0 & 0 & 0 & 0\end{pmatrix}$

习题 2-4

1. (1) $\begin{pmatrix} 5 & -2 \\ -2 & 1 \end{pmatrix}$　(2) $\begin{pmatrix} \cos\theta & \sin\theta \\ -\sin\theta & \cos\theta \end{pmatrix}$

(3) $\begin{pmatrix} -2 & 1 & 0 \\ -\frac{13}{2} & 3 & -\frac{1}{2} \\ -16 & 7 & -1 \end{pmatrix}$　(4) $\begin{pmatrix} \frac{1}{a_1} & & & \boldsymbol{O} \\ & \frac{1}{a_2} & & \\ & & \ddots & \\ \boldsymbol{O} & & & \frac{1}{a_n} \end{pmatrix}$

2. (1) $\begin{pmatrix} 2 & -23 \\ 0 & 8 \end{pmatrix}$　(2) $\begin{pmatrix} -2 & 2 & 1 \\ -\frac{8}{3} & 5 & -\frac{2}{3} \end{pmatrix}$

(3) $\begin{pmatrix} 1 & 1 \\ \frac{1}{4} & 0 \end{pmatrix}$　(4) $\begin{pmatrix} 2 & -1 & 0 \\ 1 & 3 & -4 \\ 1 & 0 & -2 \end{pmatrix}$

3. 证明略
4. 证明略
5. -2
6. 证明略
7. 证明略
8. $\begin{pmatrix} 0 & 3 & 3 \\ -1 & 2 & 3 \\ 1 & 1 & 0 \end{pmatrix}$
9. $\begin{pmatrix} 2 & 0 & 1 \\ 0 & 3 & 0 \\ 1 & 0 & 2 \end{pmatrix}$

习题 2-5

1. (1) 2　(2) 2　(3) 3　(4) 3
2. $r(\boldsymbol{A})=3$，$\boldsymbol{A}$ 是满秩矩阵

* 习题 2-6

1. $\begin{pmatrix} 1 & 2 & 5 & 2 \\ 0 & 1 & 2 & -4 \\ 0 & 0 & -4 & 3 \\ 0 & 0 & 0 & -9 \end{pmatrix}$

2. 证明略

3. $|\boldsymbol{A}^8|=10^{16}$，$\boldsymbol{A}^4=\begin{pmatrix} 5^4 & 0 & & \\ 0 & 5^4 & & \\ & & 2^4 & 0 \\ & & 2^6 & 2^4 \end{pmatrix}$（左上、右下以外为 $\boldsymbol{O}$）

4. $\begin{pmatrix} \boldsymbol{O} & \boldsymbol{A} \\ \boldsymbol{B} & \boldsymbol{O} \end{pmatrix}^{-1}=\begin{pmatrix} \boldsymbol{O} & \boldsymbol{B}^{-1} \\ \boldsymbol{A}^{-1} & \boldsymbol{O} \end{pmatrix}$

5. (1) $\begin{pmatrix} 1 & -2 & 0 & 0 \\ -2 & 5 & 0 & 0 \\ 0 & 0 & 2 & -3 \\ 0 & 0 & -5 & 8 \end{pmatrix}$

(2) $\dfrac{1}{24}\begin{pmatrix} 24 & & & \\ -12 & 12 & & \\ -12 & -4 & 8 & \\ 3 & -5 & -2 & 6 \end{pmatrix}$

习题 2-7

1. (1) $x=y=z=0$

(2) $\begin{cases} x=\dfrac{1}{2}z \\ y=\dfrac{1}{2}z \end{cases}$ （z 为自由未知量）

2. (1) 无解

(2) $\begin{cases} x_1=1 \\ x_2=0 \\ x_3=-1 \\ x_4=-2 \end{cases}$

3. (1) 当 $\lambda=-2$ 时有无穷多解；当 $\lambda\neq-2$ 时有唯一解

(2) 当 $a=0$ 时，方程组有解，解为$\begin{cases} x_1=-2+x_3+5x_4 \\ x_2=3-2x_3-6x_4 \end{cases}$ （x_3，x_4 为自由未知量）

习题 3-1

1. $(0,-1,1,-3)$，$(-10,-2,0,-8)$，$\begin{pmatrix} 0 \\ 1 \\ -1 \\ 3 \end{pmatrix}$，$\begin{pmatrix} 10 \\ 2 \\ 0 \\ 8 \end{pmatrix}$，$(10,1,1,5)$，$(30,8,-2,30)$

2. $(7,2,-7,-2)$

3. $\boldsymbol{A}$ 的行向量：$(1,1,3,4)$，$(0,-1,1,3)$，$(2,1,-1,1)$

$\boldsymbol{A}$ 的列向量：$\begin{pmatrix}1\\0\\2\end{pmatrix}$，$\begin{pmatrix}1\\-1\\1\end{pmatrix}$，$\begin{pmatrix}3\\1\\-1\end{pmatrix}$，$\begin{pmatrix}4\\3\\1\end{pmatrix}$

4. $k=2$

5. $k=3$

习题 3-2

1. 略
2. 略
3. 线性无关
4. (1) 当 $a=-1$，或 $a=0$，或 $a=1$ 时，向量组线性相关

   (2) 当 $a\neq-1$，且 $a\neq0$，且 $a\neq1$ 时，向量组线性无关
5. (1) $\boldsymbol{\alpha}_1,\boldsymbol{\alpha}_2$ 线性无关　(2) $\boldsymbol{\alpha}_1,\boldsymbol{\alpha}_2,\boldsymbol{\alpha}_3$ 线性相关
6. (1) 当 $t=5$ 时，向量组线性相关　(2) 当 $t\neq5$ 时，向量组线性无关

习题 3-3

1. (1) 线性相关　(2) 线性相关
2. (1) 当 $\lambda\neq2$ 且 $\lambda\neq-2$ 时，向量组线性无关

   当 $\lambda=2$ 或 $\lambda=-2$ 时，向量组线性相关

   (2) 当 $\lambda=2$ 时，$\boldsymbol{\alpha}_3$ 能由 $\boldsymbol{\alpha}_1,\boldsymbol{\alpha}_2$ 线性表示

   当 $\lambda=-2$ 时，$\boldsymbol{\alpha}_3$ 不能由 $\boldsymbol{\alpha}_1,\boldsymbol{\alpha}_2$ 线性表示

   当 $\lambda\neq2$ 且 $\lambda\neq-2$ 时，$\boldsymbol{\alpha}_3$ 不能由 $\boldsymbol{\alpha}_1,\boldsymbol{\alpha}_2$ 线性表示
3. (1) 秩为 4，$\boldsymbol{\alpha}_1,\boldsymbol{\alpha}_2,\boldsymbol{\alpha}_3,\boldsymbol{\alpha}_4$ 为所求的一个极大线性无关组

   (2) 秩为 3，$\boldsymbol{\alpha}_1,\boldsymbol{\alpha}_2,\boldsymbol{\alpha}_4$ 为所求的一个极大线性无关组

习题 3-4

1. (1) 基础解系为

$$\boldsymbol{X}_1=\begin{pmatrix}\frac{2}{7}\\\frac{5}{7}\\1\\0\end{pmatrix},\quad \boldsymbol{X}_2=\begin{pmatrix}\frac{3}{7}\\\frac{4}{7}\\0\\1\end{pmatrix}$$

全部解为

$$\boldsymbol{X}=C_1\boldsymbol{X}_1+C_2\boldsymbol{X}_2=C_1\begin{pmatrix}\frac{2}{7}\\\frac{5}{7}\\1\\0\end{pmatrix}+c_2\begin{pmatrix}\frac{3}{7}\\\frac{4}{7}\\0\\1\end{pmatrix}\quad(C_1,C_2\text{ 为任意常数})$$

（2）基础解系为

$$\boldsymbol{X}_1=\begin{pmatrix}-2\\1\\1\\0\\0\end{pmatrix},\quad \boldsymbol{X}_2=\begin{pmatrix}-1\\-3\\0\\1\\0\end{pmatrix},\quad \boldsymbol{X}_3=\begin{pmatrix}2\\1\\0\\0\\1\end{pmatrix}$$

全部解为

$$\boldsymbol{X}=C_1\boldsymbol{X}_1+C_2\boldsymbol{X}_2+C_3\boldsymbol{X}_3=C_1\begin{pmatrix}-2\\1\\1\\0\\0\end{pmatrix}+C_2\begin{pmatrix}-1\\-3\\0\\1\\0\end{pmatrix}+C_3\begin{pmatrix}2\\1\\0\\0\\1\end{pmatrix}\quad(C_1,C_2,C_3\text{ 为任意常数})$$

2.（1）全部解为

$$\begin{pmatrix}x_1\\x_2\\x_3\\x_4\\x_5\end{pmatrix}=\begin{pmatrix}-\frac{8}{3}\\\frac{40}{3}\\-\frac{11}{3}\\0\\0\end{pmatrix}+C_1\begin{pmatrix}0\\-1\\0\\1\\0\end{pmatrix}+C_2\begin{pmatrix}0\\-5\\4\\0\\1\end{pmatrix}\quad(C_1,C_2\text{ 为任意常数})$$

（2）全部解为

$$\begin{pmatrix}x_1\\x_2\\x_3\\x_4\\x_5\end{pmatrix}=\begin{pmatrix}6\\-4\\0\\0\\0\end{pmatrix}+C_1\begin{pmatrix}-2\\1\\1\\0\\0\end{pmatrix}+C_2\begin{pmatrix}-2\\1\\0\\1\\0\end{pmatrix}+C_3\begin{pmatrix}-6\\5\\0\\0\\1\end{pmatrix}\quad(C_1,C_2,C_3\text{ 为任意常数})$$

（3）全部解为

$$\begin{pmatrix}x_1\\x_2\\x_3\\x_4\end{pmatrix}=\begin{pmatrix}-7\\0\\0\\3\end{pmatrix}+C_1\begin{pmatrix}-2\\1\\0\\0\end{pmatrix}+C_2\begin{pmatrix}1\\0\\1\\0\end{pmatrix}\quad(C_1,C_2\text{ 为任意常数})$$

习题 4-1

1. $\lambda=-2, \boldsymbol{c}=(-2\quad 2\quad -1)^{\mathrm{T}}$

2. $\boldsymbol{\beta}_1=\begin{pmatrix}1\\1\\1\end{pmatrix}, \boldsymbol{\beta}_2=\begin{pmatrix}-1\\0\\1\end{pmatrix}, \boldsymbol{\beta}_3=\frac{1}{3}\begin{pmatrix}1\\-2\\1\end{pmatrix}$

3. (1) 不是　(2) 是

习题 4-2

1. (1) $\lambda_1=\lambda_2=1, \lambda_3=2$

$$\boldsymbol{p}_1=\begin{pmatrix}-1\\-2\\1\end{pmatrix},\quad \boldsymbol{p}_2=\begin{pmatrix}0\\0\\1\end{pmatrix}$$

(2) $\lambda_1=\lambda_2=2, \lambda_3=-1$

$$\boldsymbol{p}_1=\begin{pmatrix}0\\1\\-1\end{pmatrix},\quad \boldsymbol{p}_2=\begin{pmatrix}1\\0\\4\end{pmatrix},\quad \boldsymbol{p}_3=\begin{pmatrix}1\\0\\1\end{pmatrix}$$

(3) $\lambda_1=\lambda_2=\lambda_3=-1$

$$\boldsymbol{p}=\begin{pmatrix}1\\1\\-1\end{pmatrix}$$

2. 3,2,3

3. 25

习题 4-3

1. $x=-1$　　　　2. $x=3$

习题 4-4

1. $\boldsymbol{P}=\begin{pmatrix}-\frac{1}{\sqrt{3}} & -\frac{1}{\sqrt{2}} & \frac{1}{\sqrt{6}}\\ -\frac{1}{\sqrt{3}} & \frac{1}{\sqrt{2}} & \frac{1}{\sqrt{6}}\\ \frac{1}{\sqrt{3}} & 0 & \frac{2}{\sqrt{6}}\end{pmatrix}, \boldsymbol{P}^{-1}\boldsymbol{A}\boldsymbol{P}=\boldsymbol{P}^{\mathrm{T}}\boldsymbol{A}\boldsymbol{P}=\begin{pmatrix}-2 & & \\ & 1 & \\ & & 1\end{pmatrix}=\boldsymbol{\Lambda}$

2. $\boldsymbol{P}=\frac{1}{3}\begin{pmatrix}1 & 2 & 2\\ 2 & 1 & -2\\ 2 & -2 & 1\end{pmatrix}, \boldsymbol{P}^{-1}\boldsymbol{A}\boldsymbol{P}=\boldsymbol{P}^{\mathrm{T}}\boldsymbol{A}\boldsymbol{P}=\begin{pmatrix}-2 & & \\ & 1 & \\ & & 4\end{pmatrix}=\boldsymbol{\Lambda}$

习题 4-5

1. (1) $f=(x_1\quad x_2\quad x_3)\begin{pmatrix}1&2&1\\2&4&2\\1&2&1\end{pmatrix}\begin{pmatrix}x_1\\x_2\\x_3\end{pmatrix}$

(2) $f=(x_1\quad x_2\quad x_3)\begin{pmatrix}1&-1&0\\-1&1&3\\0&3&1\end{pmatrix}\begin{pmatrix}x_1\\x_2\\x_3\end{pmatrix}$

2. $f=y_1^2+2y_2^2+5y_3^2$

习题 4-6

(1) $f(x)=f(\boldsymbol{C}y)=y_1^2+y_2^2-y_3^2,\boldsymbol{C}=\begin{pmatrix}1&-\frac{1}{\sqrt{2}}&3\\0&\frac{1}{\sqrt{2}}&-1\\0&0&1\end{pmatrix}$

(2) $f(x)=f(\boldsymbol{C}y)=y_1^2-y_2^2+y_3^2,\boldsymbol{C}=\begin{pmatrix}1&1&-1\\0&1&0\\0&-1&1\end{pmatrix}$

(3) $f(x)=f(\boldsymbol{C}y)=y_1^2+y_2^2+y_3^2,\boldsymbol{C}=\frac{1}{\sqrt{2}}\begin{pmatrix}1&-1&-1\\0&2&2\\0&0&1\end{pmatrix}$

习题 4-7

(1) f 为负定　　　　(2) f 为正定

习题 5-1

(1) $x_1=2250,x_2=1000,x_3=1000$

(2) $y_1=975,y_2=575,y_3=50$

(3) $(x_{ij})_{3\times3}=\begin{pmatrix}675&200&400\\225&100&100\\450&200&300\end{pmatrix}$

习题 5-2

1. (1) $\max S=2x_1+x_2+0x_3+0x_4+0x_5$

$$\text{s.t.}\begin{cases}3x_1+x_2-x_3=3\\4x_1+3x_2-x_4=6\\x_1+2x_2+x_5=3\\x_j\geqslant 0\quad (j=1,2,3,4,5)\end{cases}$$

(2) $\max S=2x_1-5x_2-x_3+x_5+0x_6+0x_7$

$$\text{s.t.}\begin{cases}9x_1+5x_2+x_6=14\\x_1+3x_2-2x_4+2x_5=2\\8x_1-x_2+4x_4-4x_5-x_7=0\\x_j\geqslant 0\quad (j=1,2,4,5,6,7)\end{cases}$$

2. (1) 无最优解(有可行解,但无最优解)

(2) 最优解：$X=a\,(3\quad 0)^{\mathrm{T}}+(1-a)\left(\frac{5}{2}\quad \frac{3}{2}\right)^{\mathrm{T}}(0\leqslant a\leqslant 1)$,最优值：$S=9$

习题 5-3

(1) 最优解：$X=(2\quad 3\quad 0\quad 0)^{\mathrm{T}}$,最优值：$S=19$

(2) 最优解：$X=(2\quad 4\quad 3\quad 0\quad 0)^{\mathrm{T}}$,最优值：$S=14$

(3) 最优解：$X=a\,(1\quad 3)^{\mathrm{T}}+(1-a)(3\quad 1)^{\mathrm{T}}(0\leqslant a\leqslant 1)$,最优值：$S=4$

习题 6-1

1. (1) $S=\{1,2,3,4,5,6\}$,$A=\{2,4,6\}$

(2) $S=\{(1,2),(1,3),(1,4),(2,1),(2,3),(2,4),$
$(3,1),(3,2),(3,4),(4,1),(4,2),(4,3)\}$
$A=\{(3,1),(3,2),(3,4)\}$

(3) 设乘客候车时间为 t,则 $S=\{t\in[0,10]\}$,$A=\{t\in[0,6)\}$

(4) 设 X 为灯泡的寿命,则 $S=\{X\in[0,+\infty)\}$, $A=\{X\in[2000,2500]\}$

2. (1) $A\cup B=S$ (2) $AB=\varnothing$

(3) $A\cup B$ 为必然事件,AB 为不可能事件

3. (1) $\overline{A}B=\{5\}$ (2) $\overline{A}\cup B=\{1,3,4,5,6,7,8,9,10\}$或 $\overline{A}\cup B=S-\{2\}$

(3) $\overline{\overline{A}\overline{B}}=AB=\{3,4\}$

(4) $\overline{ABC}=S$

4. (1) $A\overline{B}\overline{C}$ (2) ABC (3) $A+B+C$(或 $A\cup B\cup C$)

(4) $AB+BC+CA$(或 $AB\cup BC\cup CA$)

(5) $A\overline{B}\overline{C}+\overline{A}B\overline{C}+\overline{A}\overline{B}C$ (6) $\overline{A}\overline{B}+\overline{B}\overline{C}+\overline{C}\overline{A}$ (7) $\overline{A}+\overline{B}+\overline{C}$

习题 6-2

1. 0.0113

2. $\frac{8}{19}$

3. $\frac{8}{25}$

4. (1) $\frac{1}{12}$ (2) $\frac{1}{20}$

5. (1) $\frac{28}{45}$ (2) $\frac{16}{45}$ (3) $\frac{44}{45}$

6. 0.1,0.3

7. (1) 0.6,0.4 (2) 0.6 (3) 0.4 (4) 0.2,0 (5) 0.4

习题 6-3

1. 0.4,0.3

2. (1) 0.25 (2) $\frac{1}{3}$

3. (1) $\frac{28}{45}$ (2) $\frac{16}{45}$ (3) $\frac{1}{45}$ (4) $\frac{1}{5}$

4. $\frac{3}{10}$,$\frac{3}{5}$

5. 0.145

6. $\frac{20}{21}$

7. (1) $\frac{2}{5}$ (2) 0.4856

习题 6-4

1. $p+q-pq$,$1-q+pq$,$1-pq$

2. $\frac{2}{3}$,$\frac{2}{3}$

3. (1) 0.72 (2) 0.98 (3) 0.26

4. 0.994

习题 7-2

1. (1) 是 (2) 不是 (3) 是 (4) 不是

2. (1) 0.9 (2) 0.6 (3) 0.8

3. $\begin{pmatrix} 0 & 1 & 2 \\ \frac{22}{35} & \frac{12}{35} & \frac{1}{35} \end{pmatrix}$

4. (1) 0.0729 (2) 0.00856 (3) 0.99954

5. $\frac{15}{64}$

6. (1) $\frac{4^8 e^{-4}}{8!}=0.0298$　(2) $1-\sum_{k=0}^{3}\frac{4^k e^{-4}}{k!}=0.5665$

习题 7-3

1. (1) $F(x)=\begin{cases}0 & x<0\\ 0.4 & 0\leqslant x<1\\ 0.5 & 1\leqslant x<2\\ 1 & x\geqslant 2\end{cases}$

(2) 0.5,0.5,0.6

2. $\begin{pmatrix}0 & 1 & 2\\ 0.1 & 0.6 & 0.3\end{pmatrix}$　$F(x)=\begin{cases}0 & x<0\\ 0.1 & 0\leqslant x<1\\ 0.7 & 1\leqslant x<2\\ 1 & x\geqslant 2\end{cases}$

3. $\begin{pmatrix}-1 & 0 & 1\\ 0.4 & 0.4 & 0.2\end{pmatrix}$

4. (1) $a=\frac{1}{6},b=\frac{5}{6}$　(2) $\begin{pmatrix}-1 & 1 & 2\\ \frac{1}{6} & \frac{1}{3} & \frac{1}{2}\end{pmatrix}$

习题 7-4

1. (1) $A=1$　(2) $\frac{1}{4},\frac{8}{9},\frac{24}{25}$　(3) $f(x)=\begin{cases}2x & 0\leqslant x<1\\ 0 & \text{其他}\end{cases}$

2. (1) $1-e^{-3},e^{-1.5}$　(2) $f(x)=\begin{cases}e^{-x} & x>0\\ 0 & x\leqslant 0\end{cases}$

3. (1) $F(x)=\begin{cases}0 & x<0\\ \frac{x^2}{2} & 0\leqslant x<1\\ 2x-\frac{x^2}{2}-1 & 1\leqslant x<2\\ 1 & x\geqslant 2\end{cases}$

(2) 0.125,0.125

*4. $\frac{232}{243}$

5. (1) 0.6915　(2) 0.5328　(3) 0.5　(4) 0.6977　(5) 0.4772

6. 0.8

7. 0.2

习题 7-5

1. $\begin{pmatrix} 0 & 1 & 4 \\ 0.3 & 0.3 & 0.4 \end{pmatrix}$

2. $f_Y(y)=\begin{cases} \dfrac{3(y-1)^2}{8} & 1<y<3 \\ 0 & \text{其他} \end{cases}$

3. $f_Y(y)=\begin{cases} \dfrac{30}{(y+1)^2} & y\geqslant 29 \\ 0 & y<29 \end{cases}$

4. $f_Y(y)=\begin{cases} \dfrac{1}{\sqrt{\pi y}} & \dfrac{25\pi}{4}<y<9\pi \\ 0 & \text{其他} \end{cases}$

习题 8-1

1. $a=\dfrac{11}{48}$

2. (1)

X \ Y	0	1
0	$\frac{16}{49}$	$\frac{12}{49}$
1	$\frac{12}{49}$	$\frac{9}{49}$

(2)

X \ Y	0	1
0	$\frac{12}{42}$	$\frac{12}{42}$
1	$\frac{12}{42}$	$\frac{6}{42}$

3. (1)

X \ Y	1	3
0	0	$\frac{1}{8}$
1	$\frac{3}{8}$	0
2	$\frac{3}{8}$	0
3	0	$\frac{1}{8}$

(2) $\dfrac{3}{8}$，$\dfrac{7}{8}$

4. (1) $k=1$ (2) $\dfrac{5}{12}$

5. (1) $k=\dfrac{1}{8}$ (2) $\dfrac{3}{8}$ (3) $\dfrac{2}{3}$

习题 8-2

1. (1) $c=\frac{24}{5}$

(2) $f_X(x)=\int_{-\infty}^{\infty}f(x,y)\mathrm{d}y=\begin{cases}\int_0^x \frac{24y}{5}(2-x)\mathrm{d}y=\frac{12x^2}{5}(2-x) & 0\leqslant x\leqslant 1\\ 0 & \text{其他}\end{cases}$

$f_Y(y)=\int_{-\infty}^{\infty}f(x,y)\mathrm{d}x=\begin{cases}\int_y^1 \frac{24y}{5}(2-x)\mathrm{d}x=\frac{24}{5}y\left(\frac{3}{2}-2y+\frac{y^2}{2}\right) & 0\leqslant y\leqslant 1\\ 0 & \text{其他}\end{cases}$

2. (1) $c=12$ (2) $(1-\mathrm{e}^{-3})(1-\mathrm{e}^{-8})$

(3) $f_X(x)=\int_{-\infty}^{\infty}f(x,y)\mathrm{d}y=\begin{cases}\int_0^{\infty}12\mathrm{e}^{-(3x+4y)}\mathrm{d}y=3\mathrm{e}^{-3x} & x\geqslant 0\\ 0 & x<0\end{cases}$

$f_Y(y)=\int_{-\infty}^{\infty}f(x,y)\mathrm{d}x=\begin{cases}\int_0^{\infty}12\mathrm{e}^{-(3x+4y)}\mathrm{d}x=4\mathrm{e}^{-4y} & y\geqslant 0\\ 0 & y<0\end{cases}$

习题 8-3

1. $a=\frac{1}{18},b=\frac{2}{9}$

2. $\frac{5}{9},\frac{2}{9}$

*3. (1) X 与 Y 相互独立

(2) $f_{Y|X}(y|x)=\begin{cases}3y^2 & 0<y<1\\ 0 & \text{其他}\end{cases}$

$f_{X|Y}(x|y)=\begin{cases}2x & 0<x<1\\ 0 & \text{其他}\end{cases}$

*4. $1-0.3^5$

5. (1) $f_X(x)=\begin{cases}\frac{1}{3}\mathrm{e}^{-3x} & x>0\\ 0 & x\leqslant 0\end{cases}$

$f_Y(y)=\begin{cases}y\mathrm{e}^{-3y} & y>0\\ 0 & y\leqslant 0\end{cases}$

(2) X 与 Y 相互不独立

(3) $\frac{1}{9}-\frac{2}{9\mathrm{e}}$

习题 8-4

1. (1)

Z_1	0	1	2	4
p_k	$\frac{11}{18}$	$\frac{1}{18}$	$\frac{2}{18}$	$\frac{4}{18}$

(2)

Z_2	0	1	2
p_k	$\frac{1}{18}$	$\frac{9}{18}$	$\frac{8}{18}$

2. $f_z(z)=\begin{cases}1-e^{-z} & 0\leqslant z<1\\ (e-1)e^{-z} & z\geqslant 1\\ 0 & z<0\end{cases}$

3. $f_z(z)=\begin{cases}e^{2-z}(z-2) & z>2\\ 0 & z\leqslant 2\end{cases}$

习题 9-1

1. 1.2,3.6,1.4
2. 30.401
3. $\frac{1}{3},\frac{1}{6}$
4. $\frac{7\pi}{12}$

*5. 1

习题 9-2

1. 0.6,0.46
2. $n=10,p=0.8$
3. $\lambda=1$
4. 9,53
5. 8.67,21.42
6. 3500

习题 9-4

1. 0.211
2. 0.348

习题 10-2

1. $\hat{a}=3\overline{X}$
2. 最大似然估计值和矩估计值均为 $\hat{\theta}=\frac{5}{6}$
3. θ 的矩估计量为 $\hat{\theta}=\overline{X}$,$\theta$ 的最大似然估计量为 $\hat{\theta}=\overline{X}$

[illegible]. (1) $\hat{\mu}_1,\hat{\mu}_2,\hat{\mu}_3$ 都是 μ 的无偏估计量 (2) $\hat{\mu}_2$ 较为有效

5. (1) (5.608,6.392) (2) (5.558,6.442)

6. (405.04,430.96)

7. (117.24,942.98)

8. μ 的置信区间为(6.661,6.667)，σ^2 的置信区间为$(3.8\times10^{-6},5.06\times10^{-5})$

习题 10-3

1. 拒绝 H_0
2. 拒绝 H_0
3. 接受 H_0
4. 接受 H_0
5. 接受 H_0
6. 拒绝 H_0